机电一体化系统研究

叶 华 著

吉林科学技术出版社

图书在版编目（CIP）数据

机电一体化系统研究 / 叶华著．-- 长春 ：吉林科学技术出版社，2022.11

ISBN 978-7-5578-9875-5

Ⅰ．①机… Ⅱ．①叶… Ⅲ．①机电一体化－研究 Ⅳ．①TH-39

中国版本图书馆 CIP 数据核字（2022）第 201620 号

机电一体化系统研究

著　　叶　华
出 版 人　宛　霞
责任编辑　李　超
封面设计　树人教育
制　　版　树人教育
幅面尺寸　185mm × 260mm
字　　数　270 千字
印　　张　13
印　　数　1–1500 册
版　　次　2022年11月第1版
印　　次　2023年4月第1次印刷

出　　版　吉林科学技术出版社
发　　行　吉林科学技术出版社
地　　址　长春市福祉大路5788号
邮　　编　130118
发行部电话/传真　0431-81629529 81629530 81629531
81629532 81629533 81629534
储运部电话　0431-86059116
编辑部电话　0431-81629518
印　　刷　三河市嵩川印刷有限公司

书　　号　ISBN 978-7-5578-9875-5
定　　价　75.00元

前 言

机电一体化通俗来讲即将电子技术应用于传播控制、信息生成与流通、能源组织等，从构成上来说即是将电子技术和机械相融合，让二者的优势共同促进、共同发展，变成统一体。科技水平进一步提高以来，机电一体化作为一门新型的学科，其将各种自动控制技术、电力电子技术以及接口技术和机械技术等群体技术集于一体，使得系统工程技术高质、低耗、多用及可靠的特定价值得以实现。

随着我国经济形势不断改革，国民生产力及其相应的生产技术也得到了发展，因此，生产制造领域的规模也随之不断扩大，这样一来自动化控制技术就得到了广泛的应用，同时自动化控制技术也是当今人类科学技术发展的基础。从目前的发展现状来看，自动化技术的应用程度很高，有很广阔的市场前景，越来越受到人们的重视。基于此，《机电一体化系统研究》对机电控制系统中的自动控制技术及一体化设计进行了探讨。全书分为六章，从导论出发，分别对机电一体化机械设计技术、机电一体化检测传感技术、机电一体化系统驱动模块设计、机电一体化计算机控制技术和机电一体化系统设计方法进行了阐述。

前言

目　录

第一章　导　论

第一节　机电一体化概述

迄今为止，世界各国都在大力推广机电一体化技术。在人们生活的各个领域已得到广泛的应用，并蓬勃地向前发展，不仅深刻地影响着全球的科技、经济、社会和军事的发展，而且也深刻影响着机电一体化的发展趋势。现代科学技术的发展极大地推动了不同学科的交叉与渗透，引起了工程领域的技术改造与革命。在机械工程领域，由于微电子技术和计算机技术的迅速发展及其向机械工业的渗透形成的机电一体化，使机械工业的技术结构、产品机构、功能与构成、生产方式及管理体系发生了巨大变化，使工业生产由“机械电气化”迈入了“机电一体化”为特征的发展阶段。

一、工业 4.0 与机电一体化技术

摘要：工业 4.0 是从嵌入式系统向信息物理融合系统（CPS）发展的技术化。工业 4.0 不断向实现物体、数据以及服务等无缝链接的互联网（物联网、数据网和服务互联网）的方向发展。而机电一体化技术是由微电子技术、计算机技术、信息技术、机械技术及其他技术相融合构成的一门独立的交叉学科。随着科学技术的发展，机电一体化将朝着智能化、网络化、微型化、模块化、绿色化方向发展，各种技术相互融合的趋势也将越来越明显。以机械技术、微电子技术的有机结合为主体的机电一体化技术是工业 4.0 发展的必然趋势，机电一体化技术在工业 4.0 的环境下的发展前景将越来越广阔。

1. 工业 4.0 的概念

“工业 4.0”一词早在 2011 年德国汉诺威工业博览会上就已经被提出，初衷是通过应用物联网等新技术提高德国制造业水平。在德国工程院、弗劳恩霍夫协会、西门子公司等学术界和产业界的大力推动下，德国联邦教研部与联邦经济技术部于 2013 年将“工业 4.0”项目纳入了德国政府 2010 年 7 月公布的《高技术战略 2020》确定的十大未来项目之一，计划投入 2 亿欧元资金，旨在支持工业领域新一代革命性技术的研发与创新，保持德国的国际竞争力，确保德国制造业的未来。工业 4.0 是由德国联盟教研部与联邦经济技术部联手推动的战略性项目，现已成为德国的国家战略，被看作是提振德国制造业的有力催化剂，

也被认为是全球制造业未来发展的方向，即工业 4.0 时代。工业 4.0 在德国被认为是继蒸汽机的发明、大规模生产和自动化之后的“第四次工业革命”。

德国学术界和产业界认为，未来 10 年，基于信息物理系统（Cyber-PhysicalSystem，CPS）的智能化，将是人类步入以智能制造为主导的第四次工业革命。第四次工业革命将步入“分散化”生产的新时代，将是（移动）互联网、大数据、云计算、物联网等新技术的交织，从而推动生产方式发生巨大变革。工业 4.0 通过决定生产制造过程等的网络技术，实现实时管理。产品全生命周期和全制造流程的数字化及基于信息通信技术的模块集成，将形成一个高度灵活、个性化、数字化的产品与服务的生产模式。工业 4.0 是利用信息化技术促进产业变革的时代，也就是“智能化时代”。

工业 4.0 的概念描述了由集中式控制向分散式增强型控制的基本模式转变，目标是建立一个高度灵活的个性化和数字化的产品与服务的生产模式。在这种模式中，传统的行业界限将消失，并会产生各种新的活动领域和合作形式。创造新价值的过程正在发生改变，产业链分工将被重组。

工业 4.0 的内容简单可以概括为“1 个核心”“2 重战略”“3 大集成”和“8 项举措”。“1 个核心”是“智能＋网络化”，即通过虚拟—实体系统（Cyber-PhysicalSystem，CPS），构建智能工厂，实现智能制造的目的。“2 重战略”是领先的供应商战略和领先的市场战略。“3 大集成”的支撑：第一，关注产品的生产过程，力求在智能工厂内通过联网建成生产的纵向集成；第二，关注产品整个生命周期的不同阶段，包括设计与开发、安排生产计划、管控生产过程以及产品的售后维护等，实现各个不同阶段之间的信息共享，从而达成工程数字化集成；第三，关注全社会价值网络的实现，从产品的研究、开发与应用拓展至建立标准化策略、提高社会分工合作的有效性、探索新的商业模式以及考虑社会的可持续发展等，从而达成德国制造业的横向集成。“8 项举措”分别是实现技术标准化和开放标准的参考体系、建立模型来管理复杂的系统、提供一套综合的工业宽带基础设施、建立安全保障机制、创新工作的组织和设计方式、注重培训和持续的职业发展、健全规章制度和提升资源效率。

2. 机电一体化技术的内容

机电一体化思想体现了“系统设计原理”和“综合集成技巧”。系统工程、控制论和信息论是机电一体化技术的方法论。

机电一体化技术是从系统工程观点出发，应用机械、电子等有关技术，使机械、电子有机结合，实现系统或产品整体最优的综合性技术。机电一体化技术，主要包括技术原理和使用机电一体化产品（或系统）得以实现、使用和发展的技术。机电一体化技术是一个技术群（族）的总称。综合运用机械技术、微电子技术、自动控制技术、计算机技术、信息技术、传感测控技术、电力电子技术、接口技术、信息变换技术及软件编程技术等群体技术，根据系统功能目标和优化组织目标，合理配置与布局各功能单元，在多功能、高质量、高可靠性、低能耗的意义上实现特定功能价值，并使整个系统最优化的系统工程技术。只是，机电一体化技术是基于上述群体技术有机融合的一种综合技术，而不是机械技术、微电子技术及其他新技术的简单组合、拼凑。

3. 工业 4.0 与机电一体化技术

工业 4.0 通过将嵌入式系统生产技术与智能生产过程相结合，将给工业领域、生产价值链、业务模式带来根本性变革（如智能工厂），从而开创一条通往新技术时代的道路。工业 4.0 体现了生产模式从集中型到分散型的范式转变，正是因为有了让传统生产过程理论发生颠覆的技术进步，这一切才成为可能。未来，工业生产机械不再只是“加工”产品，取而代之的是产品通过通信向机械传达如何采取正确操作。

工业 4.0 将从两个方向展开，一是“智能工厂”，智能工业发展新方向。智能工厂是在数字化工厂的基础上，利用物联网的技术和设备监控技术加强信息管理和服务；未来，将通过大数据与分析平台，将云计算中由大型工业机器产生的数据转化为实时信息（云端智能工厂），并运用绿色智能的手段和智能系统等新兴技术于一体，构建一个高效节能的、绿色环保的、环境舒适的人性化工厂。其基本特征主要有制程管控可视化、系统监管全方位及制造绿色化三个层面。二是“智能生产”，制造业的未来。智能生产（Intelligent Manufacturing，IM），也称智能制造，是一种由智能机器和人类专家共同组成的人机一体化智能系统，它在制造过程中能进行智能活动，诸如分析、推理、判断、构思和决策等。通过人与智能机器的合作共事，去扩大、延伸和部分地取代人类专家在制造过程中的脑力劳动。它把制造自动化的概念更新，扩展到柔性化、智能化和高度集成化。与传统的制造相比，智能生产具有自组织和超柔性、自律能力、学习能力和自维护能力、人机一体化、虚拟实现等特征。主要涉及整个企业的生产物流管理、人机互动以及 3D 技术在工业生产过程中的应用等。

由上可以看出工业 4.0 的内容和两个发展方向，不论是智能工厂还是智能生产的实现都必须要有智能化、高度集成化的人机一体化系统；不论是工厂还是生产都必须有机械设备、计算机技术、控制技术和相应的电子技术综合应用；不论是智能工业发展的新方向还是制造业的未来都离不开机械技术、自动控制技术、检测传感技术、执行元件和动力源。而机电一体化技术就是集机械、电子、光学、控制、计算机、信息等多学科的交叉综合技术，它的发展和进步依赖并促进相关技术的发展和进步。因此，工业 4.0 与机电一体化技术有着密不可分的关系。工业 4.0 的实现依赖于机电一体化技术的发展和支持，机电一体化技术是实现工业 4.0 过程中不可缺少的关键技术。同时工业 4.0 的不断迈进也促进着机电一体化技术的不断成熟与更新。

工业 4.0 概念以智能制造为主导，将虚拟数字系统与实际工业生产进行有效融合，全面打造新工业世界。工业 4.0 强调一致的数字化，强调各生产系统中所有成分通过网络实现互联，形成更智能的生产网络。机电一体化技术是整合机械技术、光电技术、数字计算机技术等发展起来的新型技术。随着科技的发展，机电一体化技术一直在不断地发展，各项技术不断地完善。机电一体化技术在机械行业乃至整个国家的民生行业中有着举足轻重的作用，是当前机械行业发展的重点。通向工业 4.0 的路将会是一段革命性的进展。在迈进工业 4.0 时代的进程中，机电一体化技术必将是一个不可缺少的工具，机电一体化技术会渗透工业 4.0 时代的每一个行业。现有的机电一体化技术将不得不为了适应制造工业中的特殊设备而进行改变和革新，而且面对新地域和新市场，其创新解决方案将不得不重新探索。因此，机电一体化技术的发展将会引领智能工厂的发展和制造业的未来，将会加速工业 4.0 的到来。同时，工业 4.0 的到来也会促进机电一体化技术的快速发展和更新。以机械技术、微电子技术的有机结合为主体的机电一体化技术是工业 4.0 发展的必然趋势，机电一体化技术在工业 4.0 的环境下的发展前景也必将越来越广阔。

二、机电一体化的内涵

1. 机电一体化的含义

机电一体化（Mechatronics）最早是在 1971 年日本《机械设计》杂志副刊中提出的，它取英语 Mechanics（机械学）的前半部分和 Electronics（电子学）后半部分拼合而成。

1996 年版的 WEBSTER 大词典收录了该词，目前已在世界范围内得到普遍承认和接受，成为正式的英文单词。机电一体化的概念和内容随着科学技术的进步而不断地演化和修正，因此，至今尚没有准确定义，一般是从机电一体化的基本技术、功能及构成要素来对其加以说明。较为人们所接受的定义是日本“机械振兴协会经济研究所”于 1981 年 3 月提出的解释：机电一体化是在机械的主功能、动力功能、信息功能和控制功能上引进微电子技术，并将机械装置与电子装置用相关软件有机结合而成的系统的总称。机电一体化是机电一体化技术及产品的统称。机电一体化技术主要指其技术原理和使机电一体化系统（或产品）得以实现、使用和发展的技术；机电一体化系统主要指机械系统和微电子系统有机结合，从而赋予新的功能和性能的新一代产品。另外，柔性制造系统（FMS）和计算机集成制造系统（CIMS）等先进制造技术的生产线和制造过程也包括在内，发展了机电一体化的含义。

2. 机电一体化的界定

（1）机电一体化与机械电气化的区别

机电一体化并不是机械技术、微电子技术及其他新技术的简单组合、拼凑，而是基于上述群体技术有机融合的一种综合性技术。这是机电一体化与机械加电气所形成的机械电气化在概念上的根本区别。除此以外，其他主要区别如下：

①电气机械在设计过程中不考虑或很少考虑电器与机械的内在联系，基本上是根据机械的要求，选用相应的驱动电动机或电气传动装置。

②机械和电气装置之间界限分明，它们之间的联结以机械联结为主，整个装置是刚性的。

③装置所需的控制以基于电磁学原理的各种电器，如接触器、继电器等来实现，属于强电范畴，其主要支撑技术是电工技术。机械工程技术由纯机械发展到机械电气化，仍属传统机械，主要功能依然是代替和放大人的体力。但是发展到机电一体化后，其中的微电子装置除可取代某些机械部件的原有功能外，还赋予产品许多新的功能，如自动检测、自

动处理信息、自动显示记录、自动调节与控制、自动诊断与保护等，即机电一体化产品不仅是人的手与肢体的延伸，还是人的感官与头脑的延伸，具有“智能化”的特征是机电一体化与机械电气化在功能上的本质区别。

传统意义上的机电一体化（机械电气化），主要指机械与电工电子及电气控制这两方面的一体化，并且明显偏重于机械方面。当前科技发展的态势特别注重学科间的交叉、融合及电子计算机的应用，机电一体化技术就是利用电子技术、信息技术（主要包括传感器技术、控制技术、计算机技术等）使机械实现柔性化和智能化的技术。机械技术可以承受较大载荷，但不易实现微小和复杂运动的控制；而电子技术则相反，不能承受较大载荷，却容易实现微小运动和复杂运动的控制，使机械实现柔性化和智能化。机电一体化的目标是将机械技术与电子技术实现完美结合，充分发挥各自长处，实现互补。与其相关的学科应包括机械工程学科、检测与控制学科、电子信息学科三大块内容。

（2）机电一体化的本质

机电一体技术的本质是将电子技术引入机械控制中，也就是利用传感器检测机械运动，将检测信息输入计算机，计算得到能够实现预期运动的控制信号，由此来控制执行装置。开发计算机软件的任务，就是通过输入计算机的检测信息，计算得到能够实现预期运动的控制信号。另外，若是一件真正意义上的机电一体化产品，则其应具备两个明显特征：一是产品中要有运动机械；二是采用了电子技术，使运动机械实现柔性化和智能化。

（3）机电一体化系统的组成与作用

采用机电一体化技术的最大作用是扩展新功能，增强柔性。首先，它是众多自动化技术中最重要的一种，如实现过程自动化（PA）、机械自动化（FA）、办公自动化（OA）等。其次，机电一体化技术又是按照用户个人的特殊需求来制造、提供产品这一当今最高级供货方式的关键技术。一个机电一体化的系统主要是由机械装置、执行装置、动力源、传感器、计算机这五个要素构成，这五个部分在工作时相互协调，共同完成规定的目的功能。在机构上，各组成部分通过各种接口及相应的软件有机地结合在一起，构成一个内部匹配合理、外部效能最佳的完整产品，如机器人就是一个十分典型的机电一体化系统。实际上，机电一体化系统是比较复杂的，有时某些构成要素是复合在一起的。构成机电一体化系统的几个部分并不是并列的。其中机械部分是主体，这不仅是由于机械本体是系统重要的组成部分，而且系统的主要功能必须由机械装置来完成，否则就不能称其为机电一体化产品。如电子计算机、非指针式电子表等，其主要功能已由电子器件和电路等完成，机械已退居次要地位，这类产品应归属于电子产品，而不是机电一体化产品。其次，机电一体化的核心是电子技术，电子技术包括微电子技术和电力电子技术，但重点是微电子技术，特别是微型计算机或微处理器。机电一体化需要多种新技术的结合，但首要的是微电子技术，不和微电子结合的机电产品不能称为机电一体化产品。如非数控机床，一般均由电动机驱动，但它不是机电一体化产品。除了微电子技术以外，在机电一体化产品中，其他技术则根据需要进行结合，可以是一种，也可以是多种。

三、机电一体化是机械技术发展的必然趋势

机械技术的发展，可概括为如下三个阶段，在这三个阶段中分别赋予机械不同的功能。进入机电一体化阶段，使得机械技术智能化，更好地代替人进行各项工作。

1. 原始机械——减轻人的体力劳动

在远古时期，人类就创造并使用了杠杆、滑轮、斜面、螺旋等原始简单机械。原始机械仅用人力、蓄力和水力来驱动，其功能是减轻人的体力劳动，是动力制约了机械的发展。

2. 传统机械——替代人的体力劳动

18 世纪瓦特发明了蒸汽机，揭开了工业革命的序幕；19 世纪内燃机和电动机的发明是又一次技术革命。与原始机械相比，传统机械具有了自己的“心脏”——动力驱动，其功能不只是减轻人的体力劳动，而且可以替代人的体力劳动。

3. 现代机械——替代人的脑力劳动

随着 20 世纪计算机的问世，机器人作为现代机械的典型代表被越来越广泛地应用于工业生产中，承担着许多人们无法完成的工作。电子技术以及计算机与机械的结合使得机械变得越来越自动化、越来越智能化，机器甚至可以在无人操作下正常运行。现代机械正向着主动控制、信息化和智能化的方向发展。与传统机械相比，现代机械具有了自己的“大脑”——控制系统，其功能不只是替代人的体力劳动，而且还可以替代人的脑力劳动。1984 年美国机械工程师学会（ASME）提出现代机械的定义为“由计算机信息网络协调与控制的，用于完成包括机械力、运动和能量流等动力学任务的机械和（或）机电部件一体化的机械系统”。可见，现代机械应是机电一体化的机械系统。

四、机电一体化技术的发展历程

机电一体化技术的发展有一个从自发状况向自为方向发展的过程，大体可以分为三个阶段。

1. 初级阶段

20 世纪 60 年代以前为第一阶段，称为初级阶段。在这一时期，人们自觉不自觉地利用电子技术的初步成果来完善机械产品的性能。如雷达伺服系统、数控机床、工业机器人等。由于当时电子技术的发展尚未达到一定水平，机械技术与电子技术的结合还不能广泛和深入发展，已经开发的产品也无法大量推广。

2. 蓬勃发展阶段

20 世纪 70~80 年代为第二阶段，可称为蓬勃发展阶段。这一时期，计算机技术、控制技术、通信技术的发展，为机电一体化的发展奠定了技术基础。大规模集成电路和微型计算机的迅猛发展，为机电一体化的发展提供了充分的物质基础。机电一体化技术和产品

得到了极大发展，各国均开始对机电一体化技术和产品给予很大的关注和支持。

3. 深入发展阶段

20 世纪 90 年代后期，开始了机电一体化技术向智能化方向迈进的新阶段，机电一体化进入深入发展时期。一方面，光学、通信技术等进入了机电一体化，微细加工技术也在机电一体化中崭露头角，出现了光机电一体化和微机电一体化等新分支；另一方面对机电一体化系统的建模设计、分析和集成方法，机电一体化的学科体系和发展趋势都进行了深入研究。同时，人工智能技术、神经网络技术及光纤技术等领域取得的巨大进步，为机电一体化技术开辟了发展的广阔天地。这些研究将促使机电一体化进一步建立完整的基础和逐渐形成完整的科学体系。

五、机电一体化产品

1. 机电一体化产品按功能分类

（1）数控机械类

数控机械类产品的特点是执行机构为机械装置，主要有数控机床、工业机器人、发动机控制系统及自动洗衣机等产品。

（2）电子设备类

电子设备类产品的特点是执行机构为电子装置，主要有电火花加工机床、线切割加工机床、超声波缝纫机及激光测量仪等产品。

（3）机电结合类

机电结合类产品的特点是执行机构为机械和电子装置的有机结合，主要有 CT 扫描仪、自动售货机、自动探伤机等产品。

（4）电液伺服类

电液伺服类产品的特点是执行机构为液压驱动的机械装置，控制机构为接收电信号的液压伺服阀，主要产品是机电一体化的伺服装置。

（5）信息控制类

信息控制类产品的特点是执行机构的动作完全由所接收的信息控制，主要有磁盘存储器、复印机、传真机及录音机等产品。

2. 按机电结合程度和形式分类

机电一体化产品还可根据机电技术的结合程度分为功能附加型、功能替代型和机电融合型三类。

（1）功能附加型

在原有机械产品的基础上，采用微电子技术，使产品功能增加和增强，性能得到适当的提高，如经济型数控机床、数显量具、全自动洗衣机等。

（2）功能替代型

采用微电子技术及装置取代原产品中的机械控制功能、信息处理功能或主功能，使产品结构简化、性能提高、柔性增加，如自动照相机、电子石英表、线切割加工机床等。

（3）机电融合型

根据产品的功能和性能要求及技术规范，采用专门设计的或具有特定用途的集成电路来实现产品中的控制和信息处理等功能，因而使产品结构更加紧凑、设计更加灵活、成本进一步降低。复印机、摄像机、CNC 数控机床等都是这一类机电一体化产品。

3. 按产品用途分类

当然，如果按用途分类，机电一体化产品又可分为机械制造业机电一体化设备、电子器件及产品生产用自动化设备、军事武器及航空航天设备、家庭智能机电一体化产品、医学诊断及治疗机电一体化产品，以及环境、考古、探险、玩具等领域的机电一体化产品等。

4. 典型的机电一体化产品

典型的机电一体化系统有数控机床、机器人、汽车电子化产品、智能化仪器仪表、电子排版印刷系统、CAD / CAM 系统等。典型的机电一体化基础元、部件有电力电子器件及装置、可编程序控制器、模糊控制器、微型电机、传感器、专用集成电路、伺服机构等。

（1）数控机床

目前我国是全世界机床拥有量最多的国家（近 320 万台），但数控机床只占约 5%且大多数是普通数控（发达国家数控机床占 10%）。近些年来数控机床为适应加工技术的发展，在以下几个技术领域都有巨大进步：

①高速化

由于高速加工技术普及，机床普遍提高了各方面的速度。车床主轴转速由 3000 ~ 4000 r/min 提高到 8000 ~ 10000 r/min；铣床和加工中心主轴转速由 4000 ~ 8000 r/min 提高到 12000 ~ 40000 r/min；快速移动速度由过去的 10 ~ 20 m/min 提高到 48 m/min、60 m/mni、80 m/min、120 m/min；在提高速度的同时要求提高运动部件起动的加速度，由过去一般机床的 0.5G（重力加速度）提高到 1.5 ~ 2G，最高可达 15G；直线电机在机床上开始使用，主轴上大量采用内装式主轴电机。

②高精度化

数控机床的定位精度已由一般的 0.01 ~ 0.02 mm 提高到 0.008 mm 左右；亚微米级机床达到 0.0005 mm 左右；纳米级机床达到 0.005 ~ 0.01 μm；最小分辨率为 1 nm（0.000001 mm）的数控系统和机床已问世。数控中两轴以上插补技术大大提高，纳米级插补使两轴联动出的圆弧都可以达到 1 u 的圆度，插补前多程序预读，大大提高了插补质量，并可进行自动拐角处理等。

③复合加工，新结构机床大量出现

如 5 轴 5 面体复合加工机床，5 轴 5 联动加工各类异形零件。同时派生出各种新颖的机床结构，包括 6 轴虚拟轴机床、串并联绞链机床等，采用特殊机械结构，数控的特殊运算方式，特殊编程要求。

④使用各种高效特殊功能的刀具使数控机床“如虎添翼”

如内冷转头由于使高压冷却液直接冷却转头切削刃和排除切屑，在转深孔时大大提高效率，加工刚件切削速度能达 1000 m/min、加工铝件能达 5000 m/min。

⑤数控机床的开放性和联网管理

数控机床的开放性和联网管理是使用数控机床的基本要求，它不仅是提高数控机床开动率、生产率的必要手段，而且是企业合理化、最佳化利用这些制造手段的方法。因此，计算机集成制造、网络制造、异地诊断、虚拟制造、并行工程等各种新技术都在数控机床基础上发展起来，这必然成为 21 世纪制造业发展的一个主要潮流。

（2）自动机与自动生产线

在国民经济生产和生活中广泛使用的各种自动机械、自动生产线及各种自动化设备，是当前机电一体化技术应用的又一具体体现。例如，2000 ~ 80000 瓶 /h 的啤酒自动生产线；18000 ~ 120000 瓶 /h 的易拉罐灌装生产线；各种高速香烟生产线；各种印刷包装生产线；邮政信函自动分捡处理生产线；易拉罐自动生产线；FEBOPP 型三层共挤双向拉伸聚丙烯薄膜生产线等等，这些自动机或生产线中广泛应用了现代电子技术与传感技术，如可编程序控制器、变频调速器、人机界面控制装置与光电控制系统等。我国的自动机与生产线产品的水平，比 10 多年前跃升了一大步，其技术水平已达到或超过发达国家 20 世纪 80 年代后期的水平。使用这些自动机和生产线的企业越来越多，对维护和管理这些设备的相关人员的需求也越来越多。

（3）机器人

机器人是 20 世纪人类最伟大的发明之一。从某种意义上讲，一个国家机器人技术水平的高低反映了这个国家综合技术实力的高低。机器人已在工业领域得到了广泛的应用，而且正以惊人的速度不断向军事、医疗、服务、娱乐等非工业领域扩展。毋庸置疑，21 世纪机器人技术必将得到更大的发展，成为各国必争之知识经济制高点。

在计算机技术和人工智能科学发展的基础上，产生了智能机器人的概念。智能机器人是具有感知、思维和行动功能的机器，是机构学、自动控制、计算机、人工智能、微电子学、光学、通信技术、传感技术、仿生学等多种学科和技术的综合成果。智能机器人可获取、处理和识别多种信息，自主地完成较为复杂的操作任务，比一般的工业机器人具有更大的灵活性、机动性和更广泛的应用领域。智能机器人作为新一代生产和服务工具，在制造领域和非制造领域具有更广泛、更重要的位置，如核工业、水下、空间、农业、工程机械（地上和地下）、建筑、医用、救灾、排险、军事、服务、娱乐等方面，可代替人类完成各种工作。同时，智能机器人作为自动化、信息化的装置与设备，完全可以进入网络世界，发挥更多、更大的作用，这对人类开辟新的产业，提高生产水平与生活水平具有十分现实的意义。

第二节　机电一体化系统的基本组成要素

一、机电一体化系统的功能构成

传统的机械产品主要是解决物质流和能量流的问题，而机电一体化产品除了解决物质流和能量流以外，还要解决信息流的问题。机电一体化系统的主要功能就是对输入的物质、能量与信息（所谓工业三大要素）按照要求进行处理，输出具有所需特性的物质、能量与信息。

任何一个产品都是为满足人们的某种需求而开发和生产的，因而都具有相应的目的功能。机电一体化系统的主功能包括变换（加工、处理）、传递（移动、输送）、储存（保持、积蓄、记录）三个目的功能。主功能也称为执行功能，是系统的主要特征部分，完成对物质、能量、信息的交换、传递和储存。机电一体化系统除了具备主功能外，还应具备动力功能、检测功能、控制功能、构造功能等其他功能。

加工机是以物料搬运、加工为主，输入物质（原料、毛坯等）、能量（电能、液能、气能等）和信息（操作及控制指令等），经过加工处理，主要输出改变了位置和形态的物质的系统（或产品），如各种机床、交通运输机械、食品加工机械、起重机械、纺织机械、印刷机械、轻工机械等。

动力机，其中输出机械能的为原动机，是以能量转换为主，输入能量（或物质）和信息，输出不同能量（或物质）的系统（或产品），如电动机、水轮机、内燃机等。

信息机是以信息处理为主，输入信息和能量，主要输出某种信息（如数据、图像、文字、声音等）的系统（或产品），如各种仪器、仪表、计算机、传真机及各种办公机械等。

图 1-1 以典型机电一体化产品数控机床（CNC）为例，说明其内部功能构成。其中切削加工是 CNC 机床的主功能，是实现其目的所必需的功能。电源通过电动机驱动机床，向机床提供动力，实现动力功能。位置检测装置和 CNC 装置分别实现计测功能和控制功能，其作用是实时检测机床内部和外部信息，据此对机床实施相应控制。机械结构所实现的是构造功能，使机床各功能部件保持规定的相互位置关系，构成一台完整的 CNC 机床。

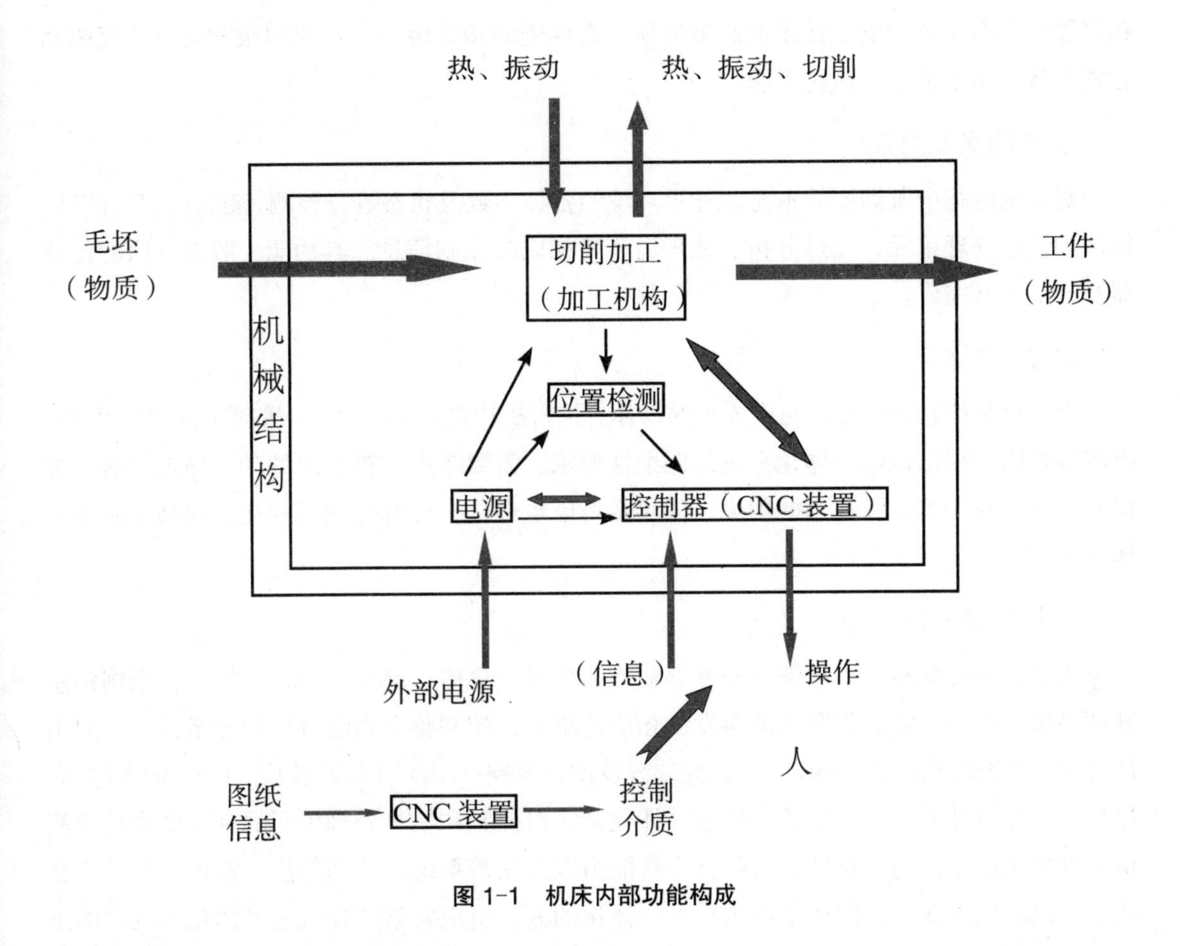

图 1-1　机床内部功能构成

二、机电一体化系统的组成要素

一个典型的机电一体化系统应包含以下几个基本要素：机械本体、动力与驱动部分、执行机构、传感测试部分、控制及信息处理部分。我们将这些部分归纳为结构组成要素、动力组成要素、运动组成要素、感知组成要素、智能组成要素；这些组成要素内部及其之间，形成通过接口耦合来实现运动传递、信息控制、能量转换等有机融合的一个完整系统。

1. 机械本体

机电一体化系统的机械本体包括机身、框架、连接等。由于机电一体化产品技术性能、水平和功能的提高，机械本体要在机械结构、材料、加工工艺性以及几何尺寸等方面适应产品高效率、多功能、高可靠性和节能、小型、轻量、美观等要求。

2. 动力与驱动部分

动力部分是按照系统控制要求，为系统提供能量和动力使系统正常运行。用尽可能小的动力输入获得尽可能大的功能输出，是机电一体化产品的显著特征之一。驱动部分是在控制信息作用下提供动力，驱动各执行机构完成各种动作和功能。机电一体化系统一方面要求驱动的高效率和快速响应特性，同时要求对水、油、温度、尘埃等外部环境的适应性和可靠性。由于电力电子技术的高度发展，高性能的步进驱动、直流伺服和交流伺服驱动方式大量应用于机电一体化系统。

3. 传感测试部分

对系统运行中所需要的本身和外界环境的各种参数及状态进行检测，变成可识别信号，传输到信息处理单元，经过分析、处理后产生相应的控制信息。其功能一般由专门的传感器及转换电路完成。

4. 执行机构

根据控制信息和指令，完成要求的动作。执行机构是运动部件，一般采用机械、电磁、电液等机构。根据机电一体化系统的匹配性要求，需要考虑改善系统的动、静态性能，如提高刚性、减小重量和适当的阻尼，应尽量考虑组件化、标准化和系列化，提高系统的整体可靠性等。

5. 控制及信息单元

将来自各传感器的检测信息和外部输入命令进行集中、储存、分析、加工，根据信息处理结果，按照一定的程序和节奏发出相应的指令，控制整个系统有目的地运行。一般由计算机、可编程控制器（PLC）、数控装置及逻辑电路、A/D 与 D/A 转换、I/O（输入输出）接口和计算机外部设备等组成。机电一体化系统对控制和信息处理单元的基本要求是提高信息处理速度、提高可靠性、增强抗干扰能力以及完善系统自诊断功能、实现信息处理智能化。以上这五部分我们通常称为机电一体化的五大组成要素。在机电一体化系统中的这些单元和它们各自内部各环节之间都遵循接口耦合、运动传递、信息控制、能量转换的原则，我们称它们为四大原则。

6. 接口耦合、能量转换

（1）变换

两个需要进行信息交换和传输的环节之间，由于信息的模式不同（数字量与模拟量、串行码与并行码、连续脉冲与序列脉冲等等），无法直接实现信息或能量的交流，需要通过接口完成信息或能量的统一。

（2）放大

在两个信号强度悬殊的环节间，经接口放大，达到能量的匹配。

（3）耦合

变换和放大后的信号在环节间能可靠、快速、准确地交换，必须遵循一致的时序、信号格式和逻辑规范。接口具有保证信息的逻辑控制功能，使信息按规定模式进行传递。

（4）能量转换

包含了执行器、驱动器。涉及不同类型能量间的最优转换方法与原理。

7. 信息控制

在系统中，所谓智能组成要素的系统控制单元在软、硬件的保证下，完成数据采集、分析、判断、决策，以达到信息控制的目的。对于智能化程度高的系统，还包含了知识获取、推理及知识自学习等以知识驱动为主的信息控制。

8. 运动传递

运动传递是指运动各组成环节之间的不同类型运动的变换与传输，如位移变换、速度变换、加速度变换及直线运动和旋转运动变换等。运动传递还包括以运动控制为目的的运动优化设计，目的是提高系统的伺服性能。例如，我们日常使用的全自动照相机就是典型的机电一体化产品，其内部装有测光测距传感器，测得的信号由微处理器进行处理，根据信息处理结果控制微型电动机，由微型电动机驱动快门、变焦及卷片倒片机构，从测光、测距、调光、调焦、曝光到卷片、倒片、闪光及其他附件的控制都实现了自动化。又如，汽车上广泛应用的发动机燃油喷射控制系统也是典型的机电一体化系统。分布在发动机上的空气流量计、水温传感器、节气门位置传感器、曲轴位置传感器、进气歧管绝对压力传感器、爆燃传感器、氧传感器等连续不断地检测发动机的工作状况和燃油在燃烧室的燃烧情况，并将信号传给电子控制装置 ECU，ECU 首先根据进气歧管绝对压力传感器或空气流量计的进气量信号及发动机转速信号，计算基本喷油时间，然后再根据发动机的水温、节气门开度等工作参数信号对其进行修正，确定当前工况下的最佳喷油持续时间，从而控制发动机的空燃比。此外，根据发动机的要求，ECU 还具有控制发动机的点火时间、怠速转速、废气再循环率、故障自诊断等功能。

第三节　机电一体化关键技术

系统论、信息论、控制论的建立，微电子技术，尤其是计算机技术的迅猛发展引起了科学技术的又一次革命，导致了机械工程的机电一体化。如果说系统论、信息论、控制论是机电一体化技术的理论基础，那么微电子技术、精密机械技术等就是它的技术基础。微电子技术，尤其是微型计算机技术的迅猛发展，为机电一体化技术的进步与发展提供了前提条件。

一、理论基础

系统论、信息论、控制论是机电一体化技术的理论基础，也是机电一体化技术的方法论。开展机电一体化技术研究时，无论在工程的构思、规划、设计方面，还是在它的实施或实现方面，都不能只着眼于机械或电子，不能只看到传感器或计算机，而是要用系统的观点，合理解决信息流与控制机制问题，有效地综合各有关技术，才能形成所需要的系统或产品。给定机电一体化系统目的与规格后，机电一体化技术人员利用机电一体化技术进行设计、制造的整个过程称为机电一体化工程。实施机电一体化工程的结果，是新型的机电一体化产品。图 1-2 给出了机电一体化工程的构成因素。

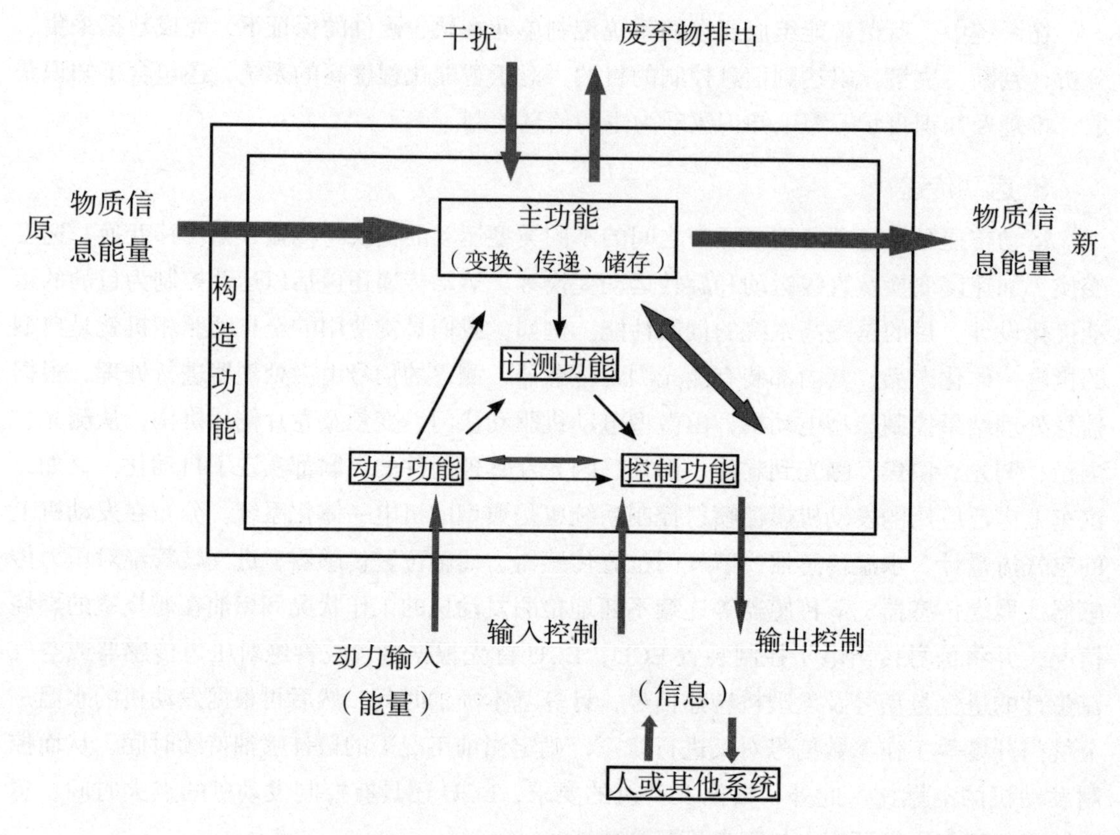

图 1-2　机电一体化工程构成因素

系统工程是系统科学的一个工作领域，而系统科学本身是一门关于“针对目的要求而进行合理的方法学处理”的边缘学科。系统工程的概念不仅包括“系统”，即具有特定功能的、相互之间具有有机联系的众多要素构成的一个整体，也包括“工程”，即产生一定效能的方法。机电一体化技术是系统工程科学在机械电子工程中的具体应用。具体地讲，就是以机械电子系统或产品为对象，以数学方法和计算机等为工具，对系统的构成要素、组织结构、信息交换和反馈控制等功能进行分析、设计、制造和服务，从而达到最优设计、最优控制和最优管理的目标，以便充分发挥人力、物力和财力，通过各种组织管理技术，使局部与整体之间协调配合，实现系统的综合最优化。

机电一体化系统是一个包括物质流、能量流和信息流的系统，而有效地利用各种信号所携带的丰富信息资源且有赖于信号处理和信号识别技术。考察所有机电一体化产品，就会看到准确的信息获取、处理、利用在系统中所起的实质性作用。

将工程控制论应用于机械工程技术而派生的机械控制工程，为机械技术引入了崭新的理论、思想和语言，把机械设计技术由原来静态的、孤立的传统设计思想引向动态的、系统的设计环境，使科学的辩证法在机械技术中得以体现，为机械设计技术提供了丰富的现代设计方法。

二、关键技术

发展机电一体化技术所面临的共性关键技术包括精密机械技术、传感检测技术、伺服驱动技术、计算机与信息处理技术、自动控制技术、接口技术和系统总体技术等。现代的机电一体化产品甚至还包含了光、声、化学、生物等技术的应用。

1. 机械技术

机械技术是机电一体化的基础。随着高新技术引入机械行业，机械技术面临着挑战和变革。在机电一体化产品中，它不再是单一地完成系统间的连接，而是要优化设计系统结构、质量、体积、刚性和寿命等参数对机电一体化系统的综合影响。机械技术的着眼点在于如何与机电一体化的技术相适应，利用其他高、新技术来更新概念，实现结构上、材料上、性能上及功能上的变更，满足减少质量、缩小体积、提高精度、提高刚度、改善性能和增加功能的要求。尤其那些关键零部件，如导轨、滚珠丝杠、轴承、传动部件等的材料、精度对机电一体化产品的性能、控制精度影响很大。

在制造过程的机电一体化系统，经典的机械理论与工艺应借助于计算机辅助技术，同时采用人工智能与专家系统等，形成新一代的机械制造技术。这里原有的机械技术以知识和技能的形式存在。如计算机辅助工艺规程编制（CAPP）是目前CAD/CAM系统研究的瓶颈，其关键问题在于如何将各行业、企业、技术人员中的标准、习惯和经验进行表达和陈述，从而实现计算机的自动工艺设计与管理。

2. 传感与检测技术

传感与检测装置是系统的感受器官，它与信息系统的输入端相连并将检测到的信息输送到信息处理部分。传感与检测是实现自动控制、自动调节的关键环节，它的功能越强，系统自动化程度就越高。传感与检测的关键元件是传感器。

机电一体化系统或产品的柔性化、功能化和智能化都与传感器的品种多少、性能好坏密切相关。传感器的发展正进入集成化、智能化阶段。传感器技术本身是一门多学科、知识密集的应用技术。传感原理、传感材料及加工制造装配技术是传感器开发的三个重要方面。

传感器是将被测量（包括各种物理量、化学量和生物量等）变换成系统可识别的、与被测量有确定对应关系的有用电信号的一种装置。现代工程技术要求传感器能快速、精确地获取信息，并能经受各种严酷环境的考验。与计算机技术相比，传感器的发展显得缓慢，难以满足技术发展的要求。不少机电一体化装置不能达到满意的效果或无法实现设计的关键原因在于没有合适的传感器。因此大力开展传感器的研究，于机电一体化技术的发展具有十分重要的意义。

3. 伺服驱动技术

伺服系统是实现电信号到机械动作的转换装置或部件，对系统的动态性能、控制质量和功能具有决定性的影响。伺服驱动技术主要是指机电一体化产品中的执行元件和驱动装置设计中的技术问题，它涉及设备执行操作的技术，对所加工产品的质量有直接的影响。机电一体化产品中的伺服驱动执行元件包括电动、气动、液压等各种类型，其中电动式执行元件居多。驱动装置主要是各种电动机的驱动电源电路，目前多由电力电子器件及集成化的功能电路构成。在机电一体化系统中，通常微型计算机通过接口电路与驱动装置相连接，控制执行元件的运动，执行元件通过机械接口与机械传动和执行机构相连，带动工作机械做回转、直线及其他各种复杂的运动。常见的伺服驱动有电液马达、脉冲油缸、步进电机、直流伺服电机和交流伺服电机等。由于变频技术的发展，交流伺服驱动技术取得突破性进展，为机电一体化系统提供了高质量的伺服驱动单元，极大地促进了机电一体化技术的发展。

4. 信息处理技术

信息处理技术包括信息的交换、存取、运算、判断和决策，实现信息处理的工具大都采用计算机，因此计算机技术与信息处理技术是密切相关的。计算机技术包括计算机的软件技术和硬件技术、网络与通信技术、数据技术等。机电一体化系统中主要采用工业控制计算机（包括单片机、可编程序控制器等）进行信息处理。人工智能技术、专家系统技术、神经网络技术等都属于计算机信息处理技术。

在机电一体化系统中，计算机信息处理部分指挥整个系统的运行。信息处理是否正确、及时，直接影响到系统工作的质量和效率。因此，计算机应用及信息处理技术已成为促进机电一体化技术发展和变革的最活跃的因素。

5. 自动控制技术

自动控制技术范围很广，机电一体化的系统设计是在基本控制理论指导下，对具体控制装置或控制系统进行设计；对设计后的系统进行仿真，现场调试；最后使研制的系统可靠地投入运行。由于控制对象种类繁多，所以控制技术的内容极其丰富，如高精度定位控制、速度控制、自适应控制、自诊断、校正、补偿、再现、检索等。

随着微型机的广泛应用，自动控制技术越来越多地与计算机控制技术联系在一起，成为机电一体化中十分重要的关键技术。

6. 接口技术

机电一体化系统是机械、电子、信息等性能各异的技术融为一体的综合系统，其构成要素和子系统之间的接口极其重要，主要有电气接口、机械接口、人机接口等。电气接口实现系统间信号联系，机械接口则完成机械与机械部件、机械与电气装置的连接，人机接口提供人与系统间的交互界面。接口技术是机电一体化系统设计的关键环节。

7. 系统总体技术

系统总体技术是一种从整体目标出发，用系统的观点从全局角度出发，将总体分解成相互有机联系的若干单元，找出能完成各个功能的技术方案，再把功能和技术方案组成方案组进行分析、评价和优选的综合应用技术。系统总体技术解决的是系统的性能优化问题和组成要素之间的有机联系问题，即使各个组成要素的性能和可靠性很好，如果整个系统不能很好协调，系统也很难保证正常运行。

在机电一体化产品中，机械、电气和电子是性能、规律截然不同的物理模型，因而存在匹配上的困难；电气、电子又有强电与弱电及模拟与数字之分，必然遇到相互干扰和耦合的问题；系统的复杂性带来的可靠性问题；产品的小型化增加的状态监测与维修困难；多功能化造成诊断技术的多样性等。因此就要考虑产品整个寿命周期的总体综合技术。

为了开发出具有较强竞争力的机电一体化产品，系统总体设计除考虑优化设计外，还包括可靠性设计、标准化设计、系列化设计及造型设计等。

机电一体化技术有着自身的显著特点和技术范畴，为了正确理解和恰当运用机电一体化技术，还必须认识机电一体化技术与其他技术之间的区别。

（1）机电一体化技术与传统机电技术的区别。传统机电技术的操作控制主要以电磁学原理为基础的各种电器来实现，如继电器、接触器等，在设计中不考虑或很少考虑彼此间的内在联系。机械本体和电气驱动界限分明，整个装置是刚性的，不涉及软件和计算机控制。机电一体化技术以计算机为控制中心，在设计过程中强调机械部件和电器部件间的相互作用和影响，整个装置在计算机控制下具有一定的智能性。

（2）机电一体化技术与并行技术的区别。机电一体化技术将机械技术、微电子技术、计算机技术、控制技术和检测技术在设计和制造阶段就有机结合在一起，十分注意机械和其他部件之间的相互作用。并行技术是将上述各种技术尽量在各自范围内齐头并进，只在不同技术内部进行设计制造，最后通过简单叠加完成整体装置。

（3）机电一体化技术与自动控制技术的区别。自动控制技术的侧重点是讨论控制原理、控制规律、分析方法和自动系统的构造等。机电一体化技术是将自动控制原理及方法作为重要支撑技术，将自控部件作为重要控制部件。它应用自控原理和方法，对机电一体化装置进行系统分析和性能测算。

（4）机电一体化技术与计算机应用技术的区别。机电一体化技术只是将计算机作为核心部件应用，目的是提高和改善系统性能。计算机在机电一体化系统中的应用仅仅是计算机应用技术中的一部分，它还包括办公、管理及图像处理等广泛应用。机电一体化技术研究的是机电一体化系统，而不是计算机应用本身。

第四节　机电一体化技术的主要特征与发展趋势

一、机电一体化的技术特点

1. 机电一体化的优越性

（1）显著提高设备的使用安全性

在工作过程中，遇到过载、过压、过流、短路等电力故障时，机电一体化产品一般都具有自动监视、报警、自动诊断、自动保护等功能，使用安全性和可靠性提高，避免和减少人身和设备事故，能自动采取保护措施。

（2）保证最佳的工作质量和产品的合格率

通过自动控制系统可精确地保证机械的执行机构按照设计的要求完成预定的动作，使之不受机械操作者主观因素的影响。生产能力和工作质量提高，由于机电一体化产品实现了工作的自动化，数控机床对工件的加工稳定性大大提高，使得生产能力大大提高。机电一体化产品大都具有信息自动处理和自动控制功能，其控制和检测的灵敏度、精度及范围都有很大程度的提高。同时，生产效率比普通机床提高 5 ~ 6 倍。

（3）机电一体化产品普遍采用程序控制和数字显示

机电一体化使得操作大大简化并且方便、简单，操作按钮和手柄数量显著减少。机电一体化产品的工作过程根据预设的程序逐步由电子控制系统指挥实现，使用性能改善。系统可重复实现全部动作，高级的机电一体化产品可通过被控对象的数学模型及外界参数的变化随机自寻最佳工作程序，实现自动最优化操作。

（4）机电一体化产品一般具有自动化控制、自动补偿、自动校验、自动调节、自动保护和智能化等多种功能

机电一体化使其应用范围大为扩大，具有复合技术和复合功能。例如，满足用户需求的应变能力较强，能应用于不同的场合和不同领域。机电一体化产品跳出了机电产品的单技术和单功能限制，电子式空气断路器具有保护特性可调、选择性脱扣、正常通过电流与脱扣时电流的测量、显示和故障自动诊断等功能，使产品的功能水平和自动化程度大大提高，具有复合功能并且适用面广。

（5）机电一体化产品的自动化检验和自动监视功能可对工作过程中出现的故障自动采取措施

这些控制程序可通过多种手段输入到机电一体化产品的控制系统中，而不需要改变产品中的任何部件或零件。即可按指定的预定程序进行自动工作，使工作恢复正常，对于具有存储功能的机电一体化产品，可通过改变控制程序来实现工作方式的改变，然后根据不同的工作对象进行调整和维护。机电一体化产品在安装调试时，只需给定一个代码信号输

入，可以事先存入若干套不同的执行程序，以满足不同用户对象的需要及现场参数变化的需要。

2. 机电一体化的技术特点

（1）综合性

机电一体化技术是由机械技术、电子技术、微电子技术和计算机技术等有机结合形成的一门跨学科的边缘科学。各种相关技术被综合成一个完整的系统，在这一系统中，它们相互苛刻要求，彼此又取长补短，从而不断地向着理想化的技术发展。因此机电一体化技术是具有综合性的高水平技术。

（2）应用性

机电一体化技术是以机械为母体，以实践机电产品开发和机电过程控制为基础的技术，是可以渗透到机械系统和产品的普遍应用性技术，几乎不受行业限制。机电一体化技术应用计算机技术，以信息化为内涵智能化为核心，开发和生产了性能更好的、功能更强的机电一体化系统和产品。

（3）系统性

机电一体化是将工业产品和过程利用各种技术综合成一个完整的系统，强调各种技术的协同和集成，强调层次化和系统化。无论从单参数、单级控制到多参数、多级控制，还是从单件单品生产工艺到柔性及自动化生产线，直到整个系统工程设计，机电一体化技术都体现在系统各个层次的开发和应用中。

（4）可靠性

机电一体化系统几乎没有机械磨损，因此系统的寿命提高，故障率降低，可靠性和稳定性增强。有些机电一体化系统甚至可以做到不需要维修，具有自动诊断、自动修复的功能。

二、机电一体化的发展趋势

1. 智能化

随着科学技术的发展，机电一体化技术“全息”的特征越来越明显，智能化水平越来越高。这主要得益于模糊技术与信息技术的发展。智能化是机电一体化与传统机械自动化的主要区别之一，也是未来机电一体化的发展方向。机电产品应具有一定的智能，使它具有类似人的逻辑思考、判断处理、自主决策能力。近几年，处理器速度的提高和微机的高性能化、传感器系统的集成化与智能化为嵌入智能控制算法创造了条件，有力地推动着机电一体化产品向智能化方向发展。

2. 模块化

模块化是一项重要而艰巨的工程。由于机电一体化产品种类繁多，研制和开发具有标准机械接口、电气接口等接口的机电一体化产品单元变得至关重要，如研制集减速、智能调速、电机于一体的动力单元，具有视觉、图像处理、识别和测距等功能的控制单元，以及各种能完成典型操作的机械装置。这样，可利用标准单元迅速开发出新产品。为了达到以上目的，还需要制定各种标准，以便各部件、单元的匹配和接口。

3. 绿色化

科学技术的发展给人们的生活带来巨大变化，在物质丰富的同时也带来资源减少、生态环境恶化的后果。所以开发和研制出绿色环保的产品变得至关重要。绿色产品是指低能耗、低耗材、低污染、可再生利用的产品。在研制、使用过程中符合环保的要求，销毁处理时对环境污染小，在整个使用周期内不污染环境，可持续利用。

4. 微型化

微型化是精细加工技术发展的必然，也是提高效率的需要。微机电系统可批量制作，机械部分和电子完全可以“融合”，机体、执行机构、传感器等器件可以集成在一起，减小体积，这种微型的机电一体化产品也是重要的发展方向。自 1986 年美国斯坦福大学研制出第一个医用微探针、1988 年美国加州大学研制出第一个微电机以来，国内外在 MEMS 工艺、材料及微观机理研究方面取得了很大进展，开发出各种 MEMS 器件和系统，如各种微型传感器和微构件等。

5. 集成化

集成化既包含各种技术的相互渗透、相互融合和各种产品不同结构的优化与复合，又包含在生产过程中同时处理加工、装配、检测、管理等多种工序。为了实现多品种、小批量生产的自动化与高效率，应使系统具有更广泛的柔性。首先可将系统分解为若干层次，使系统功能分散，并使各部分协调、安全运转；然后再通过执行部分将各个层次有机地联系起来，使其性能最优、功能最强。

6. 数字化

微控制器及其发展奠定了机电产品数字化的基础，如不断发展的数控机床和机器人；同时计算机网络的发展为数字化设计与制造奠定了基础，如虚拟设计、计算机集成制造等。数字化要求机电一体化产品的软件具有高可靠性、易操作性、可维护性、自诊断能力以及人机交互界面。数字化的实现将便于远程操作、诊断和修复。

机电一体化技术是一个多种学科技术相互融合影响的技术，是科技发展的见证和结晶，随着科学技术水平的不断提升，机电一体化技术的发展前景也变得更加广阔。

第五节　机电一体化系统设计开发过程

机电一体化系统设计是多个学科的交叉和综合，涉及的学科和技术非常广泛，其技术发展迅速，水平越来越高。由于机电一体化产品覆盖面很广，在系统的构成上有着不同的层次，但在系统设计方面有着相同的规律。机电一体化系统设计是根据系统论的观点，运用现代设计的方法构造产品结构、赋予产品性能并进行产品设计的过程。

一、设计筹划阶段

（1）在筹划阶段要对设计目标进行机理分析，对客户的要求进行理论性抽象，以确定产品的性能、规格、参数。在这个阶段，因为用户需求往往是面向产品的使用目的，并不全是设计的技术参数，所以需要对用户的需求进行抽象，要在分析对象工作原理的基础上，澄清用户需求的目的、原因和具体内容，经过理论分析和逻辑推理，提炼出问题的本质和解决问题的途径，并用工程语言描述设计要求，最终形成产品的规格和参数。对于加工机械而言，它包括如下几个方面：

①运动参数：表征机器工作部件的运动轨迹和行程、速度和加速度。

②动力参数：表征机器为完成加工动作应输出的力（或力矩）和功率。

③品质参数：表征机器工作的运动精度、动力精度、稳定性、灵敏度和可靠性。

④环境参数：表征机器工作的环境，如温度、湿度、输入电源。

⑤结构参数：表征机器空间几何尺寸、结构、外观造型。

⑥界面参数：表征机器的人机对话方式和功能。

（2）在这个阶段要根据设计参数的需求，开展技术性分析，制订系统整体设计方案，划分出构成系统的各功能要素和功能模块，然后对各类方案进行可行性研究对比，核定最佳总体设计方案、各个模块设计的目标与相关人员的配备。系统设计方案文件的内容如下：

①系统的主要功能、技术指标、原理图及文字说明。

②控制策略及方案。

③各功能模块的性能要求，模块实现的初步方案及输出输入逻辑关系的参数指标。

④方案比较和选择的初步确定。

⑤为保证系统性能指标所采取的技术措施。

⑥抗干扰及可靠性设计策略。

⑦外观造型方案及机械主体方案。

⑧经费和进度计划的安排。

二、理论设计阶段

1. 根据系统的主功能要求和构成系统的功能要素进行主功能分解，划分出功能模块，画出机器工作时序图和机器传动原理简图；对于有过程控制要求的系统应建立各要素的数学模型，确定控制算法；计算出各功能模块之间接口的输入、输出参数，确定接口设计的任务分配。应当说明的是，系统设计过程中的接口设计是对接口输入输出参数或机械结构参数的设计，而功能模块设计中的接口设计则是遵照系统设计制定的接口参数进行细部设计，实现接口的技术物理效应，两者在设计内容和设计分工上是不同的。不同类型的接口，其设计要求有所不同。传感器是机电一体化系统的感觉器官，它从待测对象那里获得反映待测对象特征与状态的信息，监视监测整个设备的工作过程，传感器接口要求传感器与被测对象机械量信号源应有直接关系，保证标度转换及数学建模快速、准确、可靠，传感器与机械本体之间连接简洁、牢固，灵敏度高、动态性能好，抗机械谐波干扰性强，正确反映待测对象的被测参数。变送接口要满足传感器模块的输出信号与微机前向通道电气参数的匹配及远距离信号传输的要求，接口信号的传输要精确、可靠性强、抗干扰能力强、噪声容限较低；传感器的输出阻抗要与接口的输入阻抗相配合；接口输出的电平要与微机的电平一致；为方便微机进行信号处理，接口输入信号和输出信号之间的关系必须是线性关系。驱动接口要能满足接口的输入端与微机系统的后向通道在电平上保持一致，接口的输出端与功率驱动模块的输入端之间电平匹配的同时，阻抗也要匹配。为防止功率设备的强电回路反窜入微机系统，接口必须采取有效的抵抗干扰措施。传动接口是一个机械接口，要求它的连接结构紧凑、轻巧，具有较高的传动精度和定位精度，安装、维修、调整简单方便，传动效率高。

2. 以功能模块为单元，依据以上接口设计参数的要求对信号检测与转换、机械传动与工作机构、控制微机、功率驱动及执行元件等进行各个功能模块的选型、组配、设计。在此阶段的设计工作量较大，既包括机械、电气、电子、控制与计算机软件等系统的设计，又包括总装图、零件图的具体模块选型、组配。一方面不仅要求在机械系统设计时选择的机械系统参数要与控制系统的电气参数相匹配，同时也要求在进行控制系统设计时，要根据机械系统的固有结构参数来选择及确定相关电气参数，综合应用微电子技术与机械技术，让两项技术互相结合、互相协调、互相补充，把机电一体化的优越性充分体现出来。为提高工效，应该尽量应用各种 CAD、PRO/E 等辅助工具；整个设计应尽量采用通用的模块和接口，以利于整体匹配及后期进行产品的更新换代。

（3）以技术文件的方式对完整的系统设计采取整体技术经济指标分析，设计目标考核与系统优化，择优选择综合性能指标最优的方案。其中，系统功能分解应综合运用机械技术和电子技术各自的优势，努力使系统构成简单化、模块化。经常用到的设计策略有如下几种：

①用电子装置替代机械传动，缩减机械传动装置，简化机械结构，减小尺寸，减轻重量，增强系统运动精度和控制灵活性。

②在选择功能模块时要选用标准模块、通用模块，防止重复设计低水平的功能模块，采用可靠的高水平模块，以利于减少设计与开发的周期。

③加强柔性应用功能，改变产品的工作方式，让硬件的组成软件化、系统的构成智能化。

④设计策略选择要以微机系统作为整个设计的核心。

三、机电一体化系统典型实例

1. 机器人

（1）概述

机器人是能够自动识别对象或其动作，根据识别，自动决定应采取动作的自动化装置。它能模拟人的手、臂的部分动作，实现抓取、搬运工件或操纵工具等。它综合了精密机械技术、微电子技术、检测传感技术和自动控制技术等领域的最新成果，是具有发展前途的机电一体化典型产品。机器人技术的应用会越来越广，将对人类的生产和生活产生巨大的影响。可以说，任何一个国家如不拥有一定数量和质量的机器人，就不具备进行国际竞争所必需的工业基础。机器人的发展大致经过了三个阶段。

第一代机器人为示教再现型机器人，为了让机器人完成某项作业，首先由操作者将完成该作业所需的各种知识（如运动轨迹、作业条件、作业顺序、作业时间等）通过直接或间接的手段，对机器人进行示教，机器人将这些知识记忆下来，然后根据再现指令，在一定的精度范围内，忠实地重复再现各种被示教的动作。第二代机器人通常是指具有某种智能（如触觉、力觉、视觉等）的机器人，即由传感器得到的触觉、听觉、视觉等信息经计算机处理后，控制机器人完成相应的操作。第三代机器人通常是指具有高级智能的机器人，其特点是具有自学习和逻辑判断能力，可以通过各类传感器获取信息，经过思考做出决策，以完成更复杂的操作。

一般认为机器人具备以下要素：思维系统（相当于脑）；工作系统（相当于手）；移动系统（相当于脚）；非接触传感器（相当于耳、鼻、目）；接触传感器（相当于皮肤）（见图 1-3）。如果对机器人的能力评价标准与对生物能力的评价标准一样，即从智能、机能和物理能三个方面进行评价，机器人能力与生物能力具有一定的相似性。图 1-4 是以智能度、机能度和物理能度三坐标表示的“生物空间”，这里，机能度是指变通性或通用性及空间占有性等；物理能度包括力、速度、连续运行能力、均一性、可靠性等；智能度则指感觉、知觉、记忆、运算逻辑、学习、鉴定、综合判断等。把这些概括起来可以说，机器人是具有生物空间三坐标的三元机械。某些工程机械有移动性，占有空间不固定性，因而是二元机械。计算机等信息处理机，除物理能之外，还有若干智能，因而也属于二元机械。而一般机械都只有物理能，所以都是一元机械。

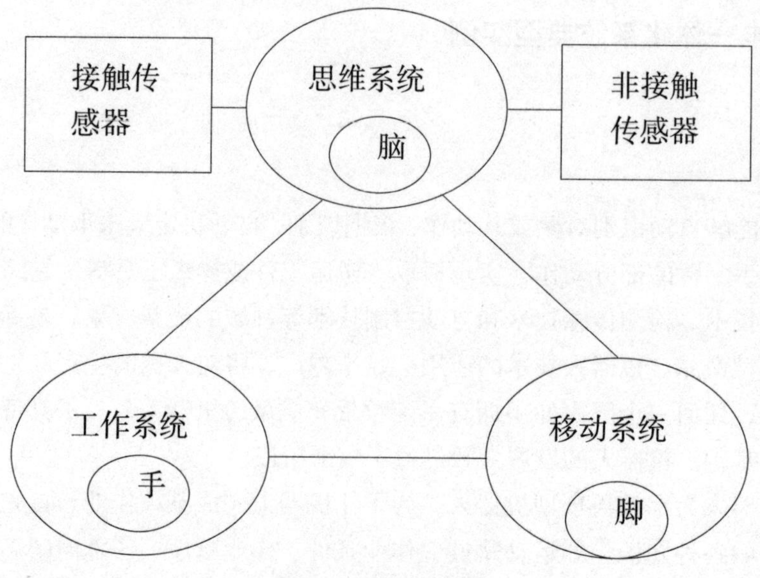

图 1-3　机器人三要素

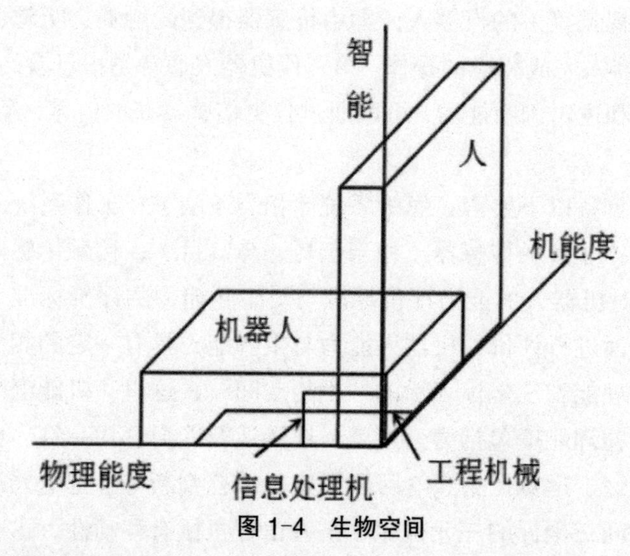

图 1-4　生物空间

（2）机器人的组成及基本机能

机器人一般由执行系统、驱动系统、控制系统、检测传感系统和人工智能系统等组成，各系统功能如下所述：

①执行系统

执行系统是完成抓取工件（或工具）实现所需运动的机械部件，包括手部、腕部、臂部、机身及行走机构。

②驱动系统

驱动系统的作用是向执行机构提供动力。随驱动目标的不同，驱动系统的传动方式有液动、气动、电动和机械式四种。

③控制系统

控制系统是机器人的指挥中心，它控制机器人按规定的程序运动。控制系统可记忆各种指令信息（如动作顺序、运动轨迹、运动速度及时间等），同时按指令信息向各执行元件发出指令。必要时还可对机器人动作进行监视，当动作有误或发生故障时即发出警报信号。

④检测传感系统

它主要检测机器人执行系统的运动位置、状态，并随时将执行系统的实际位置反馈给控制系统，并与设定的位置进行比较，然后通过控制系统进行调整，从而使执行系统以一定的精度达到设定的位置状态。

⑤人工智能系统

该系统主要赋予机器人自动识别、判断和适应性操作。

（3）BJDP-1 型机器人

该机器人是全电动式、五自由度、具有连续轨迹控制等功能的多关节型示教再现机器人，用于高噪声、高粉尘等恶劣环境的喷砂作业。该机器人的五个自由度，分别是立柱回转（L）、大臂回转（D）、小臂回转（X）、腕部俯仰（W1）和腕部转动（W2），其机构原理如图 1-5 所示，机构的传动关系如图 1-6 所示。

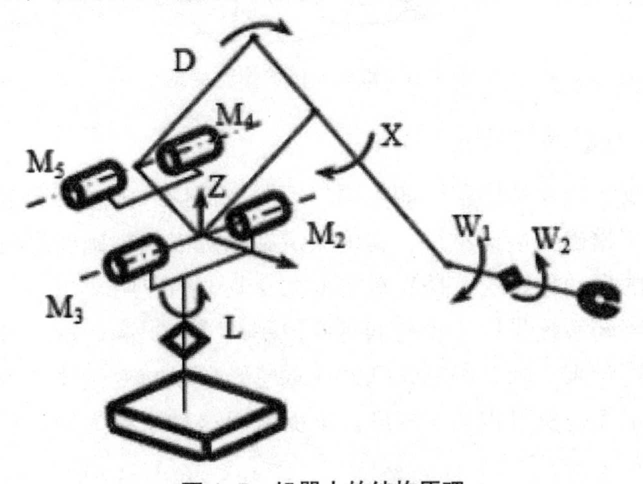

图 1-5 机器人的结构原理

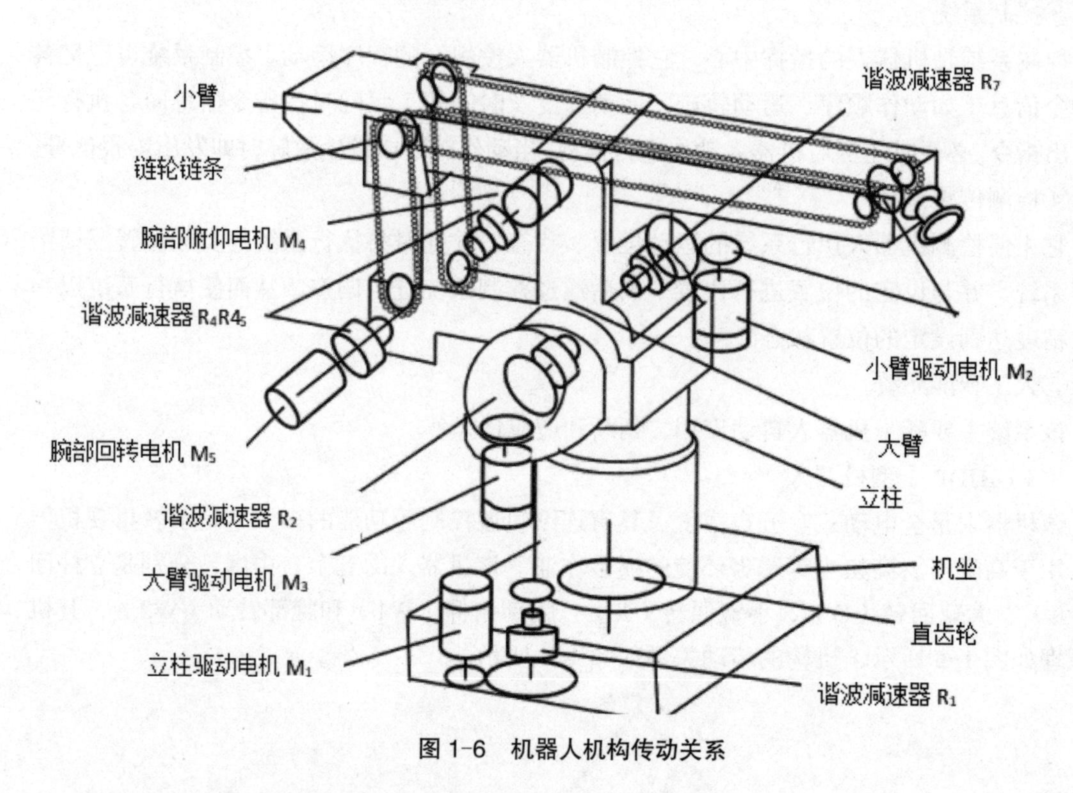

图 1-6　机器人机构传动关系

2. 视觉传感式变量喷药系统简介

在农业方面，近年来发达国家（如美国、英国）都投入大量资金进行现代农业技术的开发。先后开发出了精确变量播种机、精确变量施肥机以及精确变量喷药机等。它们都是与机器人极为相似的自动化系统，是高新技术在农业中的应用。

视觉传感变量喷药系统是以较少药剂有效控制杂草、提高产量、减少成本的一种自动化药物喷撒机械。近年来，随着杂草识别的视觉感知技术与变量喷药控制等技术的成熟，这种视觉传感式变量喷药机械也趋于成熟。下面就以这种系统为例，对它的组成及工作原理做一简要介绍。

（1）系统的组成

一般地说，这种机器由图像信息获取系统、图像信息处理系统、决策支持系统、变量喷撒系统等组成（图 1-7）。各子系统的主要功能如下所述：

①图像信息获取系统，其主要由彩色数码相机（如 PULNIX、TMC-7ZX 等）和高速图像数据采集卡（如 CX100、IMAGENATION、INC 等）组成。采集卡一般置于机载计算机中。

②图像信息处理系统。图像信息处理系统是一种基于影像信息的提取算法，由计算机高级语言（如 C++ 等）开发出的一种软件系统。它能够快速准确地提取出影像数据中包含的人们所需的信息（如杂草密度、草叶数量、无作物间距区域面积等）。

③决策支持系统。决策支持系统也是由高级语言开发出的一种软件系统。它能够基于信息处理系统，把得到的有用信息与人们的决策要求作综合判断，最后作出所需的决策。

④变量喷撒系统。变量喷撒系统是基于视觉信息的控制器，由若干可调节喷药流量与

雾滴大小的变量喷头组成。

⑤机器行走系统。其由发动机、机身、车轮等组成。

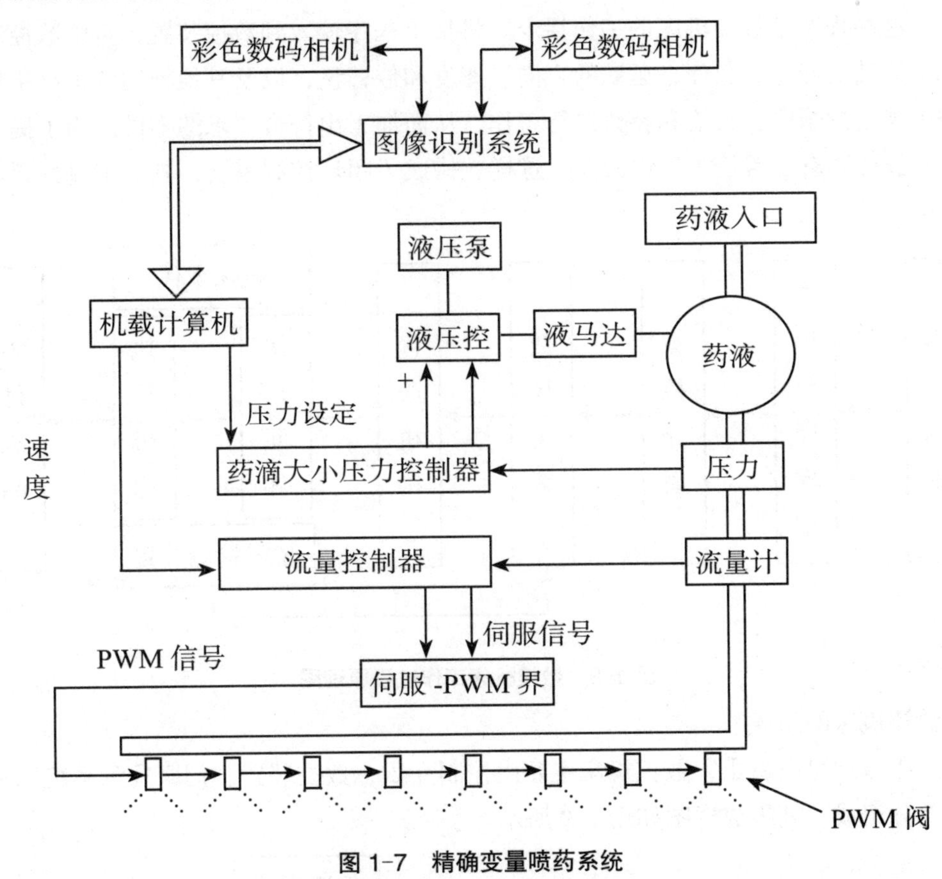

图 1-7　精确变量喷药系统

（2）工作原理

当机器在田间行走时，置于机器上离地面具有一定高度的彩色数码相机就会扫描一定大小的地面。一般彩色数码相机可覆盖 2.44~3.05 m 范围，分辨率可达到 0.005 m × 0.005 m。与此同时，高速图像数据采集卡将彩色数码相机获取的信息存入计算机中。然后，由图像信息处理系统快速地将地面杂草的密度、草叶数量、作物密度及无植被区域面积等信息提取出来，并由决策支持系统调用这些信息，经过数据处理得到所需的行走速度、药液流量和雾滴大小等的决策。这些决策被传输给药滴大小控制器以及流量控制器，随之它们就控制管路中的压力和 PWM 脉宽调制变量喷头，从而实现了精确变量喷药。这样一方面减少了药量，降低了成本；另一方面保护作物，减少对环境的污染。据报道，与传统的喷撒方法比较，变量喷药系统在杂草高密区可节约药液 18%，在杂草低密区可节约药液 17%。

3. 数控机床

数控机床是由计算机控制的高效率自动化机床。它综合应用了电子计算机、自动控制、伺服驱动、精密测量和新型机械结构等多方面的技术成果，是今后机床控制的发展方向。随着数控技术的迅速发展，数控机床在机械加工中的地位将越来越重要。

①数控机床的工作原理

数控机床加工零件时，是将被加工零件的工艺过程、工艺参数等用数控语言编制成加工程序，这些程序是数控机床的工作指令。将加工程序输入到数控装置，再由数控装置控制机床主运动的变速、起停，运动的方向、速度和位移量，以及其他辅助装置严格地按照加工程序规定的顺序、轨迹和参数进行工作，从而加工出符合要求的零件。为了提高加工精度，一般还装有位置检测反馈回路，这样就构成了闭环控制系统，其加工过程原理如图 1-8 所示。

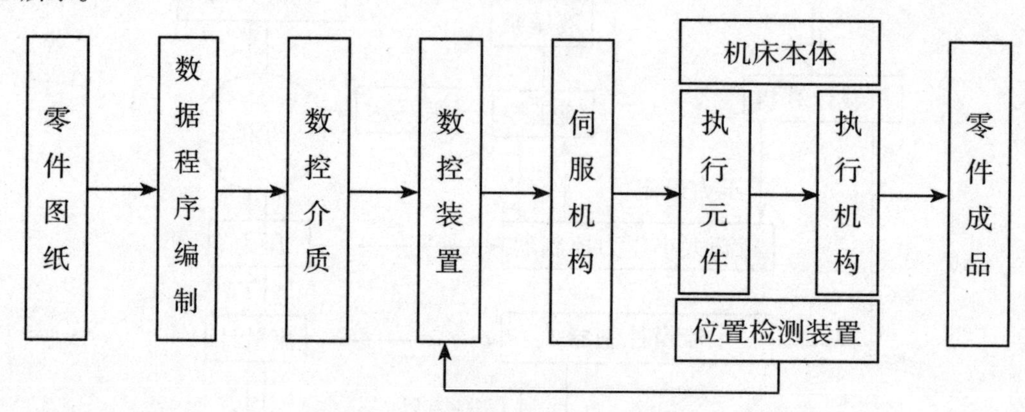

图 1-8　数控机床工作过程原理图

②数控机床的组成

从工作原理可以看出，数控机床主要由控制介质、数控装置、伺服检测系统和机床本体等四部分组成，其组成框图如图 1-9 所示。

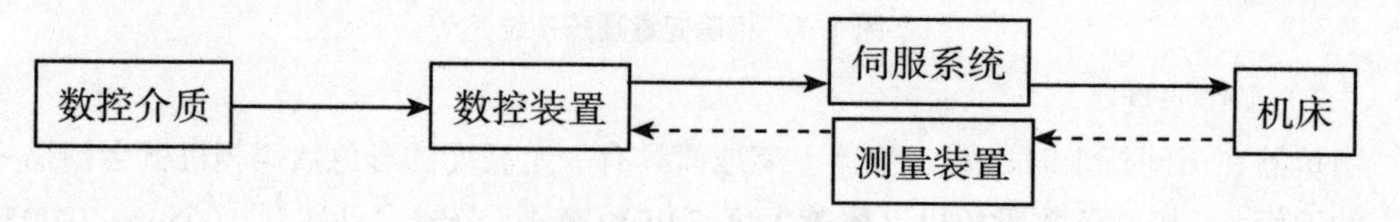

图 1-9　数控机床的组成

控制介质。用于记载各种加工信息（如零件加工的工艺过程、工艺参数和位移数据等），以控制机床的运动，实现零件的机械加工。常用的控制介质有磁带、磁盘和光盘等。控制介质上记载的加工信息经输入装置输送给数控装置。常用的输入装置有磁盘驱动器和光盘驱动器等，对于用微处理机控制的数控机床，也用操作面板上的按钮和键盘将加工程序直接用键盘输入，并在 CRT 显示器上显示。

数控装置。数控装置是数控机床的核心，它的功能是接收输入装置输送给的加工信息，经过数控装置的系统软件或电路进行译码、运算和逻辑处理后，发出相应的脉冲指令送给伺服系统，通过伺服系统控制机床的各个运动部件按规定要求动作。

伺服系统及位置检测装置。伺服系统由伺服驱动电机和伺服驱动装置组成，它是数控系统的执行部分。由机床的执行部件和机械传动部件组成数控机床的进给系统，它根据数控装置发来的速度和位移指令控制执行部件的进给速度、方向和位移量。每个进给运动的执行部件都配有一套伺服系统。伺服系统有开环、闭环和半闭环之分，在闭环和半闭环伺服系统中，还需配有位置测量装置，直接或间接测量执行部件的实际位移量。

机床本体及机械部件。数控机床的本体及机械部件包括主动运动部件、进给运动执行部件（如工作台、刀架）、传动部件和床身立柱等支承部件，此外还有冷却、润滑、转位和夹紧等辅助装置，对于加工中心类的数控机床，还有存放刀具的刀库和交换刀具的机械手等部件。

4. 计算机集成制造系统

近年来世界各国都在大力开展计算机集成制造系统（Computer Intergrated Manufacturing System，CIMS）方面的研究工作。CIMS 是计算机技术和机械制造业相结合的产物，是机械制造业的一次技术革命。

（1）CIMS 的结构

随着计算机技术的发展，机械工业自动化已逐步从过去的大批量生产方式向高效率、低成本的多品种、小批量自动化生产方式转变。CIMS 就是为了实现机械工厂的全盘自动化和无人化提出来的。其基本思想就是按系统工程的观点将整个工厂组成一个系统，用计算机对产品的初始构思和设计直至最终的装配和检验的全过程实现管理和控制。对于 CIMS，只需输入所需产品的有关市场及设计的信息和原材料，就可以输出经过检验的合格产品。它是一种以计算机为基础，将企业全部生产活动的各个环节与各种自动化系统有机地联系起来，借以获得最佳经济效果的生产经营系统。它利用计算机将独立发展起来的计算机辅助设计（CAD）、计算机辅助制造（CAM）、柔性制造系统（FMS）、管理信息系统（MIS）及决策支持系统（DSS）综合为一个有机的整体，从而实现产品订货、设计、制造、管理和销售过程的自动化。它是一种把工程设计、生产制造、市场分析以及其他支持功能合理地组织起来的计算机集成系统。CIMS 是在柔性制造技术、计算机技术、信息技术和系统科学的基础上，将制造工厂经营活动所需的各种自动化系统有机地集成起来，使其能适应市场变化和多品种、小批量生产要求的高效益、高柔性的智能生产系统。

由此可见，计算机集成制造系统是在新的生产组织原理和概念指导下形成的生产实体，它不仅是现有生产模式的计算机化和自动化，而且是在更高水平上创造的一种新的生产模式。

从机械加工自动化及自动化技术本身的发展看，智能化和综合化是未来的主要特征，也是 CIMS 最主要的技术特征。智能化体现了自动化深度，即不仅涉及物质流控制的传统体力劳动自动化，还包括信息流控制的脑力劳动自动化；而综合化反映了自动化的广度，它把系统空间扩展到市场、设计、制造、检验、销售及用户服务等全部过程。

CIMS 系统构成的原则，是按照在制造工厂形成最终产品所必需的功能划分系统，如设计管理、制造管理等子系统，它们分别处理设计信息与管理信息，各子系统相互协调，并且具有相对的独立性。

因此，从大的结构来讲，CIMS 系统可看成是由经营决策管理系统、计算机辅助设计与制造系统、柔性制造系统等组成的（见图 1-10）。

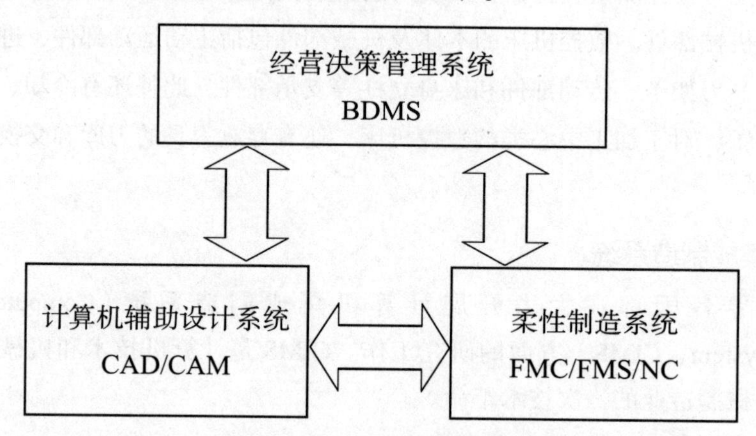

图 1-10　CIMS 主要结构框图

经营决策管理系统完成企业经营管理，如市场分析预测、风险决策、长期发展规划、生产计划与调度、企业内部信息流的协调与控制等；计算机辅助设计系统完成产品及零部件的设计、自动编程、机器人程序设计、工程分析、输出图纸和材料清单等；计算机辅助制造系统完成工艺过程设计、自动编程、机器人程序设计等；柔性制造系统完成物料加工制造的全过程，实现信息流和物料流的统一管理，如将 CIMS 的系统功能细化，可得到如图 1-11 所示的框图。

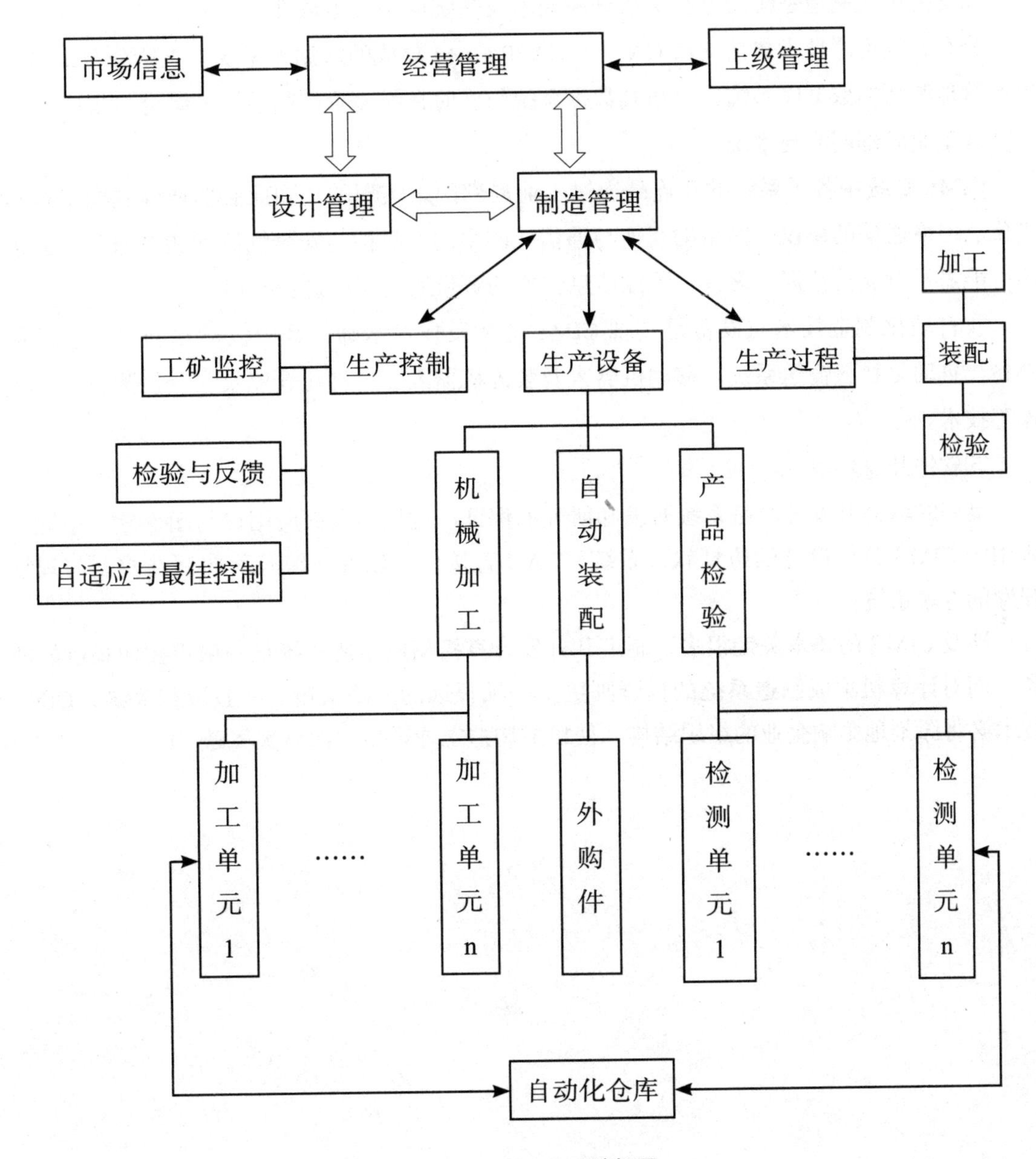

图 1-11　CIMS 系统框图

（2）CIMS 的主要技术关键

CIMS 是一个复杂的系统，它适用于多品种、中小批量的高效益、高柔性的智能化生产与制造。它是由很多子系统组成的，而这些子系统本身又都是具有相当规模的复杂系统。虽然世界上很多发达国家已投入大量资金和人力研究它，但仍存在不少技术问题有待进一步探索和解决。归纳起来，大致有以下五个方面：

① CIMS 系统的结构分析与设计

这是系统集成的理论基础及工具，如系统结构组织学和多级递阶决策理论、离散事件动态系统理论、建模技术与仿真、系统可靠性理论与容错控制及面向目标的系统设计方法等。

②支持集成制造系统的分布式数据库技术及系统应用支撑软件

分布式数据库技术包括支持 CAD / CAPP/CAM 集成的数据库系统、支持分布式多级生产管理调度的数据库系统、分布式数据系统与实时在线递阶控制系统的综合与集成。

③工业局部网络与系统

CIMS 系统中各子系统的互连是通过工业局部网络实现的，因此必然要涉及网络结构优化、网络通信的协议、网络的互连与通信、网络的可靠性与安全性等问题的研究，甚至还可能需要对支持数据、语言、图像信息传输的宽带通信网络进行探讨。

④自动化制造技术与设备是实现 CIMS 的物质技术基础，其中包括自动化制造设备 FMS、自动化物料输送系统、移动机器人及装配机器人、自动化仓库及在线检测及质量保障等技术。

⑤软件开发环境

良好的软件开发环境是系统开发和研究的保证。这里涉及面向用户的图形软件系统、适用于 CIMS 分析设计的仿真软件系统、CAD 直接检查软件系统及面向制造控制与规划开发的专家系统。

涉及 CIMS 的技术关键很多，制定和开发计算机集成制造系统是一项重要而艰巨的任务。而对计算机集成制造系统的投资则更是一项长远的战略决策。一旦取得突破，CIMS 技术必将深刻地影响企业的组织结构，使机械制造工业产生一次巨大飞跃。

第二章　机电一体化机械设计技术

第一节　机械设计概述

一、机电一体化机械系统设计理论概述

1. 机电一体化机械系统的概念

机电一体化机械系统是由计算机信息网络协调与控制的，用于完成包括机械力、运动和能量流等动力学任务的机械及机电部件相互联系的系统。其核心是由计算机控制的，包括机械、电力、电子、液压、光学等技术的伺服系统。它的主要功能是完成一系列机械运动，每一个机械运动可单独由控制电动机、传动机构和执行机构组成的子系统来完成，而这些子系统要由计算机协调和控制，以完成其系统功能要求。机电一体化机械系统的设计要从系统的角度进行合理化和最优化设计。

2. 机电一体化对机械系统的基本要求

机电一体化系统的机械系统与一般的机械系统相比，除要求较高的制造精度外，还应具有良好的动态响应特性，即快速响应和良好的稳定性。

（1）高精度

精度直接影响着产品的质量，尤其是机电一体化产品，其技术性能、工艺水平和功能比普通的机械产品都有很大的提高，因此机电一体化机械系统的高精度是其首要的要求。如果机械系统的精度不能满足要求，则无论机电一体化产品其他系统工作再精确，也无法完成其预定的机械操作。

（2）快速响应

机电一体化系统的快速响应即是要求机械系统从接到指令到开始执行指令指定的任务之间的时间间隔短。这样系统才能精确地完成预定的任务要求，且控制系统也才能及时根据机械系统的运行情况得到信息、下达指令，使其准确地完成任务。

（3）良好的稳定性

为确保机械系统的上述特性，在设计中通常提出无间隙、低摩擦、低惯量、高刚度、高谐振频率和适当的阻尼比等要求。此外机械系统还要求具有体积小、重量轻、高可靠性

和寿命长等特点。

3. 机电一体化机械系统的组成

概括地讲，机电一体化机械系统应主要包括如下三大部分机构：

（1）传动机构

机电一体化机械系统中的传动机构不仅仅是转速和转矩的变换器，而且已成为伺服系统的一部分，它要根据伺服控制的要求进行选择设计，以满足整个机械系统良好的伺服性能。因此传动机构除了要满足传动精度的要求，还要满足小型、轻量、高速、低噪声和高可靠性的要求。

（2）导向机构

导向机构的作用是支承和导向，为机械系统中各运动装置能安全、准确地完成其特定方向的运动提供保障，一般指导轨、轴承等。

（3）执行机构

执行机构是用以完成操作任务的直接装置。执行机构根据操作指令的要求在动力源的带动下，完成预定的操作。一般要求它具有较高的灵敏度、精确度，以及良好的重复性和可靠性。由于计算机的强大功能，使传统的作为动力源的电动机发展为具有动力、变速与执行等多重功能的伺服电动机，从而大大地简化了传动和执行机构。

除以上三部分外，机电一体化系统的机械部分通常还包括机座、支架、壳体等。

4. 机电一体化机械系统的设计思想

机电一体化的机械系统设计主要包括两个环节：静态设计和动态设计。

（1）静态设计

静态设计是指依据系统的功能要求，通过研究制订出机械系统的初步设计方案。该方案只是一个初步的轮廓，包括系统主要零、部件的种类，各部件之间的连接方式，系统的控制方式，所需能源方式等。有了初步设计方案后，开始着手按技术要求设计系统的各组成部件的结构、运动关系及参数；零件的材料、结构、制造精度确定；执行元件（如电机）的参数、功率及过载能力的验算；相关元、部件的选择；系统的阻尼配置等。以上称为稳态设计。稳态设计保证了系统的静态特性要求。

（2）动态设计

动态设计是研究系统在频率域的特性，是借助静态设计的系统结构，通过建立系统组成各环节的数学模型，推导出系统整体的传递函数，利用自动控制理论的方法求得该系统的频率特性（幅频特性和相频特性）。系统的频率特性体现了系统对不同频率信号的反应，决定了系统的稳定性、最大工作频率和抗干扰能力。

（3）静态设计的优势

静态设计是忽略了系统自身运动因素和干扰因素的影响状态下进行的产品设计，对于伺服精度和响应速度要求不高的机电一体化系统，静态设计就能够满足设计要求。对于精密和高速智能化机电一体化系统，环境干扰和系统自身的结构及运动因素对系统产生的影响会很大，因此必须通过调节各个环节的相关参数，改变系统的动态特性，以保证系统的功能要求。动态分析与设计过程往往会改变前期的部分设计方案，有时甚至会推翻整个方案，要求重新进行静态设计。

5. 机电一体化机械系统性能分析

为了保证机电一体化系统具有良好的伺服特性，我们不仅要满足系统的静态特性，还必须利用自动控制理论的方法进行机电一体化系统的动态分析与设计。动态设计过程首先是针对静态设计的系统建立数学模型，然后用控制理论的方法分析系统的频率特性，找出并通过调节相关机械参数改变系统的伺服性能。

（1）数学模型的建立。机械系统的数学模型建立与电气系统数学模型建立基本相似，都是通过折算的办法将复杂的结构装置转换成等效的简单函数关系，数学表达式一般是线性微分方程（通常简化成二阶微分方程）。机械系统的数学模型分析的是输入（如电机转子运动）和输出（如工作台运动）之间的相对关系。等效折算过程是将复杂结构关系的机械系统的惯量、弹性模量和阻尼（或阻尼比）等机械性能参数归一处理，从而通过数学模型来反映各环节的机械参数对系统整体的影响。建立该系统的数学模型，首先是把机械系统中各基本物理量折算到传动链中的某个元件上，使复杂的多轴传动关系转化成单一轴运动，转化前后的系统总机械性能等效；然后在单一轴基础上根据输入量和输出量的关系建立它的输入 / 输出的数学表达式（数学模型）。根据该表达式进行的相关机械特性分析就反映了原系统的性能。在该系统的数学模型建立过程中，我们分别针对不同的物理量求出相应的折算等效值。

（2）机械性能参数对系统性能的影响。机电一体化的机械系统要求精度高、运动平稳、工作可靠，这不仅仅是静态设计（机械传动和结构）所能解决的问题，而且要通过对机械传动部分与伺服电动机的动态特性进行分析，调节相关机械性能参数，达到优化系统性能的目的。

机械传动系统的性能与系统本身的阻尼比、固有频率有关。固有频率、阻尼比又与机械系统的结构参数密切相关。因此，机械系统的结构参数对伺服系统性能有很大影响。一般的机械系统均可简化为二阶系统，系统中阻尼的影响可以由二阶系统单位阶跃响应曲线来说明。在系统设计时，应综合考虑其性能指标，一般取欠阻尼系统，既能保证振荡在一定的范围内，过渡过程较平稳、时间较短，又具有较高的灵敏度。

二、机电一体化机械系统的创新设计

从目前我国机械设计的现状来看，主要还是从事常规设计，而国外的一些先进工业国家，则早已开始研究创新设计，并已从原来固有的设计模式中走出来，鼓励设计人员用新观点、新原理、新功能来设计出前所未有的产品。创新是人类文明进步、技术进步、经济发展的原动力，是国民经济发展的基础。因而，如何加强机械创新设计，挖掘创造性思维，就显得尤为重要。在历史上，创新为建立近代科学体系奠定了知识基础；在现代，也正是创新使人类的视野得到前所未有的发展。那么，到底该如何创新设计呢？

1. 机械设计制造的创新思路

（1）合理树立机械自动化理念。为了促进机械自动化设计制造的进一步创新，我们应当转变理念，不要仅仅考虑那些大规模的农户，同时还要考虑到那些小规模的农户，毕竟中国大多数还是小规模的个体生产，而这些也是我们在推动机械自动化的过程中所要面临的对象，所以在机器的研究过程中开发和投入一些价格相对较低、多功能且是针对小规模的机械。而在机械的改进上，要从土壤以及农作物出发，开发一些适合实际生产且价格相对较低的，不能停留在对原有机械的改装上。

（2）正确选择机械自动化模式。在选择机械自动化模式方面，首先要根据当前的技术水平以及农业生产的现实条件，树立正确的理念，提高作业的精度以及作业的效率，在保证安全生产的前提下提高生产质量、节约能源。同时，要正确评价这些模式在推进机械自动化过程中的作用，根据这些作用的大小按先后顺序进行选择来推动机械自动化模式。

（3）遵循机械设计创新的特征。由于机械设计制造是多门科学技术交叉、渗透、融合，而且部分工作为非数据性、非计算性的，必须在知识和经验积累的基础上思考、推理及判断，并运用创造性及发散思维的方法。此外，创新机械设计制造方面，在知识、经验、灵感与想象力的系统中搜索并优化设计方案。另外，机械创新设计是多次反复、多级筛选的过程，每一设计阶段都有其特定内容及方法，但各阶段之间又密切相关，形成一个整体的设计系统。

2. 机械设计制造创新分析

随着社会科技的不断发展，以及人们日益增长的需求，如何进一步创新机械设计制造是当前急需解决的问题。下面就机械设计制造的创新过程及创新方法等方面展开分析。

（1）机械设计制造创新过程。机械创新设计就是由所要求的机械功能出发，改进、完善现有机械或创造发明新机械实现预期的功能，并使其具有良好的工作性能及经济效益。我国技术专家提出的机械创新设计的一般过程可分为四个阶段：首先，根据设计任务及要求确定机械的基本原理；其次是机械结构类型综合及优选；再次是机构运动尺寸综合及其运动参数优选；最后是机械运动学参数综合及其动力参数优选。完成上述四个阶段，便形成了机械设计的优选方案，而后进入机械结构创新设计阶段。机械创新设计与常规机械设计相比，其过程没有多大差异，但它主要强调人在设计过程中的主导性及创造性作用。

（2）机械创新设计思维。机械设计制造创造性思维，是指突破原有的思维模式，重新组织已有的知识、经验、信息和素材等要素，在大脑思维反应场中超序激活后，提出新的方案或程序，并创造出新的思维成果的思维方式。要创造，首先要有创造性思维，创造性思维是人类大脑的特有属性，创造性思维就是想到还没有人想到的理念与想法。可以说，创造性思维是新颖独到的信息加工艺术，是人脑的各种思维活动形式和思维活动的各个要素之间相互协同进行的有机结合的高级整体过程。创造性思维不同于在设计领域常用的逻辑思维，其主要在于创造性思维有创造想象的参与；而且，逻辑思维是一维的，具有单向性和单解性的特点，而创造性思维是一种立体思维，通常没有固定的延伸方向，它更加强调直观、联想、幻想和灵感，所以创新设计不是靠逻辑推理出来的，而是靠创造性思维的激发产生的。

（3）机械设计制造创新方法。其实，要创新，必须学习知识和技能。进入信息时代以后，知识日新月异，信息空前庞大。一个人的知识通过大学学习只能满足其需要知识的10% ~ 20%，其余的必须通过不断地继续学习才能满足社会发展的需求。如果没有一定的数学、力学基础知识，我们就无法确定机械运动的空间轨迹，无法进行动平衡设计。在进行机械创新设计时，往往会用到以下方法，具体如下所述：

①智力合成法

这是一种发挥集体智慧的方法，通过集体讨论的形式，发散和激励创新思维。讨论时应相互启发激励、取长补短，引起创新设想的连锁反应，使思维自由奔放，新的设想激烈涌现。讨论的目标要明确，事先有准备。其原则如下：鼓励自由思考，随心所欲，设想新异，不许批评别人的设想，推迟评价，不过早定论，有的放矢，不泛空谈，讨论者一律平等，不提倡少数服从多数；及时归纳、总结、记录各种设想，留作下次再议；最后挑选最合适、最有前途的见解，并审查其可行性。

②仿生类比法

这种创新方法是通过对自然界生物机能的分析类比，从事物的千差万别、不同程度的对应和相似之处的类比中得到。随着科学技术的进步，技术产品更新的速度越来越快，技术市场将被更加新颖、功能更加齐全的技术产品所取代。实现技术进步一般通过获得新技术、新产品来实现，其途径概括起来有两条：技术引进和自主技术开发。技术引进可以使企业在短时间内获得先进技术，是企业发展的有效途径，但实施和完成技术引进却是一件非常不易的事。技术引进方完成技术引进有三个重要环节：技术引进、技术积蓄和技术普及。

技术引进环节较容易做到，但实现技术积蓄和技术普及则需付出极大的努力。我国在引进国外先进技术方面虽然取得不少成绩，但为数不少的技术引进仅仅做到了第一步，没能在引进的基础上消化、改进、发展和普及，经常发现有技术水平较高的进口设备被弃之不用，有的虽然在应用却没有发挥高水平设备的先进功能。技术转让方在技术转让时，非常担心技术转让会带来“飞去来器效应”，即技术引进者通过自己的开发，发展了引进技术，反过来向技术拥有者出口更新的技术和产品，并成为技术转让者的竞争对手。

三、机械设计制造自动化

1. 机械制造自动化符合设计的原则

（1）满足对机器的功能要求。任何一种产品的开发都是为了满足人们某种需求为目的的，不同的产品具有不同的性能。任何机械设计都要能够对输入的物质、能量和信息进行处理，输出需要的物质、信息和能量。机械自动化系统也应该具有这种功能，能够对物质、信息和能量进行处理。机械自动化系统包括机电一体化产品和机电一体化技术的内容，作为产品，又包含着设计、制造和特定的功能以满足使用要求，而功能是由其内部有机联系的结构决定的。

（2）利用先进技术不断创新。根据产品或系统的功能不同，可对产品或系统进行分类。以物料搬运、加工为主，输入物质、能量和信息，经过加工处理，主要输出改变了位置和形态的物质系统称为加工机。以能量转换为主，输入能量和信息，输出不同能量的系统，称为动力机，其中输出机械能的为原动机。以信息处理为主，输入信息和能量，主要输出某种信息。

机械自动化系统除了具备上述必需的主功能外，还应具备其他内部功能，即控制功能、动力功能、检测功能、构造功能。基于上述的功能构成原理，既有利于设计或分析各种机械自动化的产品，又有利于开拓思路，便于创造发明和创新。

2. 机械自动化系统的优点与效益

（1）生产能力和工作质量提高。机械自动化产品具有信息自动控制和自动处理的功能，其检测的精度和灵敏度有很大的提高，通过自动化控制系统能够保证机械按照计划完成动作，使制造过程不受操作者主观因素的影响，保证最佳的工作质量和较高的产品合格率。同时，由于机械自动化产品实现了工作自动化，所以生产力大大提高。

（2）使用安全性和可靠性提高。机械自动化系统都有报警、监视、诊断和保护等功能。如果在工作中遇到过流、过压、过载、短路等电力故障时，能够自动停止工作，保护机械设备的完好，避免或减少人身事故，提高了设备的安全性。机械自动化产品由于采用电子元器件，减少了机械产品中的可动构件和磨损部件，从而使其具有较高的灵敏度和可靠性，故障率降低，寿命得到了延长。

（3）调整和维修方便，使用性能改善。机械自动化产品在安装调试时，可通过改变控制程序来实现工作方式的改变，以适应不同用户对象的需要及现场参数变化的需要。这些控制程序可通过多种手段输入到机械自动化产品的控制系统中，而不需要改变产品中的任何部件和零件。对于具有存储功能的机械自动化产品，可以事先存入若干套不同的执行程序，然后根据不同的工作对象，给定一个代码信号输入，即可按指定的预定程序进行自动工作。机械自动化产品的自动化检验和自动监视功能可对工作过程中出现的故障自动采取措施，使工作恢复正常。

（4）改善劳动条件，有利于自动化生产。机械自动化产品自动化程度高，是知识密集型和技术密集型产品，是将人们从繁重的体力劳动中解放出来的重要途径，可以加速工厂自动化、办公自动化、农业自动化、交通自动化甚至是家庭自动化，从而促进我国四个现代化的实现。

3. 机械设计制造及其自动化的发展方向

（1）智能化。智能化是21世纪机械自动化技术发展的一个重要发展方向。这里所说的“智能化”是对机器行为的描述，是在控制理论的基础上，吸收人工智能、运筹学、计算机科学、模糊数学、心理学、生理学和混沌动力学等新思想、新方法，模拟人类智能，使它具有判断推理、逻辑思维、自主决策等能力，以求得更高的控制目标。诚然，使机械自动化产品具有低级智能或人的部分智能，则是完全可能而又必要的。

（2）模块化。模块化是一项重要而又艰巨的工程。由于机械自动化产品种类和生产厂家繁多，研制和开发具有标准机械接口、电气接口、动力接口、环境接口的机械自动化产品单元是一项十分复杂但又是非常重要的事。如研制集减速、智能减速、电动机于一体的动力单元，具有视觉、图像处理、识别和测距等功能的控制单元及各种能完成典型操作的机械装置。这样，可利用标准单元迅速开发出新的产品，同时也可扩大生产规模。

（3）网络化。网络技术的兴起和飞速发展给科学技术、工业生产、政治、军事、教育以及人们日常生活带来了巨大的变革。各种网络将全球经济、生产连成一体，企业间的竞争也趋于全球化。机械自动化的新产品一旦研制出来，只要其功能独到、质量可靠，很快就会畅销全球。由于网络化的普及，基于网络的各种远程控制和监测技术方兴未艾，而远程控制的终端设备本身就是机械自动化产品。现场总线和局域网技术使家用电器网络化已成大势。

（4）微型化。微型化指的是机械自动化向微观领域发展的趋势。国外将其称为微电子机械系统，或微机械自动化系统，泛指几何尺寸不超过 1 cm 的机械自动化产品，并向微米、纳米级发展。微机械自动化产品体积小、耗能少、运动灵活，在生物医疗、军事、信息等方面具有不可比拟的优势。微机械自动化发展的瓶颈在于微机械技术，微机械自动化产品的加工采用精细加工技术，即超精密技术，它包括光刻技术和蚀刻技术两类。

现代机械自动化在设计和制造上具有多功能、高质量、高可靠性、低能耗的意义，所以机械的设计、制造都是围绕着机械自动化来进行的。机械自动化技术所面临的共性关键技术是传感检测技术、信息处理技术、伺服驱动技术、自动化控制技术、接口技术、精密机械技术及系统总体技术等。设计人员不能只热衷于技术引进，不能仅仅安心于作为新技术的传播者，而应该作为新技术产业化的创造者，为机电一体化技术发展开辟广阔的天地。

四、实例：机电一体化在数控机床中应用的创新方法

随着世界制造业转移，中国正在逐步成为“世界加工厂”。美国、德国、韩国等国家已经进入工业化发展的高技术密集时代与微电子时代，钢铁、机械、化工等重工业正逐渐向发展中国家转移。我国目前经济发展已经过了发展初期，正处于重化工业发展中期。未来 10 年将是中国机械行业发展最佳时期。美国、德国的重化工业发展期延续了 18 年以上，美国、德国、韩国重化工业发展期平均延续了 12 年，我们估计中国的重化工业发展期将至少延续 10 年。因此，在未来 10 年中，随着中国重化工业进程的推进，中国企业规模、产品技术、质量等都将得到大幅提升，国产机械产品国际竞争力增强，逐步替代进口，并加速出口。目前，机械行业中部分子行业如船舶、铁路、集装箱及集装箱起重机制造等已经受益于国际间的产业转移，并将持续受益；电站设备、工程机械、机床等将受益于产业

转移，加快出口进程。

1. 数控车床的基本组成和工作原理

1）机床结构

数控机床一般由输入输出设备、CNC 装置（或称 CNC 单元）、伺服单元、驱动装置（或称执行机构）、可编程控制器（PLC）及电气控制装置、辅助装置、机床本体及测量反馈装置组成。

（1）机床本体。

数控机床的机床本体与传统机床相似，由主轴传动装置、进给传动装置、床身、工作台以及辅助运动装置、液压气动系统、润滑系统、冷却装置等组成。但数控机床在整体布局、外观造型、传动系统、刀具系统的结构及操作机构等方面都已发生了很大的变化，这种变化的目的是为了满足数控机床的要求和充分发挥数控机床的特点。

（2）CNC 单元。

CNC 单元是数控机床的核心，CNC 单元由信息的输入、处理和输出三个部分组成。CNC 单元接受数字化信息，经过数控装置的控制软件和逻辑电路进行译码、插补、逻辑处理后，将各种指令信息输出给伺服系统，伺服系统驱动执行部件。

（3）输入 / 输出设备。

输入装置将各种加工信息传递于计算机的外部设备。在数控机床产生初期，输入装置为穿孔纸带，现已淘汰，后发展成盒式磁带，再发展成键盘、磁盘等便携式硬件，极大地方便了信息输入工作，现通用 DNC 网络通信串行通信的方式输入。输出指输出内部工作参数（含机床正常、理想工作状态下的原始参数、故障诊断参数等），一般在机床刚工作时需输出这些参数做记录保存，待工作一段时间后，再将输出与原始资料做比较、对照，可帮助判断机床工作是否维持正常。

（4）伺服单元。

伺服单元由驱动器、驱动电机组成，并与机床上的执行部件和机械传动部件组成数控机床的进给系统。它的作用是把来自数控装置的脉冲信号转换成机床移动部件的运动。对于步进电机来说，每一个脉冲信号使电机转过一个角度，进而带动机床移动部件移动一个微小距离。每个进给运动的执行部件都有相应的伺服驱动系统，整个机床的性能主要取决于伺服系统。

（5）驱动装置。

驱动装置把经放大的指令信号变为机械运动，通过简单的机械连接部件驱动机床，使工作台精确定位或按规定的轨迹做严格的相对运动，最后加工出图纸所要求的零件。和伺服单元相对应，驱动装置有步进电机、直流伺服电机和交流伺服电机等。伺服单元和驱动装置可合称为伺服驱动系统，它是机床工作的动力装置，CNC 装置的指令要靠伺服驱动系统付诸实施，所以，伺服驱动系统是数控机床的重要组成部分。

（6）可编程控制器。

可编程控制器（PC，Programmable Controller）是一种以微处理器为基础的通用型自动控制装置，专为在工业环境下应用而设计的。由于最初研制这种装置的目的是为了解决生产设备的逻辑及开关控制，故把它称为可编程逻辑控制器（PLC，Programmable Logic Controller）。当 PLC 用于控制机床顺序动作时，也可称之为编程机床控制器（PMC，Programmable Machine Controller）。PLC 已成为数控机床不可缺少的控制装置。CNC 和 PLC 协调配合，共同完成对数控机床的控制。

（7）测量反馈装置。

测量装置也称反馈元件，包括光栅、旋转编码器、激光测距仪、磁栅等。通常安装在机床的工作台或丝杠上，它把机床工作台的实际位移转变成电信号反馈给 CNC 装置，供 CNC 装置与指令值比较产生误差信号，以控制机床向消除该误差的方向移动。

2）工作原理

使用数控机床时，首先要将被加工零件图纸的几何信息和工艺信息用规定的代码和格式编写成加工程序；然后将加工程序输入到数控装置，按照程序的要求，经过数控系统信息处理、分配，使各坐标移动若干个最小位移量，实现刀具与工件的相对运动，完成零件的加工。

3）数控机床的分类

（1）按加工工艺方法分类。

①金属切削类数控机床

与传统的车、铣、钻、磨、齿轮加工相对应的数控机床有数控车床、数控铣床、数控钻床、数控磨床、数控齿轮加工机床等。尽管这些数控机床在加工工艺方法上存在很大差别，具体的控制方式也各不相同，但机床的动作和运动都是数字化控制的，具有较高的生产率和自动化程度。在普通数控机床加装一个刀库和换刀装置就成为数控加工中心机床。加工中心机床进一步提高了普通数控机床的自动化程度和生产效率。例如铣、镗、钻加工中心，它是在数控铣床基础上增加了一个容量较大的刀库和自动换刀装置形成的，工件一次装夹后，可以对箱体零件的四面甚至五面大部分加工工序进行铣、镗、钻、扩、铰及攻螺纹等多工序加工，特别适合箱体类零件的加工。加工中心机床可以有效地避免由于工件多次安装造成的定位误差，减少了机床的台数和占地面积，缩短了辅助时间，大大提高了生产效率和加工质量。

②特种加工类数控机床

除了切削加工数控机床以外，数控技术也大量用于数控电火花线切割机床、数控电火花成型机床、数控等离子弧切割机床、数控火焰切割机床及数控激光加工机床等。

③板材加工类数控机床

常见应用于金属板材加工数控机床的有数控压力机、数控剪板机和数控折弯机等。近年来，其他机械设备中也大量采用了数控技术，如数控多坐标测量机、自动绘图机及工业机器人等。

（2）按控制运动轨迹分类。

①点位控制数控机床

位置的精确定位，在移动和定位过程中不进行任何加工。机床数控系统只控制行程终点的坐标值，不控制点与点之间的运动轨迹，因此几个坐标轴之间的运动无任何联系。可以几个坐标同时向目标点运动，也可以各个坐标单独依次运动。这类数控机床主要有数控坐标镗床、数控钻床、数控冲床、数控点焊机等。点位控制数控机床的数控装置称为点位数控装置。

②直线控制数控机床

直线控制数控机床可控制刀具或工作台以适当的进给速度，沿着平行于坐标轴的方向进行直线移动和切削加工，进给速度根据切削条件可在一定范围内变化。直线控制的简易数控车床，只有两个坐标轴，可加工阶梯轴。直线控制的数控铣床，有三个坐标轴，可用于平面的铣削加工。现代组合机床采用数控进给伺服系统，驱动动力头带有多轴箱的轴向进给进行钻镗加工，它也可以算是一种直线控制数控机床。数控镗铣床、加工中心等机床，它的各个坐标方向的进给运动的速度能在一定范围内进行调整，兼有点位和直线控制加工的功能，这类机床应该称为点位 / 直线控制的数控机床。

③轮廓控制数控机床

轮廓控制数控机床能够对两个或两个以上运动的位移及速度进行连续相关的控制，使合成的平面或空间的运动轨迹能满足零件轮廓的要求。它不仅能控制机床移动部件的起点与终点坐标，而且能控制整个加工轮廓每一点的速度和位移，将工件加工成要求的轮廓形状。常用的数控车床、数控铣床、数控磨床就是典型的轮廓控制数控机床。数控火焰切割机、电火花加工机床及数控绘图机等也采用了轮廓控制系统。轮廓控制系统的结构要比点位 / 直线控制系统更为复杂，在加工过程中需要不断进行插补运算，然后进行相应的速度与位移控制。现在计算机数控装置的控制功能均由软件实现，增加轮廓控制功能不会带来成本的增加。因此，除少数专用控制系统外，现代计算机数控装置都具有轮廓控制功能。

（3）按驱动装置的特点分类。

①开环控制数控机床

这类控制的数控机床是其控制系统没有位置检测元件，伺服驱动部件通常为反应式步进电动机或混合式伺服步进电动机。数控系统每发出一个进给指令，经驱动电路功率放大后，驱动步进电机旋转一个角度，再经过齿轮减速装置带动丝杠旋转，通过丝杠螺母机构转换为移动部件的直线位移。移动部件的移动速度与位移量是由输入脉冲的频率与脉冲数决定的。此类数控机床的信息流是单向的，即进给脉冲发出去后，实际移动值不再反馈回来，所以称为开环控制数控机床。开环控制系统的数控机床结构简单、成本较低。但是，系统对移动部件的实际位移量不进行监测，也不能进行误差校正。因此，步进电动机的失步、步距角误差、齿轮与丝杠等传动误差都将影响被加工零件的精度。开环控制系统仅适用于加工精度要求不是很高的中小型数控机床，特别是简易经济型数控机床。

②闭环控制数控机床

直接对工作台的实际位移进行检测，将测量的实际位移值反馈到数控装置中，与输入的指令位移值进行比较，用差值对机床进行控制，使移动部件按照实际需要的位移量运动，最终实现移动部件的精确运动和定位。从理论上讲，闭环系统的运动精度主要取决于检测装置的检测精度，也与传动链的误差无关，因此其控制精度高。这类控制的数控机床，因把机床工作台纳入了控制环节，故称为闭环控制数控机床。闭环控制数控机床的定位精度高，但调试和维修都较困难，系统复杂，成本高。

③半闭环控制数控机床

半闭环控制数控机床是在伺服电动机的轴或数控机床的传动丝杠上装有角位移电流检测装置（如光电编码器等），通过检测丝杠的转角间接地检测移动部件的实际位移，然后反馈到数控装置中去，并对误差进行修正。通过测速元件 A 和光电编码盘 B 可间接检测出伺服电动机的转速，从而推算出工作台的实际位移量，将此值与指令值进行比较，用差值来实现控制。由于工作台没有包括在控制回路中，因而称为半闭环控制数控机床。半闭环控制数控系统的调试比较方便，并且具有很好的稳定性。目前大多将角度检测装置和伺服电动机设计成一体，这样，使结构更加紧凑。

④混合控制数控机床

将以上三类数控机床的特点结合起来，就形成了混合控制数控机床。混合控制数控机床特别适用于大型或重型数控机床，因为大型或重型数控机床需要较高的进给速度与相当高的精度，其传动链惯量与力矩大，如果只采用全闭环控制，机床传动链和工作台全部置于控制闭环中，闭环调试比较复杂。

2. 数控车床的组成

数控车床由床身、主轴箱、刀架进给系统、冷却润滑系统及数控系统组成。与普通车床不同的是数控车床的进给系统与普通车床有质的区别，它没有传统的走刀箱溜板箱和挂轮架，而是直接用伺服电机或步进电机通过滚珠丝杠驱动溜板和刀具，实现进给运动。数控系统由 NC 单元及输入输出模块、操作面板组成。从机械结构上看，数控车床还没有脱离普通车床的结构形式，即由床身、主轴箱、刀架进给系统，液压、冷却、润滑系统等部分组成。与普通车床所不同的是数控车床的进给系统与普通车床有质的区别，它没有传统的走刀箱、溜板箱和挂轮架，而是直接用伺服电机通过滚珠丝杠驱动溜板和刀具，实现运动，因而大大简化了进给系统的结构。

1）主轴箱

数控车床主轴箱的构造，主轴伺服电机的旋转通过皮带轮送到主轴箱内的变速齿轮，以此来确定主轴的特定转速。在主轴箱的前后装有夹紧卡盘，可将工件装夹在此。

2）主轴伺服电机

主轴伺服电机有交流和直流。直流伺服电机可靠性高，容易在宽范围内控制转矩和速度，因此被广泛使用。然而，近年来小型、高速度、更可靠的交流伺服电机作为电机控制技术的发展成果越来越多地被人们利用起来。

3）夹紧装置

这套装置通过液压自动控制卡爪的开 / 合。

4）往复拖板

在往复拖板上装有刀架，刀具可以通过拖板实现主轴的方向定位和移动，从而同 Z 轴伺服电机共同完成长度方向的切削。

5）刀架

此装置可以固定刀具和索引刀具，使刀具在与主轴垂直方向上定位，并同 Z 轴伺服电机共同完成截面方向的切削。

6）控制面板

控制面板包括 CRT 操作面板（执行 NC 数据的输入 / 输出）和机床操作面板（执行机床的手动操作）。

3. 数控技术

1）数控机床电气控制系统综述

（1）数据输入装置是将指令信息和各种应用数据输入数控系统的必要装置。它可以是穿孔带阅读机（已很少使用）、3.5in 软盘驱动器、CNC 键盘（一般输入操作）、数控系统配备的硬盘及驱动装置（用于大量数据的存储保护）、磁带机（较少使用）、PC 计算机等等。

（2）数控系统数控机床的中枢，它将接到的全部功能指令进行解码、运算，然后有序地发出各种需要的运动指令和各种机床功能的控制指令，直至运动和功能结束。

数控系统都有完善的自诊断能力，日常使用中更多的是要注意严格按规定操作，而日常的维护则主要是对硬件使用环境的保护和防止系统软件的破坏。

（3）可编程逻辑控制器是机床各项功能的逻辑控制中心。它将来自 CNC 的各种运动及功能指令进行逻辑排序，使它们能够准确地、协调有序地安全运行；同时将来自机床的各种信息及工作状态传送给 CNC，使 CNC 能及时准确地发出进一步的控制指令，以实现对整个机床的控制。

当代 PLC 多集成于数控系统中，这主要是指控制软件的集成化，而 PLC 硬件则在规模较大的系统中往往采取分布式结构。PLC 与 CNC 的集成是采取软件接口实现的，一般系统都是将二者间各种通信信息分别指定其固定的存放地址，由系统对所有地址的信息状态进行实时监控，根据各接口信号的现时状态加以分析判断，据此做出进一步的控制命令，完成对运动或功能的控制。不同厂商的 PLC 有不同的 PLC 语言和不同的语言表达形式，因此，力求熟悉某一机床 PLC 程序的前提是先熟悉该机床的 PLC 语言。

（4）进给伺服系统接受来自 CNC 对每个运动坐标轴分别提供的速度指令，经速度与电流（转矩）调节输出驱动信号驱动伺服电机转动，实现机床坐标轴运动，同时接受速度反馈信号实施速度闭环控制。它也通过 PLC 与 CNC 通信，通报现时工作状态并接受 CNC 的控制。

（5）随着 PLC 功能的不断强大，电器硬件电路主要任务是电源的生成与控制电路、隔离继电器部分及各类执行电器（继电器、接触器），很少还有继电器逻辑电路的存在。但是一些进口机床柜中还有使用自含一定逻辑控制的专用组合型继电器的情况，一旦这类元件出现故障，除了更换之外，还可以将其去除而由 PLC 逻辑取而代之，但是这不仅需要对该专用电器的工作原理有清楚的了解，还要对机床的 PLC 语言与程序深入掌握才行。

（6）机床（电器部分）包括所有的电动机、电磁阀、制动器、各种开关等。它们是实现机床各种动作的执行者和机床各种现实状态的报告员。这里可能的主要故障多数属于电器件自身的损坏和连接电线、电缆的脱开或断裂。

（7）速度测量通常由集装于主轴和进给电动机中的测速机来完成。它将电动机实际转速匹配成电压值送回伺服驱动系统作为速度反馈信号，与指令速度电压值相比较，从而实现速度的精确控制。这里应注意测速反馈电压的匹配连接，并且不要拆卸测速机。由此引起的速度失控多是由于测速反馈线接反或者断线所致。

（8）位置测量，较早期的机床使用直线或圆形同步感应器或者旋转变压器，而现代机床多采用光栅尺和数字脉冲编码器作为位置测量元件。它们对机床坐标轴在运行中的实际位置进行直接或间接的测量，将测量值反馈到 CNC 并与指令位移相比较直至坐标轴到达指令位置，从而实现对位置的精确控制。位置环可能出现的故障多为硬件故障，如位置测量元件受到污染、导线连接故障等。

（9）外部设备一般指 PC 计算机、打印机等输出设备，多数不属于机床的基本配置。使用中的主要问题与输入装置一样，是匹配问题。

2）数控机床运动坐标的电气控制

数控机床一个运动坐标的电气控制由电流（转矩）控制环、速度控制环和位置控制环串联组成。

（1）电流环是为伺服电机提供转矩的电路。一般情况下它与电动机的匹配调节已由制造者做好了或者指定了相应的匹配参数，其反馈信号也在伺服系统内连接完成，因此不需接线与调整。

（2）速度环是控制电动机转速亦即坐标轴运行速度的电路。速度调节器是比例积分（PI）调节器，其 P、I 调整值完全取决于所驱动坐标轴的负载大小和机械传动系统（导轨、传动机构）的传动刚度与传动间隙等机械特性，一旦这些特性发生明显变化时，首先需要对机械传动系统进行修复工作，然后重新调整速度环 PI 调节器。

速度环的最佳调节是在位置环开环的条件下才能完成的，这对于水平运动的坐标轴和转动坐标轴较容易进行，而对于垂向运动坐标轴则位置开环时会自动下落发生危险，可以采取先摘下电动机空载调整，然后再装好电动机与位置环一起调整或者直接带位置环一起调整。这时需要有一定的经验和细心。

速度环的反馈环节见前面“速度测量”一节。

（3）位置环是控制各坐标轴按指令位置精确定位的控制环节，其最终影响坐标轴的位置精度及工作精度。这其中有两方面的工作：

①位置测量元件的精度与 CNC 系统脉冲当量的匹配问题。测量元件单位移动距离发出的脉冲数目经过外部倍频电路和 / 或 CNC 内部倍频系数的倍频后要与数控系统规定的分辨率相符。例如位置测量元件 10 脉冲 /mm，数控系统分辨率即脉冲当量为 0.001 mm，则测量元件送出的脉冲必须经过 100 倍频方可匹配。

②位置环增益系数 Kv 值的正确设定与调节。通常 Kv 值是作为机床数据设置的，数控系统中对各个坐标轴分别指定了 Kv 值的设置地址和数值单位。

（4）前馈控制与反馈相反，它是将指令值取出部分预加到后面的调节电路，其主要作用是减小跟踪误差以提高动态响应特性从而提高位置控制精度。因为多数机床没有设此功能，故本书不详述，只是要注意，前馈的加入必须是在上述三个控制环均最佳调试完毕后方可进行。

第二节　齿轮（系）传动

在复杂的现代机械中，为了满足各种不同的需要，常常采用一系列齿轮组成的传动系统。这种由一系列相互啮合的齿轮（蜗杆、蜗轮）组成的传动系统即齿轮系。下面主要讨论齿轮系的常见类型、不同类型齿轮系传动比的计算方法。齿轮系可以分为两种基本类型：定轴齿轮系和行星齿轮系。

一、齿轮系的分类

1. 定轴齿轮系

在传动时所有齿轮的回转轴线固定不变的齿轮系，称为定轴齿轮系。定轴齿轮系是最基本的齿轮系，应用很广。如图 2-1 所示。

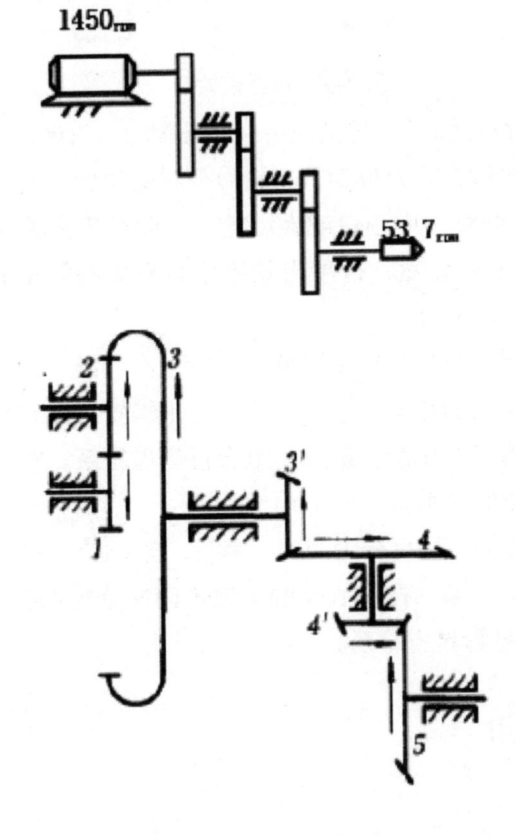

图 2-1　定轴齿轮系

2. 行星齿轮系

若有一个或一个以上的齿轮除绕自身轴线自转外，其轴线又绕另一个轴线转动的轮系称为行星齿轮系，如图 2-2 所示。

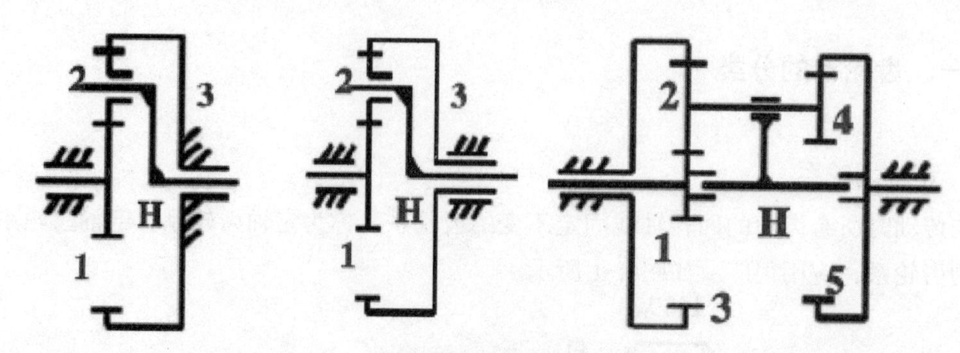

图 2-2　行星齿轮系

行星齿轮系中，既绕自身轴线自转又绕另一固定轴线（轴线 O1）公转的齿轮 2 形象地称为行星轮。支承行星轮做自转并带动行星轮做公转的构件 H 称为行星架。

轴线固定的齿轮 1、3 则称为中心轮或太阳轮。因此行星齿轮系是由中心轮、行星架和行星轮三种基本构件组成。显然，行星齿轮系中行星架与两中心轮的几何轴线（O1-O3-OH）必须重合，否则无法运动。

根据结构复杂程度不同，行星齿轮系可分为以下三类：第一，单级行星齿轮系。它是由一级行星齿轮传动机构构成的轮系。第二，多级行星齿轮系。它是由两级或两级以上同类单级行星齿轮传动机构构成的轮系。第三，组合行星齿轮系。它是由一级或多级以上行星齿轮系与定轴齿轮系组成的轮系。

行星齿轮系根据自由度的不同可分为两类：第一，自由度为 2 的称差动齿轮系；第二，自由度为 1 的称单级行星齿轮系。按中心轮的个数不同又分为 2K—H 型行星齿轮系、3K 型行星齿轮系、K—H—V 型行星齿轮系。

二、齿轮传动的应用

1. 齿轮传动技术解析

齿轮传动是利用齿轮副来传递运动或动力的一种机械传动，是由分别安装在主动轴及从动轴上的两个齿轮相互啮合而成。齿轮传动是应用最多的一种传动形式。

1）齿轮传动的基本特点

优点：齿轮传递的功率和速度范围很大；齿轮传动瞬时传动比恒定，且传动平稳、可靠；齿轮传动动力大，效率高，使用寿命长；齿轮种类繁多，可以满足各种传动形式的需要。

缺点：齿轮的制造和安装的精度要求较高；成本相对较高；运行时噪声较大；中心距过大时将导致齿轮传动机构结构庞大、笨重。因此，不适合中心距较大的场合。

2）齿轮传动的分类及应用

齿轮的种类很多，可以按不同方法进行分类。

按啮合方式分，齿轮传动有外啮合传动和内啮合传动；按齿轮的齿形形状不同分，齿轮传动有直齿圆柱齿轮传动、斜齿圆柱齿轮传动、人字齿圆柱齿轮传动和直齿锥齿轮传动。

（1）齿轮传动在应用上分为三种，即开式、半开式和闭式。开式、半开式一般应用在农业机械、建筑机械及一些简易的机械设备中。闭式与开式或半开式相比，润滑及防护等条件最好，重要的设备场合应用较多。

（2）链传动。

①链传动的特点

优点：

平均传动比相对较精确；传动效率高；可以在两轴中心距较远的情况下传递动力；可用在环境较恶劣的情况下。

缺点：

传动不太平稳，传动中有冲击和噪声；瞬时传动比不恒定，只能用于平行轴间；传动链条磨损后，链节变长，容易产生脱链现象。

②链传动的应用

日常生活中较常见的链传动有轻工机械、矿山机械等等。

（3）带传动。

按工作原理的不同，带传动可以分为摩擦带传动和啮合带传动两类。常用的摩擦带传动有平带传动和 V 形带传动。

①啮合带传动的特点

优点：

传动准确，传动比恒定；传动平稳，噪声低；传动效率高；速比和功率传递范围大；可用于大中心距传动。相对于 V 形带传动，轴和轴承上所受载荷小。

缺点：

相对 V 形带加工成本高；中心距安装要求高。

②摩擦带传动的特点

由于带富有弹性，并靠摩擦力进行传动，因此它具有以下优点：第一，结构简单；第二，传动平稳；第三，噪声小，能缓冲吸振；第四，过载时带会在带轮上打滑，对其他零件起过载保护作用；第五，适用于中心距较大的传动。

但摩擦带传动也有不少缺点，一是不能保证准确的传动比；二是传动效率低；三是带的使用寿命短；四是不宜在高温、易燃以及有油和水的场合使用。

3）带轮的应用

同步带广泛应用于要求传动比准确的中、小功率传动中。摩擦带传动主要用于要求传动平稳，传动比要求不高，中小功率及中心距较大的场合，不适合在高温、易燃、易爆、有腐蚀介质的场合使用。

2. 对中国齿轮技术的展望

人类历史跨入 21 世纪，建设数字化的地球已成为共识。制造业信息化给齿轮制造业带来了新的机遇和挑战。我们要抓住这个机遇，用信息技术、高新技术武装和改造传统的齿轮技术，实现齿轮技术的信息化、集成化。中国的齿轮制造业曾有过辉煌的历史。

1）齿轮制造业的信息化

随着整个工业化水平的提高，对齿轮传动的性能要求也不断提高。承载能力高、体积小、重量轻、寿命长、价格低、服务好成为市场竞争的砝码。我国的齿轮制造业已广泛应用了CAD/CAM、CAE、CAPP、RPM等先进的单元技术，今后要向集成化、网络化方向发展。信息化将会给中国的齿轮制造业插上腾飞的翅膀。

2）新型齿轮材料

如今齿轮的制造材料基本上是钢铁，或者扩大一点说是金属。随着材料科学的迅猛发展，许多新材料将被用于齿轮。高分子材料，如塑料已在齿轮上得到应用，今后必将有更大的作为。陶瓷材料已在发动机汽缸、轴承上得到应用，预计也将在齿轮传动中得到体现。纳米材料、智能材料由于其在物理、化学、力学、光学等方面的特殊性质，将会在齿轮材料家族中起着奇妙而重要的作用。

3）自主创新能力提高

目前，世界著名齿轮制造厂商纷纷在中国亮相，给我们展示了先进的齿轮制造技术和产品，是件好事情。但是从长远来看，我们不能只满足于成为世界齿轮制造业的“生产车间”，我们应该也有能力在竞争中占有一席之地，成为世界齿轮制造强国的“伙伴”。我们要注意齿轮技术的创新，获得更多具有自主知识产权的创新技术产品。

4）齿轮摩擦学

由于对齿轮装置的要求越来越高，摩擦学在减少齿轮的摩擦、降低齿轮的磨损、提高齿轮的润滑性能方面将扮演更重要的角色。相对于机械学科而言，摩擦学是一门新兴的学科，更有潜力可挖。摩擦学设计将把润滑剂考虑进去。润滑剂是机械零件的设计思想在齿轮数字化设计中得以体现。齿轮表面的改性技术，新型润滑剂、纳米润滑添加剂的研究，新的润滑方式及特殊环境下的润滑解决方案都将成为热点。

5）齿轮绿色制造技术

中国的齿轮制造业是一个很大的产业，年产值30多亿美元。该制造业涉及能源、材料、冶金、机械加工等诸多行业。在提高产品质量、提高效益的同时，必须注意产品的全生命周期的设计，注意产品各生产环节的节能环保问题及产品回收利用问题。目前齿轮热处理工艺中的环保问题；采用高速干式切削以提高效率和工件质量，免除冷却液（润滑剂）对环境的污染；采用精密铸造、锻造等齿轮加工近净成形技术以节约原材料，减少切削加工工序；润滑油循环再生等都是研究的热点。总之，齿轮的绿色制造是关系到可持续发展的重大问题，期望未来的中国是一个齿轮绿色制造大国。

第三节 谐波齿轮传动

一、谐波齿轮传动的发展历史

谐波齿轮传动技术是20世纪50年代随航天技术的发展而产生的一种新的传动技术。在谐波传动出现后短短的几十年中，世界各工业比较发达的国家都集中了一批研究力量致力于这类新型传动技术的研究。如美国就有国家航空航天管理局路易斯研究中心、空间技术实验室、USM公司、贝尔航空空间公司、卡曼飞机公司、本迪克斯航空公司、波音航空公司、肯尼迪空间中心（KSC）、麻省理工学院（MIT）、通用电气（GE）公司等几十个大型公司和研究中心从事这方面的研究工作。

苏联从20世纪60年代初期开始，也大力开展了这方面的研究工作，如苏联机械研究所、莫斯科鲍曼工业大学、列宁格勒光学精密机械研究所、全苏减速器研究所、基也夫减速器厂和莫斯科建筑工程学院等单位都大力开展了谐波传动的研究工作。它们在该领域进行了较系统、深入的基础理论和试验研究，在谐波传动的类型、结构、应用等方面有较大发展。日本长谷川齿轮株式会社等有关企业，自1970年开始，从美国引进USM公司的全套技术资料，成立了谐波传动株式会社，目前除能大批生产各种类型的谐波传动装置外，还完成了通用谐波传动装置的标准化、系列化工作。值得注意的是西欧一些国家，如德国、法国、英国、瑞士、瑞典及意大利等国，都开展了谐波传动的研究工作并推广应用研究成果，它们不但对谐波传动的基础理论进行了系统的研究，而且把谐波传动应用在卫星、机器人、数控机床等领域。

谐波齿轮传动技术于1961年由上海纺织科学研究院的孙伟工程师引入我国。此后，我国也积极引进并研究发展该项技术，1983年成立了谐波传动研究室，1984年谐波减速器标准系列产品在北京通过鉴定，1993年制定了GB/T 14118-1993谐波传动减速器标准，并且在理论研究、试制和应用方面取得了较大的成绩，成为掌握该项技术的国家之一。到目前为止，我国已有北京谐波传动技术研究所、北京中技克美有限责任公司、燕山大学、郑州机械研究所、北方精密机械研究所等几十家单位从事这方面的研究和产品生产，为我国谐波传动技术的研究和推广应用打下了坚实的基础。

二、谐波齿轮传动的特点

1. 主要优点

（1）结构简单，零件少，体积小，重量轻

与传动比相当的普通减速器比较，其零件约减少 50%，体积和重量均减少 1/3 以上。

（2）传动比大，传动比范围广

单级谐波减速器传动比可在50~300之间，双级谐波减速器传动比可在3000~60000之间，复波谐波减速器传动比可在 100~140000 之间。

（3）由于同时啮合的齿数多，齿面相对滑动速度低，使其承载能力高，传动平稳且精度高，噪声低。

（4）谐波齿轮传动的回差较小，齿侧间隙可以调整，甚至可实现零侧隙传动。

（5）在采用如电磁波发生器或圆盘波发生器等结构型式时，可获得较小转动惯量。

（6）谐波齿轮传动还可以向密封空间传递运动和动力，采用密封柔轮谐波传动减速装置，可以驱动工作在高真空、有腐蚀性及其他有害介质空间的机构。

（7）传动效率较高，且在传动比很大的情况下，仍具有较高的效率。

2. 主要缺点

（1）柔轮周期性变形，工作情况恶劣，易疲劳、损坏。

（2）柔轮和波发生器的制造难度较大，需要专门设备，给单件生产和维修造成了困难。

（3）传动比的下限值高，齿数不能太少，当波发生器为主动时，传动比一般不能小于 35。

（4）起动力矩大。

3. 谐波齿轮传动的应用

由于谐波传动具有许多独特的优点，近几十年来，谐波齿轮传动技术和传动装置已被广泛应用于空间技术、雷达通信、能源、机床、仪器仪表、机器人、汽车、造船、纺织、冶金、常规武器、精密光学设备、印刷包装机械及医疗器械等领域。国内外的应用实践证明，无论是作为高灵敏度随动系统的精密谐波传动，还是作为传递大转矩的动力谐波传动，都表现出了良好的性能；作为空间传动装置和用于操纵高温、高压管路及在有原子辐射或其他有害介质条件下工作的机构，更显示了一些其他传动装置难以比拟的优越性。谐波齿轮一般都是小模数齿轮，谐波齿轮传动装置一般都具有小体积和超小体积传动装置的特征。谐波齿轮传动在机器人领域的应用最多，在该领域的应用数量超过总量的 60%。谐波齿轮传动还在化工立式搅拌机、矿山隧道运输用的井下转辙机、高速灵巧的修牙机及精密测试设备的微小位移机构、精密分度机构、小侧隙传动系统中得到应用。随着军事装备的现代化，谐波齿轮传动更加广泛地应用于航空、航天、船舶潜艇、宇宙飞船、导弹导引头、导航控制、光电火控系统、单兵作战系统等军事装备中，如在战机的舵机和惯导系统中，在卫星和航天飞船的天线和太阳能帆板展开驱动机构中都得到应用。

另外，精确打击武器和微小型武器是未来军事高科技的发展趋势之一。先后出现了微型飞机、便携式侦察机器人、微小型水下航行器、精确打击武器及灵巧武器和智能武器等新概念微小型武器系统。它们具有尺寸小、成本低、隐蔽性好、机动灵活等特征，在未来信息化战争、城市和狭小地区及反恐斗争中将占据重要的位置和发挥不可替代的作用。为进一步提高打击精度、提高可靠性、降低成本，武器系统的关键功能部件正在向小型化方向发展，超小体积谐波齿轮传动装置常用来构成相关部件的传动装置，以提高武器系统的打击精确性。

4. 国内外谐波齿轮减速器比较

目前，国外小模数精密谐波齿轮减速器多采用短筒柔轮，其体积小、重量轻、承载能力高；我国采用的还是普通杯形柔轮，还没有生产短筒柔轮谐波齿轮减速器。我国谐波齿轮减速器尺寸大，承载能力反而小。国外短筒柔轮谐波齿轮减速器的体积仅是我国相同外径产品的 30% 左右，而承载能力（转矩）却是我国相同外径产品的 1.39~2 倍。

从图 2-3 可以很直观地看到，我国杯形柔轮的轴向尺寸比国外短筒柔轮的轴向尺寸要大得多。要想在承载能力不变的情况下减小装置的体积，就应该下功夫研究短筒柔轮及其传动装置。另外，国外小模数谐波齿轮传动装置中的齿轮精度一般比我国的齿轮精度高 2 级，运动精度和回差能够小于 3，而我国产品的回差一般都在 6 以上。

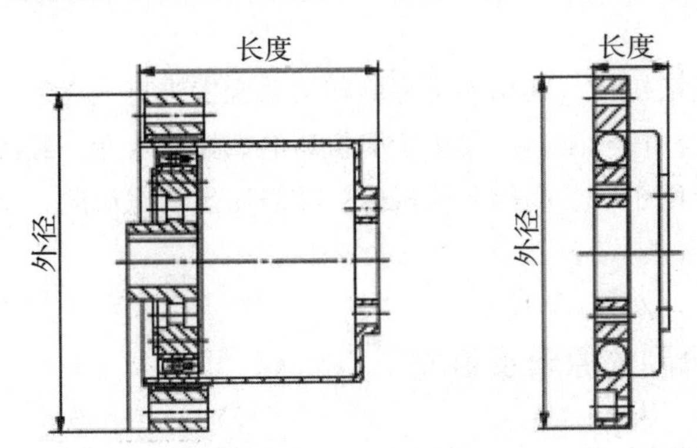

（a）我国生产的杯形柔轮　（b）美国 HD Systems 公司生产的短筒柔轮

图 2-3　国内外柔轮比较

第四节　滚珠丝杠螺母副

一、滚珠丝杠螺母副的发展及分类

1）丝杠螺母副的发展

早在19世纪末就发明了滚珠丝杠螺母副，但很长一段时间未能实际应用，只因制造难度太大。世界上第一个使用滚珠丝杠副的是美国通用汽车公司萨吉诺分厂，它将滚珠丝杠副用于汽车的转向机构上。1940年，美国开始成批生产用于汽车转向机构的滚珠丝杠副；1943年，滚珠丝杠副开始用于飞机上。精密螺纹磨床的出现使滚珠丝杠副在精度和性能上产生了飞跃，随着各种自动化设备的发展，促进了滚珠丝杠副的研究和生产。从50年代开始，在工业发达的国家中，滚珠丝杠副生产厂家如雨后春笋般迅速出现，例如：美国的WARNER-BEAVER公司、GM-SAGINAW公司及英国的ROTAX。随着机械产品向高速、高效、自动化方向发展，其进给驱动速度不断提高，大导程滚珠丝杠副的出现满足了高速化的要求。

2）丝杠螺母副分类

丝杠螺母副是运动变换机构，其功用是将旋转运动变换成直线运动。按丝杠与螺母的摩擦性质分类：①滑动丝杠螺母副，主要用于旧机床的数控化改造、经济型数控机床等；②滚珠丝杠螺母副，广泛用于中、高档数控机床；③静压丝杠螺母副，主要用于高精度数控机床、重型机床。

二、滚珠丝杠螺母副的原理及组成

1. 滚珠丝杠螺母副的组成与结构原理

滚珠丝杠螺母副主要由丝杆、螺母、滚珠和滚道（回珠器）螺母座等组成。

滚珠丝杠副的结构传统分为内循环结构（以圆形反向器和椭圆形反向器为代表）和外循环结构（以插管为代表）两种。这两种结构也是最常用的结构。这两种结构性能没有本质区别，只是内循环结构安装连接尺寸小、外循环结构安装连接尺寸大。目前，滚珠丝杠副的结构已有10多种，但比较常用的主要有（图2–4，表2–1）：内循环结构、外循环结构、端盖结构、盖板结构。

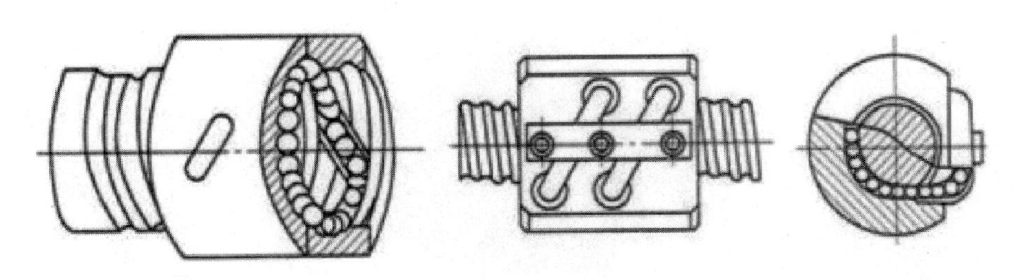

（a）内循环　　（b）外循环

图 2-4　滚珠丝杠副主要结构

内循环结构反向器的形状多种多样，但是，常用的外形就是圆形和椭圆形。由于圆形滚珠反向通道较短，因此，在流畅性上不如椭圆形结构。现在，最好的反向器结构为椭圆形内通道结构，由于滚珠反向不通过丝杠齿顶，类似外循环结构，因此，消除了丝杠齿顶倒角误差给滚珠反向带来的影响，但制造工艺较复杂影响了这种结构的推广。

表 2-1　滚珠丝杠副结构特点比较

种类	特点	循环圈数		螺母尺寸
		圈数	列数	
内循环结构	通过反向器组成滚珠循环回路，每一个反向器组成 1 圈滚珠链，因此承载小，适用于微型滚珠丝杠副与普通滚珠丝杠副	1	2 列以上	小
外循环结构	通过插管组成滚珠循环回路，每一个插管至少 1.5 圈滚珠链，因此承载大，适用于小导程、一般导程、大导程与重型滚珠丝杠副	1.5 以上	1 列以上	大
端盖结构	通过螺母两端的端盖组成滚珠循环回路，每个回路至少 1 圈滚珠链，承载大。适用于多头大导程、超大导程滚珠丝杠副	1 以上	2 列以上	小
盖板结构	通过盖板组成滚珠循环回路，每个螺母一个盖板，每个盖板组成至少 1.5 圈滚珠链。适用于微型滚珠丝杠副	1.5 以上	1	中

2. 工作原理

滚珠丝杠螺母副是在丝杠和螺母之间放入滚珠，丝杠与螺母间成为滚动摩擦的传动副。图 2-5 所示为滚珠丝杠副的结构示意图。丝杠 1 和螺母 3 上均制有圆弧形面的螺旋槽，将它们装在一起便形成了螺旋滚道，滚珠 4 在其间既自转又循环滚动。

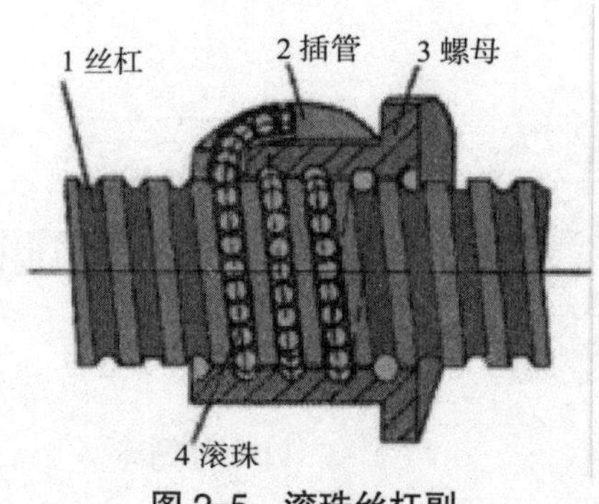

图 2-5　滚珠丝杠副

三、滚珠丝杠螺母副和传统丝杠螺母副系统的比较

传统丝杠螺母副传动部件是把回转运动变换为直线运动的重要传动部件。由于传统丝杠螺母机构是连续的面接触，传动中不会产生冲击，传动平稳，无噪声，并且能自锁。因丝杠的螺旋升角较小，所以用较小的驱动力矩可获得较大的牵引力。但是，丝杠螺母的螺旋面之间的摩擦为滑动摩擦，故传动效率低。滚珠丝杠传动效率高，而且传动精度和定位精度均很高，在传动时灵敏度和平稳性亦很好；由于磨损小，所以使用寿命比较长。但丝杠及螺母的材料、热处理和加工工艺要求很高，故成本较高。

滚珠丝杠螺母副螺旋传动除具有螺旋传动的一般特征（降速传动比大及牵引力大）外，与滑动螺旋传动相比，具有下列特性：

1. 传动效率高

在滚珠丝杠副中，自由滚动的滚珠将力与运动在丝杠与螺母之间传递。这一传动方式取代了传统螺纹丝杠副的丝杠与螺母间直接作用方式，因而以极小滚动摩擦代替了传统丝杠的滑动摩擦，使滚珠丝杠副传动效率达到 90% 以上，整个传动副的驱动力矩减少至滑动丝杠的 1/3 左右，发热率也因此得以大幅降低。

2. 定位精度高

滚珠丝杠副发热率低、温升小及在加工过程中对丝杠采取预拉伸并预紧消除轴向间隙等特点，使丝杠副具有高的定位精度和重复定位精度。

3. 传动可逆性

滚珠丝杠副没有滑动丝杠粘滞摩擦，消除了在传动过程中可能出现的爬行现象，滚珠丝杠副能够实现两种传动方式——将旋转运动转化为直线运动或将直线运动转化为旋转运动并传递动力。

4. 使用寿命长

由于对丝杠滚道形状的准确性、表面硬度、材料的选择等方面加以严格控制，滚珠丝杠副的实际寿命远高于滑动丝杠。

5. 同步性能好

由于滚珠丝杠副运转顺滑、消除轴向间隙及制造的一致性，采用多套滚珠丝杠副方案驱动同一装置或多个相同部件时，可获得很好的同步工作。

四、滚珠丝杠螺母副的种类及在数控机床中的调隙方法

1. 滚珠丝杠螺母副的种类

滚珠丝杠副是在丝杠和螺母之间以滚珠为滚动体的螺旋传动元件。滚珠丝杠副有多种结构形式。按滚珠循环方式分为外循环和内循环两大类。外循环回珠器用插管式的较多，内循环回珠器用腰形槽嵌块式的较多。按螺纹轨道的截面形状分为单圆弧和双圆弧两种截形。由于双圆弧截形轴向刚度大于单圆弧截形，因此目前普遍采用双圆弧截形的丝杠。按预加负载形式分，可分为单螺母无预紧、单螺母变位导程预紧、SKF 轴承单螺母加大钢球径向预紧、双螺母垫片预紧、双螺母差齿预紧、双螺母螺纹预紧。数控机床上常用双螺母垫片式预紧，其预紧力一般为轴向载荷的 1/3。

轴向间隙可消除也是由于滚珠的作用，提高了系统的刚性。经预紧后可消除间隙。使用寿命长、制造成本高；主要采用优质合金材料，表面经热处理后获得高的硬度。

双螺母垫片调隙（图 2-6 所示）：滚珠丝杆螺母副采用双螺母结构（类似于齿轮副中的双薄片齿轮结构）。通过改变垫片的厚度使螺母产生轴向位移，从而使两个螺母分别与丝杆的两侧面贴合。当工作台反向时，由于消除了侧隙，工作台会跟随 CNC 的运动指令反向而不会出现滞后。

2. 滚珠丝杠螺母副的调隙方法

（1）双螺母螺纹调隙（如图 2-7 所示）。

（2）差齿式调整法（如图 2-8 所示）。

图示为利用两个锁紧螺母调整预紧力的结构。两个工作螺母以平键与外套相联，其中右边的一个螺母外伸部分有螺纹。当两个锁紧螺母转动时，正是由于平键限制了工作螺母的转动，才使带外螺纹的工作螺母能相对于锁紧螺母轴向移动。间隙调整好后，对拧两锁紧螺母即可。结构紧凑，工作可靠，应用较广。

（3）双螺母齿差调隙：两个工作螺母的凸缘上分别切出齿数为 Z_1、Z_2 的齿轮，且 Z_1、Z_2 相差一个齿，即 $Z_2-Z_1=1$，两个齿轮分别与两端相应的内齿圈相啮合，内齿圈紧固在螺母座上。

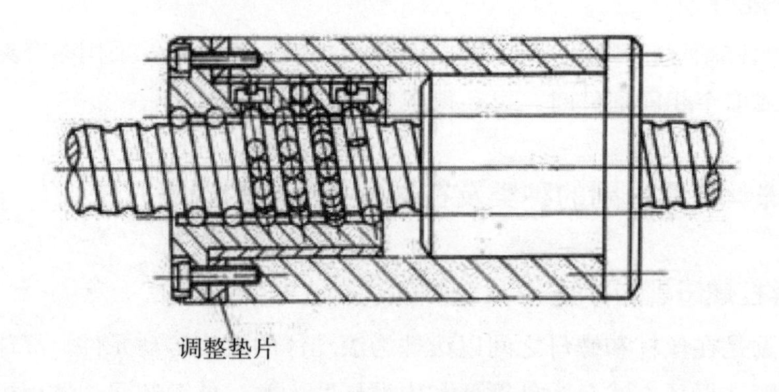

图 2-6　修磨垫片厚度消隙

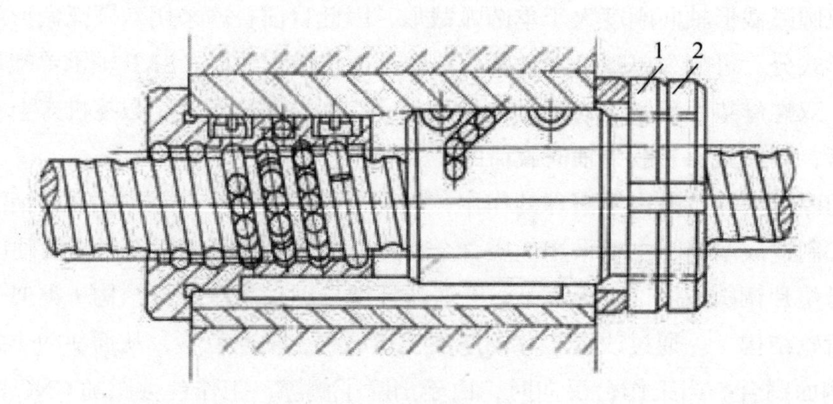

图 2-7　用锁紧螺母消隙

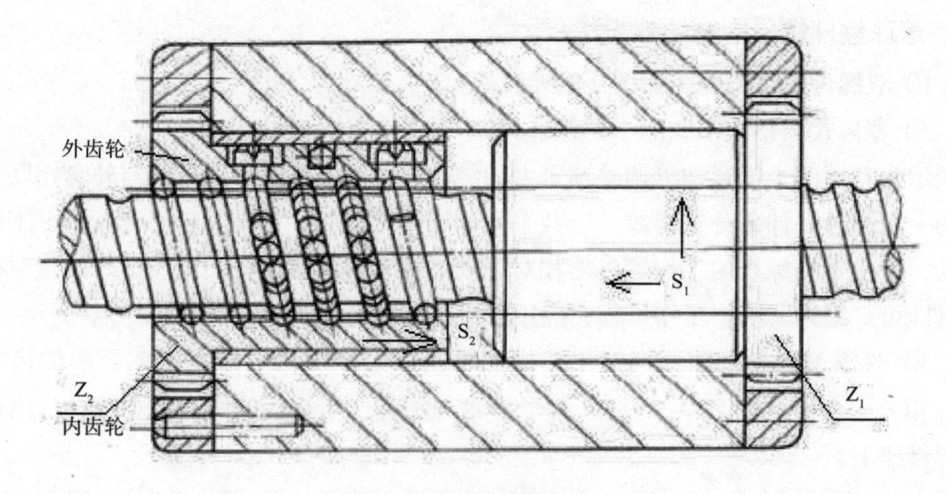

图 2-8　差齿式调整法

五、滚珠丝杠螺母副在数控机床中的作用

高速加工是面向 21 世纪的一项高新技术，它以高效率、高精度和高表面质量为基本特征，在航天航空、汽车工业、模具制造、光电工程和仪器仪表等行业中获得了越来越广

泛的应用，并已取得了重大的技术经济效益，是当代先进制造技术的重要组成部分。为了实现高速加工，首先要有高速数控机床。IKO 轴承高速数控机床必须同时具有高速主轴系统和高速进给系统，才能实现材料切削过程的高速化。为了实现高速进给，国内外有关制造厂商不断采取措施，以提高滚珠丝杠的高速性能。

1. 适当加大丝杠的转速、导程和螺纹头数

目前常用大导程滚珠丝杠名义直径与导程的匹配为 40 mm × 20 mm、50 mm × 25 mm、50 mm × 30 mm 等，其进给速度均可达到 60 m/min 以上。为了提高滚珠丝杠的刚度和承载能力，大导程滚珠丝杠一般采用双头螺纹，以提高滚珠的有效承载圈数。

2. 改进结构，提高滚珠运动的流畅性

改进滚珠循环反向装置，优化回珠槽的曲线参数，采用三维造型的导珠管和回珠器，真正做到沿着内螺纹的导程角方向将滚珠引进螺母体中，使滚珠运动的方向与滚道相切而不是相交。这样可把冲击损耗和噪声减至最小。

3. 采用“空心强冷”技术

KOYO 轴承高速滚珠丝杠在运行时由于摩擦产生高温，造成丝杠的热变形，直接影响高速机床的加工精度。采用“空心强冷”技术，就是将恒温切削液通入空心丝杠的孔中，对滚珠丝杠进行强制冷却，保持滚珠副温度的恒定。这个措施是提高中、大型滚珠丝杠高速性能和工作精度的有效途径。

4. 对于大行程的高速进给系统，可采用丝杠固定、螺母旋转的传动方式

此时，螺母一边转动、一边沿固定的丝杠做轴向移动，由于丝杠不动，可避免受临界转速的限制，避免了细长滚珠丝杠高速运转时出现的种种问题。螺母惯性小、运动灵活，可实现的转速高。

5. 进一步提高滚珠丝杠的制造质量

通过采用上述种种措施后，可在一定程度上克服传统滚珠丝杠存在的一些问题。日本和瑞士在滚珠丝杠高速化方面一直处于国际领先地位，其最大快速移动速度可达 60 m/min，个别情况下甚至可达 90 m/min，加速度可达 15 m/s^2。由于滚珠丝杠历史悠久、工艺成熟、应用广泛、成本较低，因此 INA 轴承在中等载荷、进给速度要求并不十分高、行程范围不太大（小于 4 ~ 5 m）的一般高速加工中心和其他经济型高速数控机床上仍然经常被采用。

第五节 同步带传动装置

带传动是各类机械中常用的装置，按传动带的截面形状分为平带、V 形带、多楔带、同步带传动，其中平带和 V 形带传动应用非常广泛。带传动属于挠性传动，传动平稳，

噪声小，可缓冲吸振；过载时，带会在带轮上打滑，可防止其他零件的损坏，起到安全保护的作用；带传动允许较大的中心距，结构简单，制造、安装和维护较方便，且成本低廉。但带传动也有以下缺点：带与带轮之间存在滑动，传动比不能严格保持不变，带传动的效率较低，带的寿命较短，不宜在易燃易爆场合下工作等。在实际生产中，由于人们对带传动知识了解不多，对带传动机械使用维护不当，造成带寿命低、易损坏和带传动机械事故时有发生等现象。

一、带传动工作特性分析

1. 带传动的受力分析

在实际机械中，带传动是由主动带轮、从动带轮和紧套在带轮上的传动带组成，当主动带轮旋转时，依靠带与带轮接触面上所产生的摩擦力驱动从动轮转动。这说明带与带轮之间必须有正压力，因此带安装在带轮上要有一定的张紧力，也就是我们所说的初拉力，如图 2-9 所示，F_n 为初拉力。

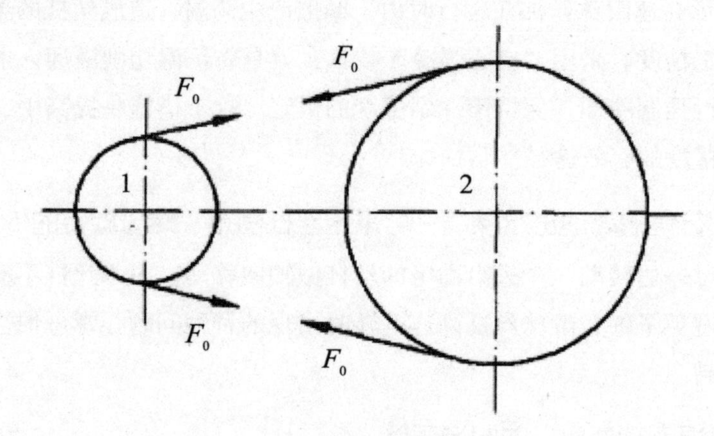

图 2-9　带传动

带传动机械静止时，带轮两边的拉力相等，均为初拉力 F，图 2-9 所示。带传动机械工作时，由于带与带轮接触面间摩擦力的作用，带进入主动轮的一边被进一步拉紧，拉力由 F_0 增大到 F_1，称为紧边；另一边则被放松，拉力由 F_0 减小为 F_2，称为松边，如图 2-10 所示，小轮为主动轮，大轮为从动轮。

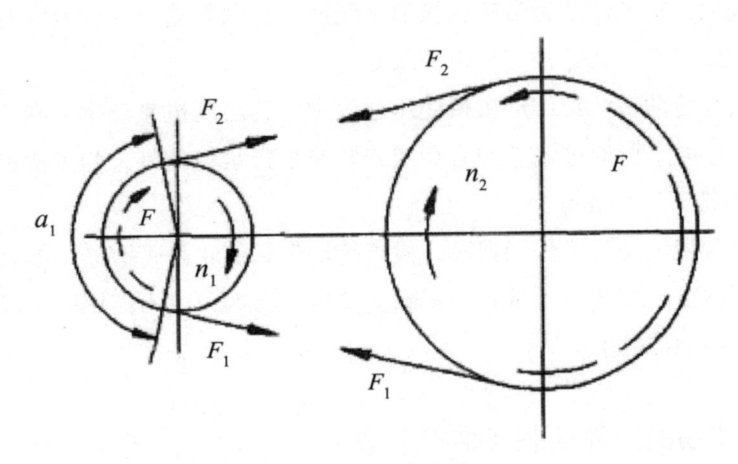

图 2-10 小轮为主动轮带传动

2. 带传动的弹性滑动分析

传动带主要是由橡胶帆布材料制成的挠性元件，工作时在拉力的作用下会产生弹性伸长，由于紧边和松边的拉力不同，因而弹性伸长量也不同。如图 2-10 所示，当带从紧边到松边转过 α_1（小带轮包角）角度的过程中，拉力由 F_1 逐渐减小到 F_2，使得弹性伸长量随之逐渐减小，因而带沿主动轮的运动是一面绕进，一面向后收缩。而带轮是刚性体，不产生变形，所以主动轮的圆周速度大于带的圆周速度，这就说明带在绕经主动轮的过程中，在带与主动轮之间发生了相对滑动。相对滑动现象也发生在从动轮上，根据同样的分析，带的速度大于从动轮的速度。这种由于带的弹性变形而引起的带与带轮间的微小相对滑动，称为弹性滑动。弹性滑动除了使从动轮的圆周速度低于主动轮的圆周速度外，还将使传动效率降低，带的温度升高，磨损加快。弹性滑动是带传动的固有特性，只能设法降低，不能避免。

3. 带传动的打滑分析

带传动中，若传递的外载荷超过最大有效圆周力，带就在带轮上发生显著的相对滑动现象，称为打滑。出现打滑现象时，从动轮转速急剧降低，甚至使传动失效，而且使带严重磨损。因此，打滑是带传动的主要失效形式。带在小轮上的包角小于大轮上的包角，带与小轮的接触弧长较大轮短，所能产生的最大摩擦力小，所以打滑总是在小带轮上先开始。打滑是由于过载产生的，是可以而且必须避免的。通过对带传动工作特性的分析，可知带的磨损和被拉长的现象是不可避免的，同时对带传动机械使用不当，机械的工作性能受到影响，会降低带的使用寿命，给用户带来损失。因此，对带传动机械的正确使用和维护就显得十分重要。

二、带传动的正确使用

1. 购买新机械时，对传动装置认真检查，观察带轮的摩擦表面是否平整（平带传动为带轮的圆柱表面，V 带传动为带轮轮槽的两侧面）、两带轮是否成直线对称、传动带型号和长度是否一致、带传动是否安装防护罩等。

2. 定期张紧传动带。带传动机械使用过程中，会出现机械功率下降、带传动打滑、带松弛等现象，这时，可通过调整中心距或张紧轮来张紧传动带，为了检验带的松紧程度，可用大拇指将带按下 15 mm。

3. 工作后对带传动装置仔细观察，检查传动带和带轮是否清洁，如有污物，用干抹布擦拭，不能用清洁剂刷洗传动带，为了除去油污及污垢，也不能用砂纸擦拭或用尖锐的物体刮，要保持传动带的干燥。

三、带传动的正确安装与维护

1. 带传动的正确安装

（1）当传动带有异常磨损、裂纹、磨损过量时，必须更换传动带，更换传动带要注意以下几个方面：

①带传动机械停止工作，卸下防护罩，旋松中心距调整装置的装配螺栓。移动调整装置使传动带足够松驰，不需撬开就能取下传动带，千万不要把传动带撬下来。

②取下旧皮带，选择型号和长度相同的传动带替换。注意，只要一根传动带损坏，所有的传动带都需换成新的。

③调紧传动装置的中心距，直至张力测量仪测出皮带张力适当为止。用手转几圈主动轮，重测张力。如果没有测量仪，可用前面所述的大拇指按下带的方法来检验。

④检查带轮是否成直线对称。带轮成直线对称对传动带特别是同步带传动装置的运转是至关重要的。

⑤检查其余的传动装置部件，如轴承和轴套的位置、零件的耐用性及润滑情况等。

⑥拧紧装配螺栓，纠正扭矩。由于传动装置在工作时中心距的任何变化都会导致皮带性能不良，故务必要确保所有传动装置部件的螺栓均已拧紧。

⑦启动传动装置并观察传动带性能，察看是否有异常振动，细听是否有异常噪声。运转一定时间后，最好是关掉机器，检查轴承及马达的状况；若是摸上去觉得太热，可能是皮带太紧或是轴承不对称，或润滑不正确。

⑧安装后要清洁传动带及带轮，传动带和带轮在使用前必须保持干燥。

（2）检查带轮是否有异常磨损或裂纹，如果磨损过量，则必须更换带轮。

2. 带传动的维护

除了正确使用和安装，对带传动的维护也是十分重要的，只有搞好了平时的维护，才能保证带传动机械的正常工作和传动带的寿命。

（1）带传动装置外面加防护罩，以保证安全，避免阳光直射、雨雪浸淋，防止与酸、碱、有机溶剂、水蒸气等影响产品性能的物质接触。

（2）带传动工作温度不应超过 60℃，距热源至少 1 m 以外，保证通风。

（3）如果带传动装置需闲置一段时间后再用，应将传动带放松或取下来保存，保存期间要防止承受过大的重量而变形，不得折压堆放，不得将带直接放在地上，应将带悬挂在架子上或平整地放在货架上。

（4）带轮应经常清洁，要防止生锈。

（5）在带轮上安装新的传动带，绝不要撬或用力过猛。

第六节　导轨的设计计算与选用

一、导轨的设计与选择

1. 对导轨的要求

（1）导轨精度高

导轨精度是指机床的运动部件沿导轨移动时的直线和它与有关基面之间的相互位置的准确性。无论在空载还是切削工件时导轨都应有足够的导轨精度，这是对导轨的基本要求。

（2）耐磨性能好

导轨的耐磨性是指导轨在长期使用过程中保持一定导向精度的能力。因导轨在工作过程中难免磨损，所以应力求减少磨损量，并在磨损后能自动补偿或便于调整。

（3）足够的刚度

导轨受力变形会影响部件之间的导向精度和相对位置，因此要求轨道应有足够的刚度。

（4）低速运动平稳性

要使导轨的摩擦阻力小，运动轻便，低速运动时无爬行现象。

（5）结构简单、工艺性好

导轨的制造和维修要方便，在使用时便于调整和维护。

2. 对导轨的技术要求

（1）导轨的精度要求

滑动导轨，不管是V—平型还是平—平型，导轨面的平面度通常取0.01~0.015 mm，长度方面的直线度通常取0.005~0.01 mm；侧导向面的直线度取0.01~0.015 mm，侧导向面之间的平行度取0.01~0.015 mm，侧导向面对导轨地面的垂直度取0.005~0.01 mm。

（2）导轨的热处理

数控机床的开动率普遍都很高，这就要求导轨具有较高的耐磨性，以提高其精度保持性。为此，导轨大多需要淬火处理。导轨淬火的方式有中频淬火、超音频淬火、火焰淬火等，其中用得较多的是前两种方式。

二、导轨的种类和特点

导轨按运动轨迹，可分为直线运动导轨和圆运动导轨；按工作性质，可分为主运动导轨、进给运动导轨和调整导轨；按接触面的摩擦性质，可分为滑动导轨、滚动导轨和静压导轨等三大类。

1. 滑动导轨

滑动导轨是一种做滑动摩擦的普通导轨。滑动导轨的优点是结构简单，使用维护方便；缺点是未形成完全液体摩擦时低速易爬行，磨损大，寿命短，运动精度不稳定。滑动导轨一般用在普通机床和冶金设备上。

2. 滚动导轨的特点

摩擦阻力小，运动轻便灵活；磨损小，能长期保持精度；动、静摩擦系数差别小，低速时不易出现“爬行”现象，故运动均匀平稳。缺点：导轨面和滚动体是点接触或线接触，抗振性差，接触应力大，故对导轨的表面硬度要求高；对导轨的形状精度和滚动体的尺寸精度要求高。因此，滚动导轨在要求微量移动和精确定位的设备上获得日益广泛的运用。

3. 静压导轨

静压导轨是利用液压力让导轨和滑块之间形成油膜使滑块有 0.02~0.03 mm 的浮起，从而大大减小了滑块和导轨之间的摩擦系数，但其依然属于滑动导轨副。缺点是结构复杂，且需备置一套专门的供油系统。

三、滚动导轨

1. 结构与优点

在承导件和运动件之间放入一些滚动体（滚珠、滚柱或滚针），使相配的两个导轨面不直接接触的导轨，称为滚动导轨

（1）摩擦阻力小，运动轻便灵活。

（2）磨损小，能长期保持精度。

（3）动、静摩擦系数差别小，低速时不易出现“爬行”现象。

（4）驱动功率大幅度下降，只相当于普通机械的 1/10。

（5）适应高速直线运动，其瞬时速度比滑动导轨提高约 10 倍。

（6）能实现高定位精度和重复定位精度。

（7）能实现无间隙运动，提高机械系统的运动刚度。

（8）导轨副滚道截面采用合理比值的圆弧沟槽，接触应力小，承接能力及刚度比平面与钢球点接触时大大提高，滚动摩擦力比双圆弧滚道有明显降低。

（9）导轨采用表面硬化处理，使导轨具有良好的可校性；心部保持良好的机械性能。

（10）简化了机械结构的设计和制造。

滚动导轨的缺点：第一，导轨面和滚动体是点接触或线接触，抗振性差，接触应力大，故对导轨的表面硬度要求高；第二，对导轨的形状精度和滚动体的尺寸精度要求高。

2. 滚动直线导轨副的精度及选用

滚动直线导轨副分 4 个精度等级，即 2 级、3 级、4 级、5 级，其中 2 级精度最高，依次递减。各等级检查项目及允差如表 2-2：

表 2-2　各类机床和机械推荐的精度等级

机床及机械类型		坐标	精度等级			
			2	3	4	5
数控机床	车床	X	√	√	√	
		Z		√	√	√
	铣床，加工中心	X、Y	√	√	√	
		Z		√	√	√
	坐标镗床、坐标磨床	X、Y	√	√		
		Z		√	√	
	磨床	X、Y	√	√		
		Z	√		√	
	电加工机床	X、Y	√	√		
		Z			√	√
	精密冲裁机	X、Z			√	√
	绘图机	X、Y		√	√	
	数控精密工作台	X、Y		√		
普通机床		X、Y		√		
		Z		√	√	
通用机械					√	√

表 2-3 GGB 系列滚动直线导轨副各等级检查项目及允许误差

序号	简图	检验项目	公差				
			异轨长度 /mm	精度等级 /μm			
				2	3	4	5
1		a. 滑块顶面中心对导轨基准底面的平行度 b. 与导轨基准侧面同侧的滑块侧面对导轨基准侧面的平行度	≤ 500	4	8	14	20
			> 500~1500	6	10	17	25
			> 1000~1500	8	13	20	30
			> 1500~2000	9	15	22	32
			> 2000~2500	11	17	24	34
			> 2500~3000	12	18	26	36
			> 3000~3500	13	20	28	38
			> 3500~4000	15	22	30	40
			精度等级 /μm				
			2		3	4	5
2		滑块上顶面与导轨基准底面的高度 H 的极限偏差	± 12		± 25	± 50	± 100
			精度等级 /μm				
			2		3	4	5
3		同一平面上多个滑块顶面高度 H 的变动量	5		7	20	40
			精度等级 /μm				
			2		3	4	5
4		与导轨基准侧面同侧的滑块侧面对导轨基准侧面间距离 W_1 的极限偏差（只适用于基准导轨）	± 15		± 30	± 60	± 150
			精度等级 /μm				
			2		3	4	5
5		同一导轨上多个滑块侧面与导轨基准侧面 W_1 的变动量（只适用于基准导轨）	7		10	25	70

（1）各种规格的滚动直线导轨副分四种载荷

表 2-4 各种规格的滚动直线导轨副分四种载荷

导轨规格	重预载 P_0（0.1C）单位（N）	中预载 P_1（0.05C）单位（N）	普通预载 P（0.025C）单位（N）	间隙 P_3 单位（μm）
GGB16	607	304	152	3 ~ 10
GGB20	1150 / 1360	575 / 680	287.5 / 340	5 ~ 15

续　表

导轨规格	重预载 P_0（0.1C）单位（N）	中预载 P_1（0.05C）单位（N）	普通预载 P（0.025C）单位（N）	间隙 P_3 单位（μm）
GGB25	1770 / 2070	885 / 1 035	442.5 / 517.5	5 ~ 15
GGB30	2760 / 3340	1380 / 1670	690 / 835	5 ~ 15
GGB35	3510 / 3996	1755 / 1998	877.5 / 999	8 ~ 24
GGB45	4250 / 6440	2125 / 3220	1062.5 / 1610	8 ~ 24
GGB55	7940 / 9220	3745 / 4610	1872.5 / 2305	10 ~ 28
GGB65	11500 / 14800	5750 / 7400	2875 / 3700	10 ~ 28
GGB85	17220 / 20230	8610 / 10115	4305 / 5058	10 ~ 28

（2）根据不同使用场合，推荐预加载荷

表 2-5　根据不同使用场合，推荐预加载荷

预载种类	应用场合
P_0	大刚度并有冲击和振动的场合，常用于重型机床的主导轨等
P_1	重复定位精度要求较高，承载侧悬载荷、扭转载荷和单根导轨使用时，常用于精密定位的运动机构和测量机构上
P	有较小的振动和冲击，两根导轨并用时，要求在运动轻便处
P_3	用于输送机构中

（3）根据不同使用精度推荐载荷

表 2-6　根据不同使用精度推荐载荷

精度等级	预紧级别			
	P_0	P_1	P	P_3
2、3、4	√	√	√	
5		√	√	√

3. 滚动直线导轨副的使用

（1）基础件上安装导轨副安装平面的安装要求

①使用单根导轨副的安装面其平面精度低于导轨副运行精度。

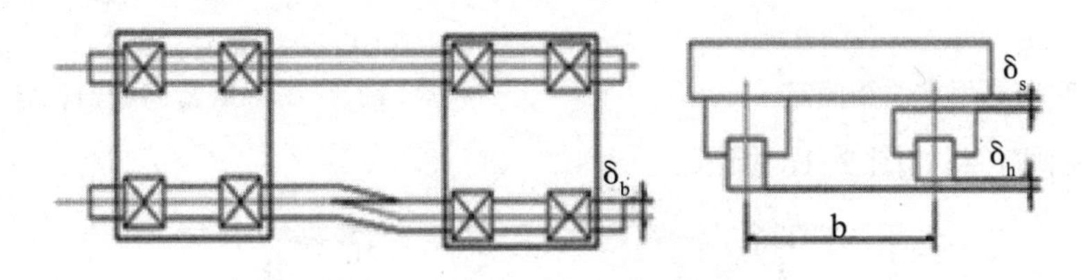

图 2-11　单导轨定位的安装形式

②同一平面使用两根以上导轨副时，其安装面精度低于导轨副运行精度。按表 2-7 选用的精度要求。

表 2-7　安装面精度计算

安装侧基面平行度误差 δ_b				安装基面高度误差 δ_h=k·b				
预载类型					预载类别			
P_0	P_1	P	P_3	计算系数	P_0	P_1	P	P_3
0.010	0.015	0.020	0.030		0.00004	0.00006	0.00003	0.00012
基础件滑块安装面的高度误差为 δ_s=0.00004b								

（2）导轨副联结基准面的结构形式

①用紧固螺钉固定，如图 2-12 所示。

②用压板固定，如图 2-13 所示。

③用定位销固定，如图 2-14 所示。

④用紧固螺钉固定，如图 2-15 所示。

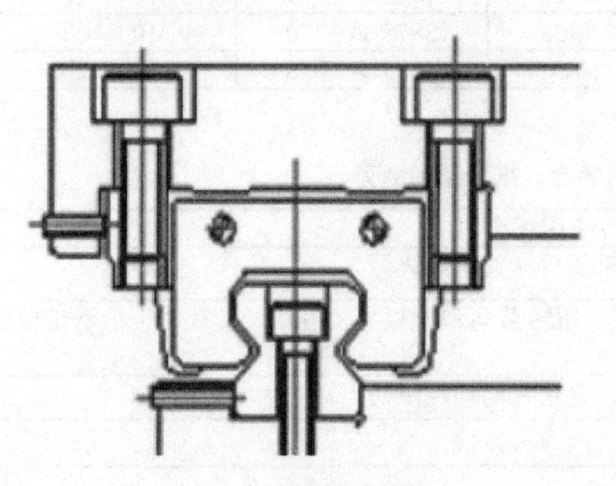

图 2-12　用紧固螺钉固定

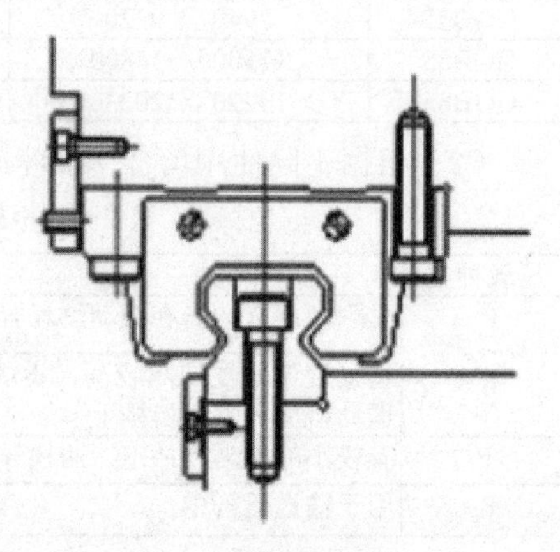

图 2-13　用压板固定

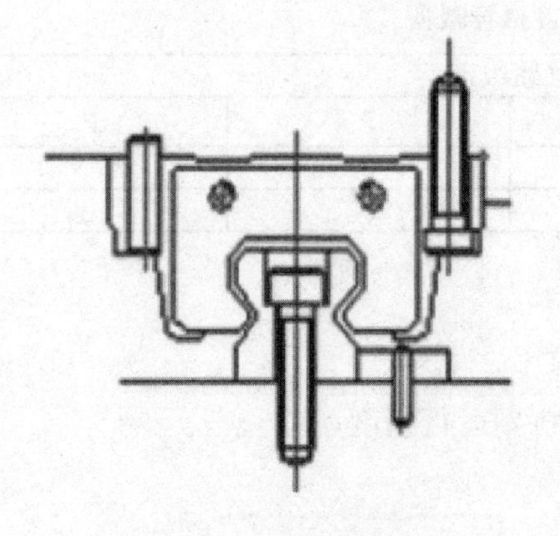

图 2-14　用定位销固定

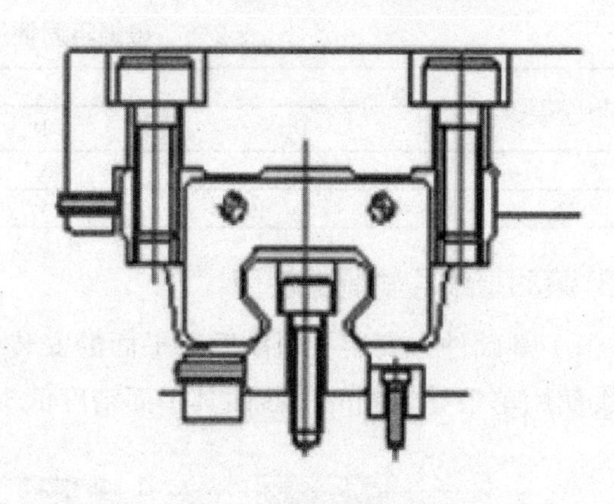

图 2-15　用紧固螺钉固定

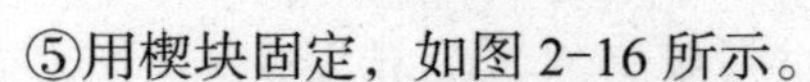

⑤用楔块固定，如图 2-16 所示。

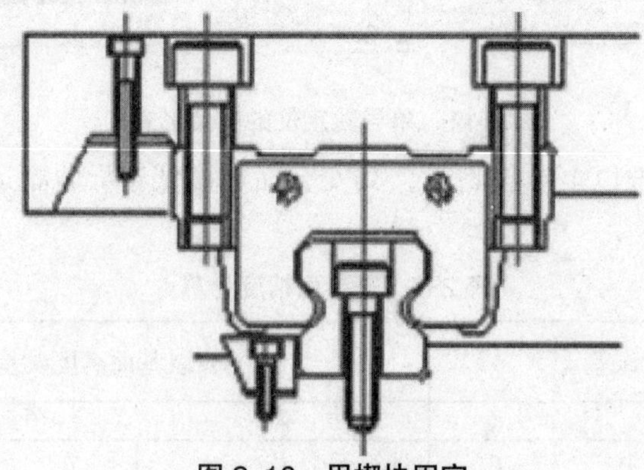

图 2-16　用楔块固定

（3）安装基面的台肩高度及倒角形式

①导轨基准面安装，如图 2-17 所示。

②滑块基准面安装，如图 2-18 所示。

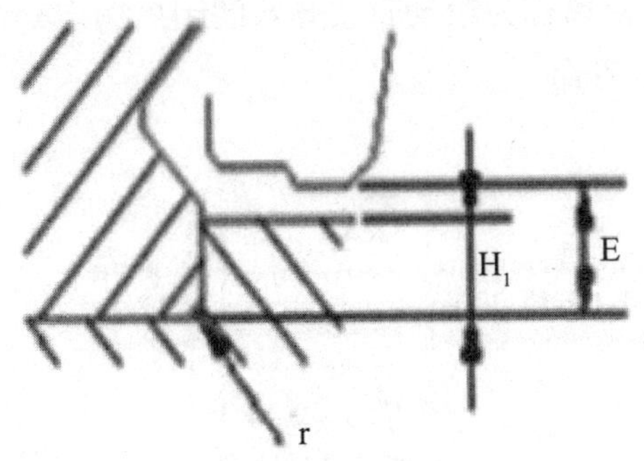

图 2-17　导轨基准面安装

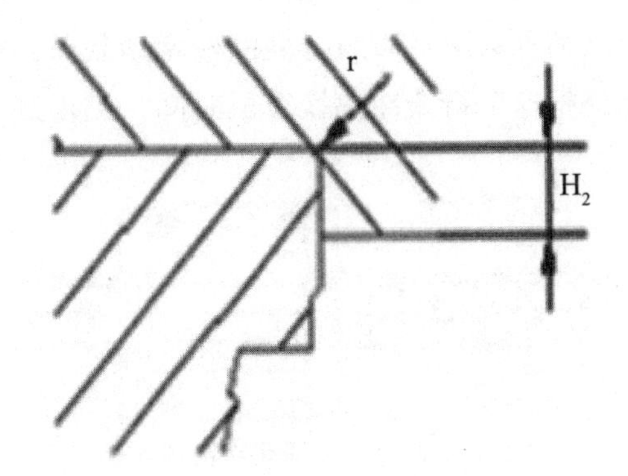

图 2-18　滑块基准面安装

③将滑块和导轨安装在床身和工作台时，为使滑块和导轨不与基础件发生干涉，按表 2-8 中的 r 值加工或者相应加工成清角槽。

表 2-8　r 值加工或者相应加工成清角槽

规格	倒角（r）	基面肩高（H_1）	基面肩高（H_2）	E
GGB16	≤ 0.3	3.5	4	4.5
GGB20	≤ 0.5	4	4.5	5
GGB25	≤ 0.5	5	6	6.5
GGB30	≤ 0.5	6	6	7
GGB35	≤ 0.5	7	6	10
GGB45	≤ 0.7	8	8	11
GGB55	≤ 0.7	11	10	13
GGB65	≤ 1.0	12	10	14
GGB85	≤ 1.0	13	12	16

（4）滚动直线导轨副的安装调整

①安装与使用

小心轻放，避免磕碰以影响导轨副的直线精度。不允许将滑块拆离导轨或者超过行程又退回去。如果因为安装困难，需要拆下滑块，必须向生产公司订购引导轨。

②安装注意事项

a. 准确区分基准导轨副与非基准导轨副，如图 2-19 所示。

b. 认清导轨副安装时所需要的基准侧面，如图 2-20 所示。

（5）滚动直线导轨的选型与计算

①滚动直线导轨的选型

一般是依照导轨的承载量，先根据经验确定导轨的规格，然后进行寿命计算。导轨的承载量与导轨规格一般有表中所列出的经验关系。

②滚动直线导轨的计算

滚动直线导轨的计算就是计算其距离额定寿命或时间额定寿命。而额定寿命主要与导轨的额定动载荷 C 和导轨上每个滑块所承受的工作载荷 F 有关。额定动载荷 C 的值可以从样本上查到。每个滑块所承受的工作载荷F则要根据导轨的安装形式和受力情况进行计算。

额定动载荷C是指导轨在一定的载荷下行走一定距离，90%的支承不发生点蚀，这个载荷称为滚动直线导轨的额定动载荷，这个行走距离称为滚动直线导轨的距离额定寿命。如果把这个行走距离换算成时间，则得到时间额定寿命。

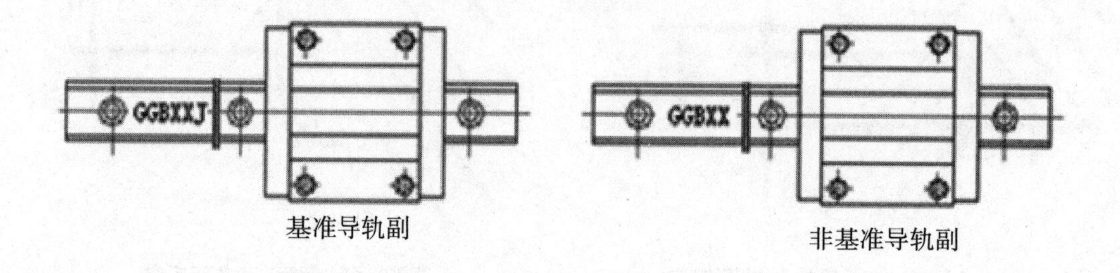

图2-19　基准导轨副与非基准导轨副

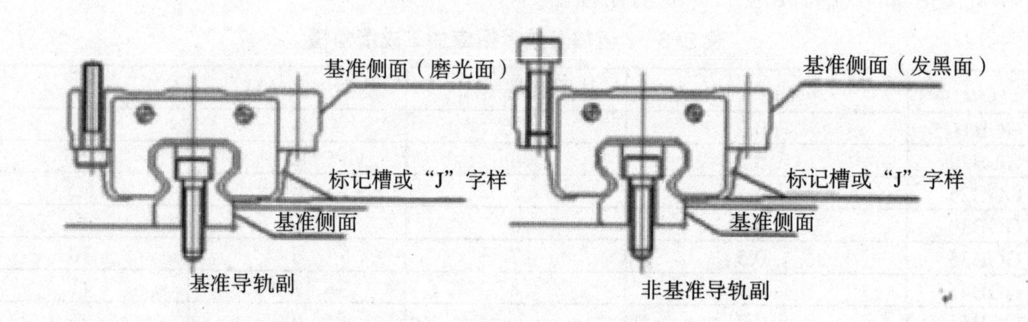

图2-20　导轨副安装时所需要的基准侧面

第三章　机电一体化检测传感技术

随着科学技术的高速发展，各种信息技术和产品应用到我国的企业中，为企业更好地发展提供了有力的保障。传感器技术的研究和应用在信息采集系统中的重要性越来越大。传感器是能够把要求测量的非电量转换为能够被测量的电信号的部件，它是信息采集系统的前端单元，相当于人的感觉器官。机电技术中传感器技术的应用在时代的发展中不断更新，逐渐应用到各个领域中，给人们的生产和生活带来便利。

第一节　传感器的组成及分类

传感器是能感受规定的被测量（物理量、化学量、生物量等），并按照一定的规律转换成可用输出信号（通常为电量）的器件或装置。输出信号有不同的形式，如电压、电流、脉冲、频率等，以满足信号的传输、处理、记录、显示和控制的要求。在自动检测与控制系统中，传感器处于系统之首，其作用相当于人的五官，直接感应外界信息。因此传感器能否正确感受信息并将其按规律转换为所需信号，对系统质量起决定性的作用。自动化程度越高，系统对传感器的依赖性越大。各个传感器除有上述基本要求外，因为使用环境恶劣，对于传感器的可靠性有着更高的要求。

一、传感器的定义

传感器是一种能感受规定的被测量件并按照一定的规律转换成可用信号的器件或装置，通常由敏感元件和转换元件组成。

传感器是一种以一定的精确度把被测量转换为与之有确定对应关系的、便于应用的某种物理量的测量装置。其包含以下几个方面的含义：

1. 传感器是测量装置，能完成检测任务。

2. 它的输入量是某一被测量，可能是物理量，也可能是化学量、生物量等。

3. 输出量是某种物理量，这种量要便于传输、转换、处理、显示等等，这种量可以是气、光、电量，但主要是电量。

4. 输入输出有对应关系，且应有一定的精确度。

二、传感器的组成

传感器的作用一般是把被测的非电量转换成电量输出，因此它首先应包含一个元件去感受被测非电量的变化；但并非所有的非电量都能利用现有手段直接变换成电量，需要将被测非电量先变换成易于变换成电量的某一中间非电量；传感器中完成这一功能的元件称为敏感元件（或预变换器）。例如，应变式压力传感器的作用是将输入的压力信号变换成电压信号输出，它的敏感元件是一个弹性膜片，其作用是将压力转换成膜片的变形。

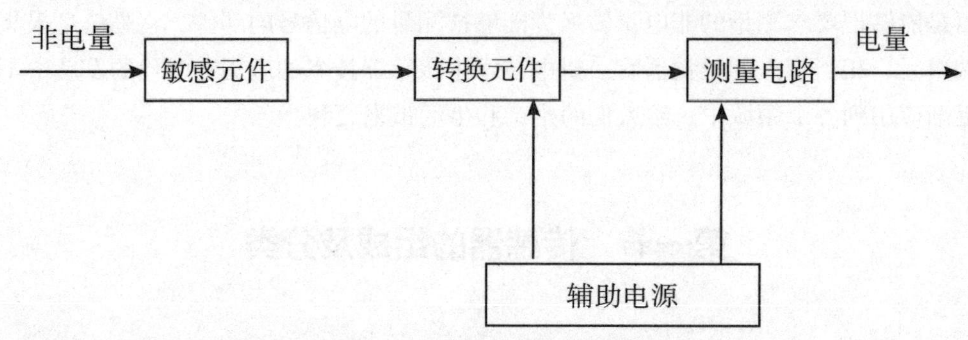

图 3-1　传感器的组成框图

传感器中将敏感元件输出的中间非电量转换成电量输出的元件称为转换元件（或转换器），它是利用某种物理的、化学的、生物的或其他的效应来达到这一目的的。例如，应变式压力传感器的转换元件是一个应变片，它利用电阻应变效应（金属导体或半导体的电阻随着它所受机械变形的大小而发生变化的现象），将弹性膜片的变形转换为电阻值的变化。

所以，敏感元件是能直接感受或响应被测量的部分；转换元件（transductionelement）是将敏感元件感受或响应的被测量转换成适于传输和测量的电信号部分。需要说明的是，有些被测非电量可以直接被变换为电量，这时传感器中的敏感元件和转换元件就合二为一了。例如，热电阻温度传感器利用铂电阻或铜电阻，可以直接将被测温度转换成电阻值的输出。

转换元件输出的电量常常难以直接进行显示、记录、处理和控制，这时需要将其进一步变换成可直接利用的电信号，而传感器中完成这一功能的部分称为测量电路。测量电路也称为信号调节与转换电路，它是把传感元件输出的电信号转换为便于显示、记录、处理和控制的有用电信号的电路。例如，应变式压力传感器中的测量电路是一个电桥电路，它可以将应变片输出的电阻值转换为一个电压信号，经过放大后即可推动记录、显示仪表的工作。测量电路的选择视转换元件的类型而定，经常采用的有电桥电路、脉宽调制电路、振荡电路、高阻抗输入电路等。

三、传感器的分类

1. 传感器按照其用途分类

（1）压力敏和力敏传感器、位置传感器。

（2）液面传感器、能耗传感器。

（3）速度传感器、加速度传感器。

（4）射线辐射传感器、热敏传感器。

（5）24 GHz 雷达传感器。

2. 传感器按照其原理分类

（1）振动传感器、湿敏传感器。

（2）磁敏传感器、气敏传感器。

（3）真空度传感器、生物传感器等。

3. 传感器按照其输出信号为标准分类

（1）模拟传感器——将被测量的非电学量转换成模拟电信号。

（2）数字传感器——将被测量的非电学量转换成数字输出信号（包括直接和间接转换）。

（3）膺数字传感器——将被测量的信号量转换成频率信号或短周期信号的输出（包括直接或间接转换）。

（4）开关传感器——当一个被测量的信号达到某个特定的阈值时，传感器相应地输出一个设定的低电平或高电平信号。

4. 传感器按照其材料为标准分类

在外界因素的作用下，所有材料都会做出相应的、具有特征性的反应。它们中的那些对外界作用最敏感的材料，即那些具有功能特性的材料，被用来制作传感器的敏感元件。从所应用的材料观点出发可将传感器分成下列几类：第一，按照其所用材料的类别分：金属、聚合物、陶瓷、混合物；第二，按材料的物理性质分：导体、绝缘体、半导体、磁性材料；第三，按材料的晶体结构分：单晶、多晶、非晶材料。与采用新材料紧密相关的传感器开发工作，可以归纳为下述三个方向：第一，在已知的材料中探索新的现象、效应和反应，然后使它们能在传感器技术中得到实际使用；第二，探索新的材料，应用那些已知的现象、效应和反应来改进传感器技术；第三，在研究新型材料的基础上探索新现象、新效应和反应，并在传感器技术中加以具体实施。

现代传感器制造业的进展取决于用于传感器技术的新材料和敏感元件的开发强度。传感器开发的基本趋势是和半导体及介质材料的应用密切关联的。

5. 传感器按照其制造工艺分类

（1）集成传感器

集成传感器是用标准的生产硅基半导体集成电路的工艺技术制造的。通常还将用于初步处理被测信号的部分电路也集成在同一芯片上。

（2）薄膜传感器

薄膜传感器则是通过沉积在介质衬底（基板）上的，相应敏感材料的薄膜形成的。使用混合工艺时，同样可将部分电路制造在此基板上。

（3）厚膜传感器

厚膜传感器是利用相应材料的浆料，涂覆在陶瓷基片上制成的，基片通常是 Al_2O_3 制成的，然后进行热处理，使厚膜成形。

陶瓷传感器采用标准的陶瓷工艺或其某种变种工艺（溶胶、凝胶等）生产。

完成适当的预备性操作之后，已成形的元件在高温中进行烧结。厚膜和陶瓷传感器两种工艺之间有许多共同特性，在某些方面，可以认为厚膜工艺是陶瓷工艺的一种变形。每种工艺技术都有自己的优点和不足。由于研究、开发和生产所需的资本投入较低，以及传感器参数的高稳定性等原因，采用陶瓷和厚膜传感器比较合理。

6. 传感器根据测量目的不同分类

（1）物理型传感器是利用被测量物质的某些物理性质发生明显变化的特性制成的。

（2）化学型传感器是利用能把化学物质的成分、浓度等化学量转化成电学量的敏感元件制成的。

（3）生物型传感器是利用各种生物或生物物质的特性做成的，用以检测与识别生物体内化学成分的传感器。

表 3-1　传感器分类表

传感器分类		转换原理	传感器名称	典型应用
转换形式	中间参量			
电参数	电阻	移动电位器角点改变电阻	电位器传感器	位移
		改变电阻丝或片的尺寸	电阻丝应变传感器、半导体应变传感器	微应变、力、负荷
		利用电阻的温度效应（电阻的温度系数）	热丝传感器	气流速度、液体流量
			电阻温度传感器	温度、辐射热
			热敏电阻传感器	温度
		利用电阻的光敏效应	光敏电阻传感器	光强
		利用电阻的湿度效应	湿敏电阻	湿度
	电容	改变电容的几何尺寸	电容传感器	力、压力、负荷、位移
		改变电容的介电常数		液位、厚度、含水量
	电感	改变磁路几何尺寸、导磁体位置	电感传感器	位移
		涡流去磁效应	涡流传感器	位移、厚度、含水量
		利用压磁效应	压磁传感器	力、压力
		改变互感	差动变压器	位移
			自速角机	位移
			旋转变压器	位移
	频率	改变谐振回路中的固有参数	振弦式传感器	压力、力
			振筒式传感器	气压
			石英谐振传感器	力、温度等
	计数	利用莫尔条纹	光栅	大角位移、大直线位移
		改变互感	感应同步器	
		利用拾磁信号	磁栅	
	数字	利用数字编码	角度编码器	大角位移
电能量	电动势	温差电动势	热电偶	温度热流
		霍尔效应	霍乐传感器	磁通、电流
		电磁感应	磁电传感器	速度、加速度
		光电效应	光电池	光强
	电荷	辐射电离	电离室	离子计数、放射性强度
		压电效应	压电传感器	动态力、加速度

第二节　传感器特性与性能指标

一、传感器的静态特性及性能指标

传感器的静态及动态的特性可以反映它的工作特性，而静态特性是表示传感器在输入量的每个数值都处在稳定的状态的时候输入及输出之间的关系，能够很好地反映传感器的各项功能指标，其中包括传感器的迟后性、重复性、线性度及静态误差几个方面。

1. 传感器静态特性的性能指标

在检测控制系统的实验当中，需要各种参数来进行控制，如果要想有很好的控制性能，传感器就要能够感测被测量的变化，而且还要准确地把这些数值表示出来，传感器的基本特性分为动态特性和静态特性，本书主要介绍的是传感器的静态特性的性能指标。静态特性的性能指标主要包括灵敏度、重复性、迟滞、线性度、漂移、精度、分辨力和稳定性等等。

灵敏度是一个很重要的指标，它的值就是输出量的增量与相应输入量的增量的比值，所表示的是单位输入量的变化所引起传感器输出量的变化，也就是灵敏度的数值越大，传感器就越加灵敏。重复性是传感器在输入量按照同一个方向做全量程的多次变化的时候所得到的特性曲线不一致的程度。迟滞是传感器在输入量从小到大及输入量从大到小的变化期间输入输出特性曲线不重合的现象。也就是输入信号大小相同，传感器的正反行程的输出信号大小不同，迟滞差值就是这个差值。线性度是传感器输出量与输入量之间的实际关系曲线偏离拟合直线的程度。传感器的漂移是输入量不变，输出量随时间变化的现象。产生这种现象的原因有两个，一个是传感器自身结构的参数，另外一个原因是周围的温度及湿度等环境的影响。最常见的漂移就是温度的漂移，周围环境的温度变化引起了输出量的变化。传感器的精度是测量结果的可靠程度，能够综合反映测量当中各种误差，误差小，则表示精度高。它的数值等于量程范围内的最大基本误差与满量程输出的比值，基本误差是传感器在正常工作下的测量误差。分辨力是传感器能够检测到输入量最小变化量的能力。比如电位器式传感器在输入量连续变化的时候，输出量只做阶梯变化，那么分辨力就是每个阶梯所代表的输入量的大小。对于数字式的仪表来说，分辨力就是最后一位数字所代表的数值。稳定性是传感器在一个比较长的时间内保持特性的能力。传感器的特性参数不可能不随时间变化，多数传感器的敏感元件会随着时间发生变化，影响传感器的稳定性。稳定性是在室温条件下经过一段时间后，传感器的输出与起始标定时候的输出之间的差异，这是稳定性误差。

2. 传感器静态特性的计算

对于一个传感器特性的循环实验来说，在测试当中为了保证数据的可靠性，需要取 5

个校准点，至少应该重复实验 3 个循环，记录 25 个测量值。通过这些数值来计算传感器的迟滞性、重复性、敏感度及静态误差。

对于基于计算机的虚拟仪器的硬件来说，如果想测量传感器的特性指标，就必须在校准点给传感器输入校准的信号，然后测量输出信号，一般传感器的标准输出信号是 4 ~ 20 mA 或者是 1 ~ 5 V，电流信号经过采样电阻可以转变为电压信号。目前是采用计算机加上 A/D 扩展板卡来测量并且记录传感器的输出信号，提高测量的准确度及速度，而且计算机的运算能力很强，有很高的性价比。

目前，PC 机都具有 3 个以上 PCI 扩展插槽，而且基于 PCI 总线的工业级模拟信号采集板卡种类繁多，大多可采集 -10 ~ +10 V 范围内信号，而且采样精度从 12 位到 16 位、采样速度从每秒几万次到上百万次不等，作为工业产品其工作的稳定性和可靠性已成共识，现已在工业监控领域中得到了广泛应用。针对传感器测试精度高的特点，一般要求测试仪器精度应达到 5×10^{-4}。虚拟仪器采用普通 PC 计算机，扩展了台湾研华基于 PCI 总线的 PCI-816 模拟量采集板卡，板卡主要功能有 16 路模拟信号差分输入、分辨率为 16 位、最大采样速度为 100 kHz/s、信号采样范围宽且可软件编程设定、支持软硬件触发、可编程选择中断等级和 DMA 传送通道，另外，还具有 16 路数字量输入、输出。

虚拟仪器的软件可以决定仪器的操作是否方便，是否可以打印输出各种分析报表等等。虚拟仪器软件运行后，可通过下拉式菜单或工具栏按钮来完成数据采集或输入、修改、计算、显示画面切换和结果打印输出等操作。为方便输入、修改各种数据，其中传感器名称、型号和循环试验次数可直接输入，而传感器各校准点设定值和试验中所测量数值则可按设定在新增和修改间变换输入。这样可在一个对话窗口内完成整个数据的采集、修改，大大提高了对数据的操作效率。

二、传感器的动态特性及性能指标

动态特性是指检测系统的输入为随时间变化的信号时，系统的输出与输入之间的关系。主要动态特性的性能指标有时域单位阶跃响应性能指标和频域频率特性性能指标。

传感器的输入信号是随时间变化的动态信号，这时就要求传感器能时刻精确地跟踪输入信号，按照输入信号的变化规律输出信号。当传感器输入信号的变化缓慢时，是容易跟踪的，但随着输入信号的变化加快，传感器随动跟踪性能会逐渐下降。输入信号变化时，引起输出信号也随时间变化，这个过程称为响应。动态特性就是指传感器对随时间变化的输入信号的响应特性，通常要求传感器不仅能精确地显示被测量的大小，而且还能复现被测量随时间变化的规律，这也是传感器的重要特性之一。

传感器的动态特性与其输入信号的变化形式密切相关，在研究传感器动态特性时，通常是根据不同输入信号的变化规律来考察传感器响应的。实际上传感器输入信号随时间变化的形式可能是多种多样的，最常见、最典型的输入信号是阶跃信号和正弦信号。这两种信号在物理上较容易实现，而且也便于求解。

对于阶跃输入信号，传感器的响应称为阶跃响应或瞬态响应，它是指传感器在瞬变的非周期信号作用下的响应特性。这对传感器来说是一种最严峻的状态，如传感器能复现这种信号，那么就能很容易地复现其他种类的输入信号，其动态性能指标也必定会令人满意。而对于正弦输入信号，则称为频率响应或稳态响应。它是指传感器在振幅稳定不变的正弦信号作用下的响应特性。稳态响应的重要性，在于工程上所遇到的各种非电信号的变化曲线都可以展开成傅里叶（Fourier）级数或进行傅里叶变换，即可以用一系列正弦曲线的叠加来表示原曲线。因此，当已知道传感器对正弦信号的响应特性后，也就可以判断它对各种复杂变化曲线的响应了。

为便于分析传感器的动态特性，必须建立动态数学模型。建立动态数学模型的方法有多种，如微分方程、传递函数、频率响应函数、差分方程、状态方程、脉冲响应函数等。建立微分方程是对传感器动态特性进行数学描述的基本方法。在忽略了一些影响不大的非线性和随机变化的复杂因素后，可将传感器作为线性定常系统来考虑，因而其动态数学模型可用线性常系数微分方程来表示。能用一、二阶线性微分方程来描述的传感器分别称为一、二阶传感器，虽然传感器的种类和形式很多，但它们一般可以简化为一阶或二阶环节的传感器（高阶可以分解成若干个低阶环节），因此一阶和二阶传感器是最基本的。

第三节　常用传感器及应用

一、温度传感器及应用

温度传感器，利用物质各种物理性质随温度变化的规律把温度转换为可用输出信号。温度传感器是温度测量仪表的核心部分，品种繁多。按测量方式可分为接触式和非接触式两大类。现代的温度传感器外形非常小，广泛应用在生产实践的各个领域中，为我们的生活提供了无数的便利和功能。

1. 温度的相关知识：温度是用来表征物体冷热程度的物理量

温度的高低要用数字来量化，温标就是温度的数值表示方法。常用温标有摄氏温标和热力学温标。摄氏温标是把标准大气压下，沸水的温度定为 100℃，冰水混合物的温度定为 0℃，在 100℃和 0℃之间有 100 等份，每一等份为 1℃。热力学温标是威廉・汤姆森提出的，以热力学第二定律为基础，建立温度仅与热量有关而与物质无关的热力学温标。由于是开尔文总结出来的，所以又称为“开尔文温标”。

2. 温度传感器的分类根据测量方式不同，温度传感器分为接触式和非接触式两大类

接触式温度传感器是指传感器直接与被测物体接触，从而进行温度测量，这也是温度测量的基本形式。其中接触式温度传感器又分为热电偶温度传感器、热电阻温度传感器、半导体热敏电阻温度传感器等。非接触式温度传感器是测量物体热辐射发出的红外线，从

而测量物体的温度，可以进行遥测。

3. 温度传感器的工作原理

（1）热电偶温度传感器

热电偶温度传感器结构简单，仅由两根不同材料的导体或半导体焊接而成，是应用最广泛的温度传感器。热电偶温度传感器是根据热电效应原理制成的：把两种不同的金属 *A*、*B* 组成闭合回路，两接点温度分别为 t_1 和 t_2，则在回路中产生一个电动势。热电偶也是由两种不同材料的导体或半导体 *A*、*B* 焊接而成，焊接的一端称为工作端或热端。与导线连接的一端称为自由端或冷端，导体 *A*、*B* 称为热电极，总称热电偶。测量时，工作端与被测物相接触，测量仪表为电位差计，用来测出热电偶的热电动势，连接导线为补偿导线及铜导线。从测量仪表上，我们观测到的便是热电动势，而要想知道物体的温度，还需要查看热电偶的分度表。为了保证温度测量结果足够精确，在热电极材料的选择方面也有严格的要求：物理、化学稳定性要高；电阻温度系数小；导电率高；热电动势要大；热电动势与温度要有线性或简单的函数关系；复现性好；便于加工等。根据我们常用的热电极材料，热电偶温度传感器可分为标准化热电偶和非标准化热电偶。铂热电偶是常用的标准化热电偶，熔点高，可用于测量高温，误差小，但价格昂贵，一般适用于较为精密的温度测量。铁－康铜热电偶为常用的非标准化热电偶，测温上限为 600℃，易生锈，但温度与热电动势线性关系好，灵敏度高。

（2）电阻式温度传感器

热电偶温度传感器虽然结构简单，测量准确，但仅适用于测量 500℃以上的高温。而要测量－200℃到 500℃的中低温物体，就要用到电阻式温度传感器。电阻式温度传感器是利用导体或者半导体的电阻值随温度变化而变化的特性来测量温度的。大多数金属在温度升高 1℃时，电阻值要增加 0.4%~0.6%。电阻式温度传感器就是要将温度的变化转化为电阻值的变化，再通过测量电桥转换成电压信号送至显示仪表。

（3）半导体热敏电阻

半导体热敏电阻的特点是灵敏度高、体积小、反应快，它是利用半导体的电阻值随温度显著变化的特性制成的。可分为三种类型：第一，NTC 热敏电阻，主要是 Mn、Co、Ni、Fe 等金属的氧化物烧结而成，具有负温度系数；第二，CTR 热敏电阻，用 V、Ge、W、P 等元素的氧化物在弱还原气氛中形成烧结体，它也是具有负温度系数的；第三，PTC 热敏电阻，以钛酸钡掺和稀土元素烧结而成的半导体陶瓷元件，具有正温度系数。也正是因为 PTC 热敏电阻具有正温度系数，也制作成温度控制开关。

（4）非接触式温度传感器

非接触式温度传感器的测温元件与被测物体互不接触。目前最常用的是辐射热交换原理。这种测温方法的主要特点是可测量运动状态的小目标及热容量小或变化迅速的对象，也可用来测量温度场的温度分布，但受环境温度影响比较大。

4. 温度传感器的应用举例

（1）温度传感器在汽车上的应用

温度传感器的作用是测量发动机的进气、冷却水、燃油等的温度，并把测量结果转换为电信号输送给 ECU。对于所有的汽油机电控系统，进气温度和冷却水温度是 ECU 进行控制所必需的两个温度参数，而其他的温度参数则随电控系统的类型及控制需要而不尽相同。进气温度传感器通常安装在空气流量计或从空气滤清器到节气门体之间的进气道或空气流量计中，水温传感器则布置在发动机冷却水路、汽缸盖或机体上的适当位置。可以用来测量温度的传感器有绕线电阻式、扩散电阻式、半导体晶体管式、金属芯式、热电偶式和半导体热敏电阻式等多种类型，目前用在进气温度和冷却水温度测量中应用最广泛的是热敏电阻式温度传感器。

（2）利用温度传感器调节卫生间的温度

温度传感器还能调节卫生间内的温度，尤其是在洗澡的时候，能自动调节卫生间内的温度是很有必要的。通过温湿度传感器和气体传感器就能很好地控制卫生间内的环境，从而使我们能够拥有一个舒适的生活。现在大部分旅馆和一些公共场所都实现了自动调节，而普通家庭的卫生间都还是人工操作，尚未实现自动调节。这主要是大多数人不知道能够利用传感器实现自动化，随着未来人们的进一步了解，普通家庭的卫生间也能实现自动调节。

二、光电传感器及应用

光电传感器是采用光电元件作为检测元件的传感器，它首先把被测量的变化转换成光信号的变化，然后借助光电元件进一步将光信号转换成电信号。光电传感器一般由光源、光学通路和光电元件三部分组成。光电检测方法具有精度高、反应快、非接触等优点，而且可测参数多、传感器的结构简单、形式灵活多样。因此，光电式传感器在检测和控制中应用非常广泛。

1. 光电传感器原理

光电传感器是通过把光强度的变化转换成电信号的变化来实现控制的。光电传感器在一般情况下由三部分构成：发送器、接收器和检测电路。

发送器对准目标发射光束，发射的光束一般来源于半导体光源、发光二极管（LED）、激光二极管及红外发射二极管。光束不间断地发射，或者改变脉冲宽度。接收器由光电二极管、光电三极管、光电池组成。在接收器的前面，装有光学元件如透镜和光圈等。在其后面是检测电路，它能滤出有效信号和应用该信号。此外，光电开关的结构元件中还有发射板和光导纤维。三角反射板是结构牢固的发射装置。它由很小的三角锥体反射材料组成，能够使光束准确地从反射板中返回，具有实用意义。

槽型光电传感器是把一个光发射器和一个接收器面对面地装在一个槽的两侧。发光器能发出红外光或可见光，在无阻碍的情况下光接收器能收到光。但当被检测物体从槽中通过时，光被遮挡，光电开关便动作。输出一个开关控制信号，切断或接通负载电流，从而完成一次控制动作。槽形开关的检测距离因为受整体结构的限制一般只有几厘米。

对射型光电传感器若把发光器和收光器分离开，就可使检测距离加大。由一个发光器和一个收光器组成的光电开关就称为对射分离式光电开关，简称对射式光电开关。它的检测距离可达几米乃至几十米。

反光板型光电开关把发光器和收光器装入同一个装置内，在它的前方装一块反光板，利用反射原理完成光电控制作用的称为反光板反射式（或反射镜反射式）光电开关。正常情况下，发光器发出的光被反光板反射回来被收光器收到；一旦光路被检测物挡住，收光器收不到光时，光电开关就动作，输出一个开关控制信号，它的检测头里也装有一个发光器和一个收光器，但前方没有反光板。正常情况下发光器发出的光收光器是收不到的。

2. 光电传感器的应用

（1）透射式光电传感器在烟尘浊度检测上的应用

防止工业烟尘污染是环保的重要任务之一。为了消除工业烟尘污染，首先要知道烟尘排放量，因此必须对烟尘源进行监测、自动显示和超标报警。

为了检测烟尘中对人体危害性最大的亚微米颗粒的浊度和避免水蒸气与二氧化碳对光源衰减的影响，选取可见光做光源。光检测器光谱响应范围为 400 ~ 600 nm 的光电管，获取随浊度变化的相应电信号。为了提高检测灵敏度，采用具有高增闪、高输入阻抗、低零漂、高共模抑制比的运算放大器，对信号进行放大。刻度校正被用来进行调零与调满刻度，以保证测试准确性。显示器可显示浊度瞬时值。报警电路由多谐振荡器组成，当运算放大器输出浊度信号超过规定时，多谐振荡器工作，输出信号经放大后推动喇叭发出报警信号。

（2）漫射聚焦型传感器

漫射 - 聚焦型传感器是效率较高的一种漫射型光电传感器。发光器透镜聚焦在传感器前面固定的一点上，接收器透镜也是聚焦在同一点上。敏感的范围是固定的，取决于聚焦点的位置。这种传感器能够检测在焦点上的物体，允许物体前后偏离焦点一定距离，这个距离称作“敏感窗口”。当物体在敏感窗口以外，在焦点之前或者之后时便检测不到。敏感窗口取决于目标的反射性能和灵敏度的调节状况。因为反射出来的光能是聚焦在一个点上面，增益增大了很多，于是传感器很容易就检测到窄小的物体或者反射性能差的物体。

具有背景光抑制功能的漫射型光电传感器只能检测一定距离的目标物体，在这个距离以外的物体它便检测不到。在各种漫射型光电传感器中，这种类型的传感器敏感目标物体颜色的灵敏度是最低的。这种传感器的一个主要优点是，它不会检测背景物体。而普通的漫射型光电传感器往往会把背景物体误认为是目标物体。

对于具有机械式背景光抑制功能的漫射型光电传感器，它里面有两个接收元件：一个接收来自目标物体的光，另一个接收背景光。目标接收器 E1 上的反射光的强度超过背景光接收器 E2 上的反射光时，便把目标检测出来，产生输出信号。当背景光接收器上的反射光的强度超过目标接收器上的反射光时，不检测目标，输出状态不发生变化。在距离可变的传感器中，焦点可以用机械的方法进行调节。

对于具有电子式背景光抑制功能的漫射型传感器，在传感器中使用一只位置敏感元件

（PSD）而不是使用机械元件。发光器发出一束光线，光束反射回来，从目标物体反射回来的光线和从背景物体反射回来的光线到达位置敏感元件的两个不同位置。

3. 光电传感器的发展前景

光电式传感器可非接触地探测物体，广泛用于自动化领域，如管理系统、机械制造、包装工业等。当然，光电式传感器也有它的缺点，它是以光为媒介进行无接触检测，光是一种频率很高的电磁波，光干扰也算一种电磁干扰，它是导致传感器误动作的主要因素之一。环境光、背景光和周围其他光电式传感器所发出的光都是光干扰源。故设计时，采用偏振光及高频调制的脉冲光，采用同步检波方式，有利于抑制光干扰。

在各行业、各领域中，光电传感器都得到了广泛的应用，尤其是在电力、工业、军事、农业及生活领域，光电传感器的应用不达标有利于电力电子设备的升级与改造，而且客观促进了社会生产力水平的提高。随着现代科学技术的不断发展，光电传感器的应用展现了更为广阔的发展空间，我们应注重对国内外相关技术研究成果的积累和借鉴，并且加强与现代计算机技术、网络技术、电力电子技术的有机结合，从而不断拓展光电传感器的应用范围，更好地服务于现代社会的发展。

上面对光电传感器的检测技术和部分光电传感器的应用做了分析说明，在现代发展中，光电技术有很多种，同时工作方式也有很多。基于多方面考虑，应该仔细地选择性能比较稳定、价格合适的技术和类型，实施好设计方案。

三、压敏电阻及应用

压敏电阻器（VDR），简称压敏电阻，是一种电压敏感元件，其特点是在该元件上的外加电压增加到某一临界值（压敏电压值）时，其阻值将急剧减小。压敏电阻器的电阻体材料是半导体，所以它是半导体电阻器的一个品种。现在大量使用的“氧化锌”（ZnO）压敏电阻器，它的主体材料由二价元素锌（Zn）和六价元素氧（O）构成。所以从材料的角度来看，氧化锌压敏电阻器是一种“Ⅱ－Ⅵ族氧化物半导体”。

文字符号：“RV”或“R”。

结构——根据半导体材料的非线性特性制成。

1. 压敏电阻的特性及关键参数

1）压敏电阻的特性

压敏电阻器的电压与电流不遵守欧姆定律，而成特殊的非线性关系。当两端所加电压低于标称额定电压值时，压敏电阻器的电阻值接近无穷大，内部几乎无电流流过；当两端所加电压略高于标称额定电压值时，压敏电阻器将迅速击穿导通，并由高阻状态变为低阻状态，工作电流也急剧增大；当两端所加电压低于标称额定电压值时，压敏电阻器又恢复为高阻状态；当两端所加电压超过最大限制电压值时，压敏电阻器将完全击穿损坏，无法自行恢复。

2）压敏电阻的关键参数

（1）压敏电压。

压敏电压即击穿电压或阈值电压。一般认为是在温度为 20℃时，在压敏电阻上有 1 mA 电流流过的时候，相应加在该压敏电阻器两端的电压值。压敏电压是压敏电阻 I-U 曲线拐点上的非线性起始电压，是决定压敏电阻额定电压的非线性电压。为了保证电路在正常的工作范围内，压敏电阻正常工作，压敏电压值必须大于被保护电路的最大额定工作电压。

（2）最大限制电压。

最大限制电压是指压敏电阻器两端所能承受的最高电压值。通俗的解释是：当浪涌电压超过压敏电压时，在压敏电阻两端测得的最高峰值电压，也叫最大钳位电压。为了保证被保护电路不受损害，在选择压敏电阻时，压敏电阻的最大限制电压一定要小于电路额定最大工作电压（采用多级防护时，可另行考虑）。

（3）通流容量。

通流容量也称通流量，是指在规定的条件（以规定的时间间隔和次数，施加标准的冲击电流）下，允许通过压敏电阻器上的最大脉冲（峰值）电流值。

通常产品给出的通流量是按产品标准给定的波形、冲击次数和间隙时间进行脉冲试验时产品所能承受的最大电流值。而产品所能承受的冲击数是波形幅值和间隙时间的函数，当电流波形幅值降低 50％时冲击次数可增加一倍，所以在实际应用中，压敏电阻所吸收的浪涌电流应大于产品的最大通流量。

压敏电阻所吸收的浪涌电流幅值应小于手册中给出的产品最大通流量。然而从保护效果出发，要求所选用的通流量大一些好。在许多情况下，实际发生的通流量是很难精确计算的，则选用 2 ~ 20 kA 的产品。如手头产品的通流量不能满足使用要求时，可将几只单个的压敏电阻并联使用，并联后的压敏电压不变，其通流量为各单只压敏电阻数值之和。要求并联的压敏电阻伏安特性尽量相同，否则易引起分流不均匀而损坏压敏电阻。

（4）电压比。

电压比是指压敏电阻器的电流为 1 mA 时产生的电压值与压敏电阻器的电流为 0.1 mA 时产生的电压值之比。

（5）漏电流。

漏电流也称等待电流，是指压敏电阻器在规定的温度和最大直流电压下，流过压敏电阻器的电流。漏电流越小越好。对于漏电流特别应强调的是必须稳定，不允许在工作中自动升高，一旦发现漏电流自动升高，就应立即淘汰，因为漏电流的不稳定是加速防雷器老化和防雷器爆炸的直接原因。因此在选择漏电流这一参数时，不能一味地追求越小越好，只要是在电网允许值范围内，选择漏电流值相对稍大一些的防雷器，反而较稳定。

3）压敏电阻在电路设计中的典型应用

压敏电阻被广泛应用于电压保护、防雷、抑制浪涌电流、吸收尖峰脉冲、限幅、高压灭弧、消噪、保护半导体元器件等。以下是压敏电阻电路应用中的几个典型实例：

（1）电路输入过压保护。

大气过电压是由于雷击引起，大多数属于感应性过电压，雷击对输电线路放电产生的过电压，这种过电压的电压值很高，可达 100 ~ 10000 V，造成的危害极大。因此必须对电气设备采取措施，防止大气过电压。可以采用压敏电阻器。一般采用与设备并联。如果电气设备要求残压很低时，可以采用多级防护。

（2）防止操作过电压防护电路。

操作过电压是电路工作状态突然变化时，电磁能量急剧转化、快速释放时产生的一种过电压，防止这种过电压可以用压敏电阻器保护各种电源设备、电机等。

（3）半导体器件的过压保护。

为了防止半导体器件工作时由于某些原因产生过电压时被烧毁，常用压敏电阻加以保护。电路中，在晶体管发射极和集电极之间，或者在变压器之间连接压敏电阻，能有效地保护过电压对晶体管的损伤。在正常状态下，压敏电阻呈高阻态，当承受过电压时，压敏电阻迅速变成低阻状态，过电压能量以放电电流的形式被压敏电阻吸收，浪涌电压消失以后，当电路或元件承受正常电压时，压敏电阻又恢复到高阻状态。对于二极管和晶闸管来说，一般将压敏电阻和这些半导体元件并联或者与电源并联，而且应满足两个要求：一是重复动作的方向电压要大于压敏电阻的残压；二是非重复动作的反向电压也要大于压敏电阻的残压。

（4）接触器、继电器。

当切断含有接触器、继电器等感性负载的电路时，其过电压可以超过电源电压的数倍，过电压造成接点间电弧和火花放电，烧损触头，缩短设备寿命。由于压敏电阻在高电位的分流作用，从而保护了触点。压敏电阻和线圈并联时，触点间的过电压等于电源电压与压敏电阻残压之和，压敏电阻吸收的能量为线圈存储的能量，压敏电阻与触点串联时，触点的过电压等于压敏电阻的残压，压敏电阻吸收的能量为线圈存储能量的 1.2 倍。

4）压敏电阻应用注意事项

（1）压敏电阻的响应时间为 ns 级，比空气放电管快，比 TVS 管稍慢一些，一般情况下用于电子电路的过电压保护，其响应速度可以满足要求。

（2）压敏电阻的结电容一般在几百到几千 pF 的数量级范围内，很多情况下不宜直接应用在高频信号线路的保护中，应用在交流电路的保护中时，因为其结电容较大会增加漏电流，在设计防护电路时需要充分考虑。压敏电阻的通流容量比 TVS 管大，但比气体放电管小。

（3）压敏电压的参数选择。一般来说，压敏电阻器常常与被保护器件或装置并联使用，在正常情况下，压敏电阻器两端的直流或交流电压应低于标称电压，即使在电源波动情况最坏时，也不应高于额定值中选择的最大连续工作电压，该最大连续工作电压值所对应的标称电压值即为选用值。对于过压保护方面的应用，压敏电压值应大于实际电路的电压值，一般应使用下式进行选择：

$$U_{mA}=a\times u/b\times c$$

式中：

a—电路电压波动系数，一般取 1.23；

u—电路直流工作电压（交流时为有效值）；

b—压敏电压误差，一般取 0.85（实际取值参照产品数据手册）；

c—元件的老化系数，一般取 0.9。

这样计算得到的 U_{mA} 实际数值是最大直流工作电压的 1.5 ~ 2 倍，在正弦交流状态下还要考虑峰值，因此计算结果应扩大 1.414 倍。信号线 1.2 ~ 1.5 倍。

（4）必须保证在电压波动最大时，连续工作电压也不会超过最大允许值，否则将缩短压敏电阻的使用寿命。

（5）在电源线与大地间使用压敏电阻时，有时由于接地不良而使线与地之间电压上升，所以在线与大地间通常采用更高标称电压的压敏电阻器。

（6）最大限制电压。选用的压敏电阻的残压最大允许电压一定要小于被保护物电路的最大承受电压耐压水平 Vo，否则便达不到可靠的保护目的，通常冲击电流 Ip 值较大。

压敏电阻是有效的过电压防护器件，随着压敏电阻的迅速发展而被广泛应用。本书通过介绍压敏电阻的特性及关键参数、典型应用和电路设计中的注意事项，使压敏电阻在电路设计应用中发挥最佳性能，有效解决电路瞬变干扰引起的过压问题，大大提高电子设备的安全性和可靠性。

四、气敏传感器及应用

近年来，气敏传感器在医疗、空气净化、家用燃气、工业生产等领域得到了普遍应用，气敏传感器主要包括半导体气敏传感器、接触燃烧式气敏传感和电化学气敏传感器等，其中用得最多的是半导体气敏传感器。气敏传感器最主要的作用是保障生产生活的安全，防止各种突发事件，可以检测酒精气体、瓦斯气体、一氧化碳、烷类气体、氧气等。

1. 气敏传感器

气敏传感器俗称“电子鼻”，是一种检测特定气体的传感器，它将气体种类及其与浓度有关的信息转换成电信号，获得待测气体在环境中的存在情况，从而可以进行检测、监控、报警。例如，在空气中出现酒精气体，酒精气体吸附在半导体表面，导致传感器电学特性发生变化，如电阻值发生变化。因此，利用半导体材料与气体相接触时，材料电阻发生变化的效应来检测气体的成分或浓度。

2. 气敏传感器的内部结构

由于气体种类繁多，性质各不相同，因此，能实现气—电转换的传感器种类很多，但它们结构大致相同，由金属引脚、塑料底座、烧结体即气敏元件、不锈钢防爆网、加热电极、工作电极构成。

3. 基本测试电路和检测电路模型

气敏传感器的测试电路包括两部分，即气敏元件的加热回路和测试回路。加热回路工作电压不高，3 ~ 10 V 之间，但必须稳定。否则，将导致加热丝的温度变化幅度过大，使气敏元件的工作点漂移，影响检测准确性。测试回路是应用电路的主体部分。当电路上加热丝加热后，随着环境中气体浓度的增加，气敏元件的阻值下降，导致输出端电压的变化，利用此电压可以检测出气体的浓度。

典型的检测电路模型包括信号获取电路、信号驱动电路、报警电路，报警电路可以产生脉冲信号，去驱动蜂鸣器或者喇叭，产生声音报警，也可以驱动发光二极管，产生光报警，提示空气中出现被检测气体。

4. 气敏传感器应用

气敏传感器应用十分广泛，在交通中的典型应用是酒精检测，典型产品是防酒后驾车控制器，也用于交通路口的酒驾检测。在车内也可在点火按钮和变速杆处设置酒精传感器，该装置可以在驾驶员启动汽车时，测试驾驶员手掌分泌的汗液是否含有酒精；在司机和乘客的座位上也安装了酒精传感器，用来监测汽车座舱内空气中的酒精含量。

五、霍尔传感器及应用

1. 霍尔效应、霍尔元件、霍尔传感器

1）霍尔效应

如图 3-2 所示，在半导体薄片两端通以控制电流 I，并在薄片的垂直方向施加磁感应强度为 B 的匀强磁场，则在垂直于电流和磁场的方向上，将产生电势差为 U_H 的霍尔电压，它们之间的关系为：$U_H=k\cdot(IB/d)$。图中 d 为薄片的厚度，k 称为霍尔系数，它的大小与薄片的材料有关。上述效应称为霍尔效应，是德国物理学家霍尔于 1879 年研究载流导体在磁场中受力的性质时发现的。

2）霍尔元件

根据霍尔效应，人们用半导体材料制成霍尔元件。它具有对磁场敏感、结构简单、体积小、频率响应宽、输出电压变化大和使用寿命长等优点，因此，在测量、自动化、计算机和信息技术等领域得到广泛的应用。

3）霍尔传感器

由于霍尔元件产生的电势差很小，故通常将霍尔元件与放大器电路、温度补偿电路及稳压电源电路等集成在一个芯片上，称为霍尔传感器。霍尔传感器也称为霍尔集成电路，其外形较小，如图 3-3 所示，是其中一种型号的外形图。

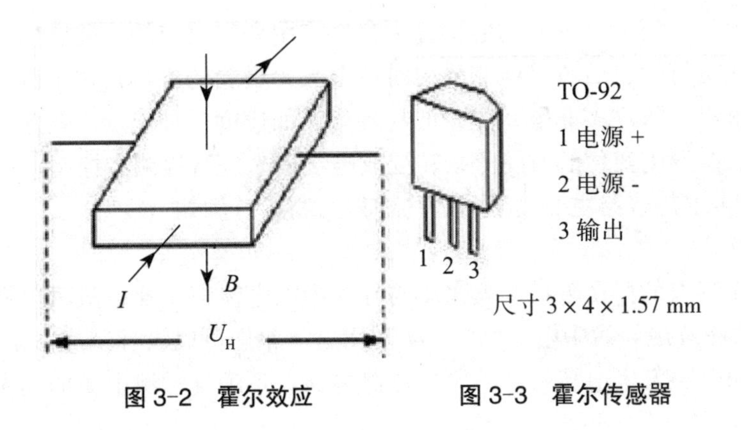

图 3-2　霍尔效应　　　　图 3-3　霍尔传感器

2. 霍尔传感器的分类

霍尔传感器分为线性型霍尔传感器和开关型霍尔传感器两种。

（1）线性型霍尔传感器由霍尔元件、线性放大器和射极跟随器组成，它输出模拟量。

（2）开关型霍尔传感器由稳压器、霍尔元件、差分放大、斯密特触发器和输出级组成，它输出数字量。

3. 霍尔传感器的特性

1）线性型霍尔传感器的特性

输出电压与外加磁场强度呈线性关系，如图 3-4 所示，在 B_1 ~ B_2 的磁感应强度范围内有较好的线性度，磁感应强度超出此范围时则呈现饱和状态。

2）开关型霍尔传感器的特性

如图 3-5 所示，其中 B_{OP} 为工作点“开”的磁感应强度、B_{RP} 为释放点“关”的磁感应强度。

当外加的磁感应强度超过动作点 B_{op} 时，传感器输出低电平；当磁感应强度降到动作点 B_{op} 以下时，传感器输出电平不变，一直要降到释放点 B_{RP} 时，传感器才由低电平跃变为高电平。B_{op} 与 B_{RP} 之间的滞后使开关动作更为可靠。

另外还有一种“锁键型”（或称“锁存型”）开关型霍尔传感器，其特性如图 3-6 所示。当磁感应强度超过动作点 B_{op} 时，传感器输出由高电平跃变为低电平；而在外磁场撤销后，其输出状态保持不变（锁存状态），必须施加反向磁感应强度达到 B_{RP} 时，才能使电平产生变化。

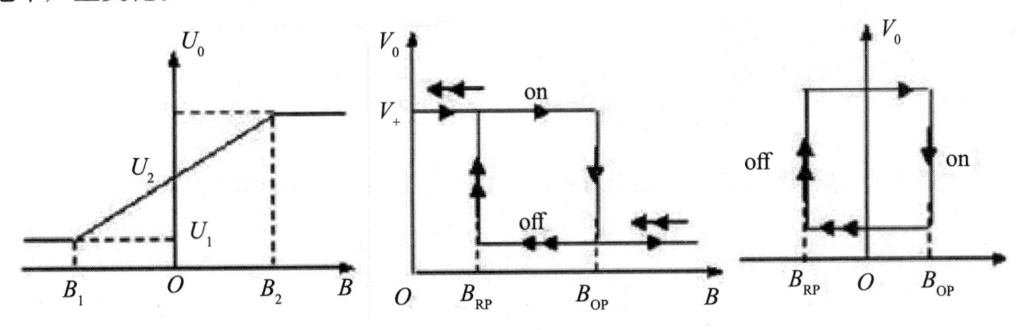

图 3-4：线性型霍尔集成电路输出特性　图 3-5：霍尔传感器的开关型特性　图 3-6：霍尔传感器的锁键型特性

4. 霍尔传感器的应用

按被检测对象的性质可将它们的应用分为直接应用和间接应用。前者是直接检测受检对象本身的磁场或磁特性；后者是检测受检对象上人为设置的磁场，这个磁场是被检测的信息的载体，通过它，将许多非电、非磁的物理量，如速度、加速度、角度、角速度、转数、转速及工作状态发生变化的时间等，转变成电学量来进行检测和控制。

（1）线性型霍尔传感器主要用于一些物理量的测量。例如：

①电流传感器

由于通电螺线管内部存在磁场，其大小与导线中的电流成正比，故可以利用霍尔传感器测量出磁场，从而确定导线中电流的大小。利用这一原理可以设计制成霍尔电流传感器。其优点是不与被测电路发生电接触，不影响被测电路，不消耗被测电源的功率，特别适合大电流传感。

霍尔电流传感器工作原理如图 3-7 所示，标准圆环铁芯有一个缺口，将霍尔传感器插入缺口中，圆环上绕有线圈，当电流通过线圈时产生磁场，则霍尔传感器有信号输出。

②位移测量

如图 3-8 所示，两块永久磁铁同极性相对放置，将线性型霍尔传感器置于中间，其磁感应强度为零，这个点可作为位移的零点，当霍尔传感器在 Z 轴上做 ΔZ 位移时，传感器有一个电压输出，电压大小与位移距离大小成正比。如果把拉力、压力等参数变成位移距离，便可测出拉力及压力的大小，图 3-9 是按这一原理制成的力矩传感器。

（2）开关型霍尔传感器主要用于测转数、转速、风速、流速、接近开关、关门告知器、报警器、自动控制电路等。

如图 3-10 所示，在非磁性材料的圆盘边上粘一块磁钢，霍尔传感器放在靠近圆盘边缘处，圆盘旋转一周，霍尔传感器就输出一个脉冲，从而可测出转数（计数器），若接入频率计，便可测出转速。如果把开关型霍尔传感器按预定位置有规律地布置在轨道上，当装在运动车辆上的永磁体经过它时，可以从测量电路上测得脉冲信号。根据脉冲信号的分布可以测出车辆的运动速度。

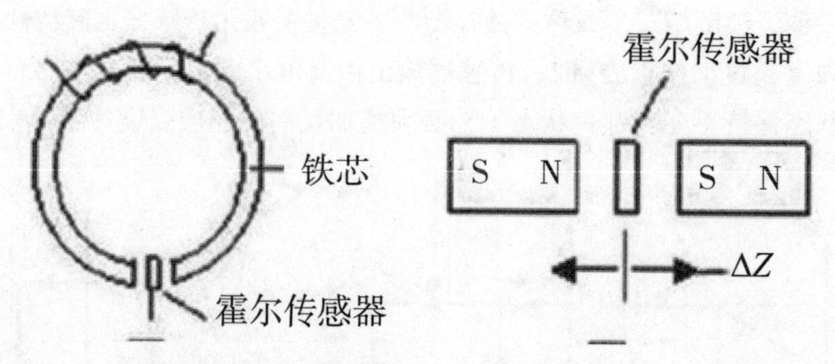

图 3-7 线性霍尔电流传感器测量磁场　　图 3-8 线性霍尔传感器测量位移

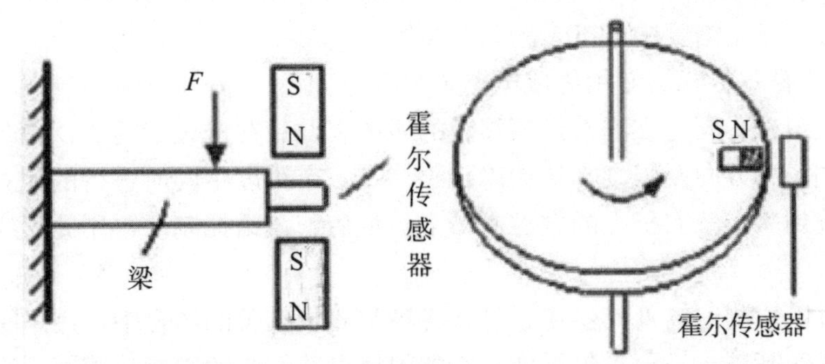

图 3-9 线性霍尔传感器测量压力、拉力传感器　　图 3-10 开关型霍尔传感器测转速或转数

5. 霍尔传感器在燃气热水器中的应用

1）水流量传感器

水流量传感器是利用霍尔元件的霍尔效应来测量磁性物理量的传感器。其主要由铜阀体、水流转子组件、稳流组件和霍尔传感器组成。装在热水器的进水端用于检测进水流量的大小及通断。

2）工作原理

（1）在霍尔元件的正极串入负载电阻，同时通上 5 V 的直流电压并使电流方向与磁场方向正交。当水通过涡轮开关壳推动磁性转子转动时，产生不同磁极的旋转磁场，切割磁感线，产生高低脉冲电平。

（2）霍尔元件的输出脉冲信号频率与磁性转子的转速成正比，转子的转速又与水流量成正比，根据水流量的大小启动燃气热水器。

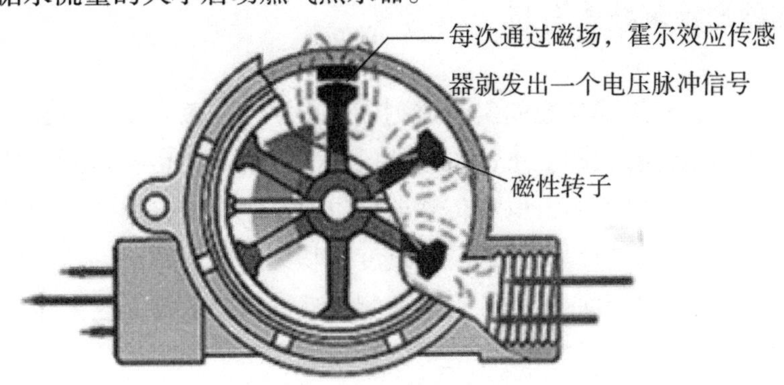

图 3-11 水流量传感器

（3）在霍尔传感器反馈信号给控制器后，可判断出水流量的大小，并根据燃气热水器的机型不同，选择最佳的启动流量，实现超低压（0.02MPa 以下）启动。

6. 霍尔传感器在洗衣机中的应用

1）应用背景

在工业领域，洗衣机的滚筒容量从 5 千克向 7 千克或 8 千克发展，然而这些大容量滚筒却仍然能够安装在标准宽为 60 厘米的标准洗衣机机壳内，这就意味着滚筒与机壳间的间隔更窄，两者间更易发生碰撞。因此，必须事先用该信号确定滚筒对机壳的影响及由此引起的反作用，以测量滚筒相对于机壳的位置。霍尼韦尔公司的霍尔传感器 SL353T 可用于检测洗衣机滚筒在三个维度中与机壳的相对位置。

2）新型的 3-D 霍尔传感器专用集成电路（ASIC）

整个测量系统包括：固定在洗衣机滚筒上的磁体以及装在机壳上的 3-D 霍尔传感器。霍尔传感器测量磁场的方向及强度，从而确定磁体在三个维度中同时进行的相对运动，然后再将该信息传输到装在洗衣机上的微控制器上。最后，该微控制器再用此程序确定控制滚筒运动的方法。

霍尔传感器可以检测磁场及其变化，可在各种与磁场有关的场合中使用。霍尔传感器以霍尔效应为其工作基础，是由霍尔元件和它的附属电路组成的集成传感器。霍尔传感器在工业生产、交通运输和日常生活中有着非常广泛的应用。

第四节　检测信号处理技术

检测技术是现代化领域中很有发展前途的技术，它在国民经济中起着极其重要的作用，测试是人类认识世界和改造世界必不可少的重要手段。在科技发达的今天，检测技术已经进入我们平常人的生活中，检测生活中一些比如噪声、温度等都需要不同的传感器。传感器能把被测的非电量转换成电量的电信号，便于远距离传送和控制，可以实现对远距离的测试和自动控制。

一、传感器的检测技术分析

现代工业的发展，对工况参数的实时监测已显得越来越重要了，参数监测分电量和非电量两大类。对于非电量参数的测量，测量的成功与否决定于传感器的质量和对感应信号的提取。在各类非电量传感器中，电容传感器可以说是用得最普遍的一种了，在工业现场它作为流量、压力、位移、液位、速度、加速度等物理量的传感元件，应用已相当广泛。在煤炭行业，电容传感器在生产开采、安全监测及选煤自动化方面已大量应用，正确及时取得电容传感器的信号对监测监控有着重要的意义。

1. 电容传感器的特点

电容传感器主体由两个极板组成，结构简单，可组成平板、曲面、圆筒等多种形式，极板一般由金属做成，能经受很大的温度变化及辐射等恶劣环境条件。

图 3-12　电容传感器的组成

电容传感器由于受几何尺寸的限制，其容量都是很小的，一般仅几个 pF 到几十 pF。因 C 太小，故容抗很大，为高阻抗元件；由于电容小，需要作用的能量也小，可动的质量也小，因而它的固有频率很高，可以保证有良好的动态特性。传感器的视在功率 $P=U_{20}\omega C$，C 很小，P 也很小，这使它易受到外界的干扰，所以信号的提取比较困难。同时由于电容小，分布电容和寄生电容对灵敏度和测量精度都产生影响。

传统的测量方法采用模拟电路测量手段，主要有电桥电路（普通交流电桥、变压器电桥、双 T 二极管电桥）、脉冲宽度调制电路、调频电路等等。模拟测量方法电路环节多，容易受零漂、温漂的影响，尤其对小电容的测量，更难保证测量精度。

2. 数字化测量原理

数字化测量首先是将传感器的电容量变为频率信号，常用的有 LC 振荡和 RC 振荡。以 555 多谐振荡器为例，若被测电容为 C_x 其振荡频率为 f=1443/［（R_1+2R_2）C_x］，振荡器原理、线路结构简单，受电源等外界因素影响小，振荡频率稳定。

由电容传感器的作用原理可知，不管是其极板间距离 d 的改变、极板相对面积 S 的改变或是电容介质常数 ε 的改变，都表现为是电容容量的改变。因 f 与 C 成反比，要测量 C_x 或 ΔC_x，不能直接对 f 进行计算，用 Δf 计算 ΔC_x 更是烦琐，然而振荡周期 $T=1/f=KC_x$ 与 C_x 成正比，所以，若定义一个可精确测量的参量 A，采取一定措施，使得 $A=(1/K)T=C_x$，则测出 A 即得到 C_x，算出 ΔA 也就等于算出 ΔC_x。

目前流行的单片机都有外脉冲触发（INT0，INT1）功能和定时器（T0，T1）功能，利用有 C_x 参与振荡的脉冲触发定时器启动和停止，在软件的控制下便可得到与 C_x 相对应的 A。举例说明如下：

若要测量一个 C_x 为 1000 pF 左右的电容，用 555 做成振荡电路，硬件调整时先用一个标准的 1000 pF 电容替代 C_x，调整 R_1 使输出脉冲频率为 2 kHz。单片机初始化定义 INT0 为外部脉冲输入，上升沿触发并允许 INT0 中断；T0 为 16 位定时器，由 T0r 触发。系统时钟用 12 MHz 晶振，则 T0 每隔 1 μs 计数器加 1，16 位定时器计满为 65536 μs，设计要求电容为 1000 pF 时，参量 A 也为 1000，即 A 随 C_x 而变，分辨率为 1 pF。

把振荡脉冲输入到INT0端，在INT0的第1个中断里，启动T0，共计16个脉冲周期，在第17个INT0中断时，停止T0计时，读取TH0和TL0的值。当脉冲振荡频率为2 kHz时，周期为500μs，16个周期为8000μs，这也是T0的定时值，将T0结果除以8，即TH0、TL0右移3位，就可求得A值，即对应C_x的值。

电路标准频率的调整，可用频率计测量，也可运行测量程序进行读数，当得到A=1000时即可。1000 pF标准电容用稳定性好的独石电容，R_1用多圈精密电位器，调整完毕用C_x取代C即可进行测量。线路调整方便、性能稳定，检测精度1000 pF时为±1 pF。

3. 电容量微小变化的测量

在实际应用中，往往是要检测电容传感器容量的变化量$\Delta C=C_{t1}-C_{t0}$，由于传感器设计和安装的不同，基本电容（传感器的空载电容、连接导线电容和其他分布电容）较大，而ΔC则很小，倘若基本电容稳定，运用上述方法也能很好地测出ΔC。但是，由于环境（介质温湿度、静电等）的变化，使基本电容（主要是连接导线电容和其他分布电容）发生较大变化，ΔC被噪声淹没，一般方法较难测量ΔC。

下面介绍一种借助比较电容来测量ΔC的方法。在传感器连接至变送器（555振荡器）时，采用双芯屏蔽线，芯线a连至传感器电容的正极板，作为信号引线；芯线b连至尽量靠近传感器处，其本身的导线电容等构成比较电容；屏蔽线连至传感器电容的负极板（一般为接地极）。芯线a、b通过模拟多路开关连至振荡器。工作时控制多路开关分别接通芯线a或芯线b，测量得到某一时刻的C_a、C_b，且$C_a=C_x+C_a'$、$C_b=C_b'$（C_x为传感器感应电容，C_a'、C_b'为芯线a、b对应的导线电容、分布电容等），由于芯线a、b完全在同一个环境里，故$C_a'=C_b'$，计算$C_a-C_b=C_x$，即得到不同时刻的C_x，也就能算得ΔC了。

在一个用电容传感器进行物位检测的应用中，物料的有无电容变化为30 pF左右，传感器基本电容为1000 pF，环境影响引起的电容变化为0 ~ 200 pF，利用比较电容法检测ΔC_x，准确地拾取到了有用信号。

4. 检测软件框

电容量C_x的采数软件框，用MCS51汇编语言编写。采用单片机系统，不仅可以精确测量C_x和ΔC_x，而且可使应用该传感器的系统实现智能化，采集软件可以作为整个系统的一个子程序来调用。

数字化测量电容传感器容量，可使信号在传感器就地转换为数字信号后，进行远距离传输，转换电路简单性能稳定。比较电容法检测ΔC_x，克服了导线电容分布电容等因环境变化而造成的影响，使检测信号真实可靠，系统抗干扰能力大为增强。两种方法在电容式煤粉仓粉位传感器的具体检测应用中都取得了满意的效果。

二、机电一体化系统中传感器与检测技术的应用

机电一体化是一种整合型技术，由很多环节组成。意味着在微电子、传感器等技术发

展的同时，机电一体化也能够获得长足进步。而在具体分析机电一体化关键技术前，应首先明确其组成结构，以消除一些人的误区。机电一体化是指将不同重要机电工作环节整合，以微型处理器和主机为操控中心，有序协调各环节工作。因此，其很多情况下会被称为机电一体化系统，由此完善的覆盖相关理念。但是，并不能由此忽视其他环节的重要性。如开发者创造出完美控制中枢，在传感器无法传输情况下，仍旧无法帮助生产者提升效率。

1. 传感器是机电一体化系统的关键技术

1）传感器在测量模块中的应用

传感器是一种检测装置名称，也是当前数字化管理中最常使用的传输、存储、处理、记录设备。在机电一体化系统中，传感器便是控制中枢与各环节桥梁，主要实现两方面工作：第一，执行控制中枢请求指令。传感器在接收指令后，将其转化为非传输数据语言，进行分析和内容调配，再将结果转变为数据传输模式，传输到所要支配的环节。第二，负责将环节动态传递给控制中枢，以保证各环节有序进行。而在传输前传感器需要接受信息，并根据 SNMP 协议进行处理、转化。由此可以发现，传感器本身便是由复杂结构所构成的电子器械。其中主要包括检测、传输和处理三个大层面，每个层面还会根据工作需求，配置不同元件。也可以从另一个方面来理解，将传感器比喻为人的头部，“大脑”负责处理数据，“眼睛”“鼻子”“耳朵”负责收集数据，“嘴”负责将数据传输出去，进而由人的“大脑”实现对其他人的支配或汇报。

2）传感器的种类

传感器种类的划分，主要根据功能差异性实现。机电一体化应用环境不同、需求操作的环节不同，均会对传感器的功能造成影响。不过，在管理需求下，必须对传感器分类，以免一些问题的发生。根据其工作环境，可大体分为两个宽泛层面：

（1）基于内部管理的传感器。传感器的工作内容中，部分包括对内部管理，如检测、收集信息等。同时，虽然任何类型传感器都会有数据处理能力，但是，针对内部数据处理和转化的算法，相比接收转化有一定差异。因此，内部数据处理传感器，也应列入到此类中。

（2）基于外部环境的传感器。顾名思义，主要工作是针对接收数据信息。可以将此类传感器理解为控制中枢的“执行者”，用于获取控制中枢指令，并转化为工作环节可控指令。而除了从工作环境上进行分类，也可通过接触形式分类，如触碰式、压觉、温觉、声觉等。

2. 机电一体化中传感器与检测技术的运用

机电一体化系统主要工作内容在于设置指令、传输指令和完成指令三个方面。其中，传感器便是负责传输指令的唯一环节。不过，机电一体化仍旧存在局限性，会因为特殊形式或环境出现，导致数据传输的问题。

1）有“感觉”的机器人

机电一体化发展过程中，出现了不同倾向。一些工业领域逐渐采取标准化作业，对于可控管理系统需求开始降低，转而将投入更多放在智能化、自动化生产领域。例如工业机械人生产技术，便是在机电一体化基础上所创造的新型生产技术。其主要特性在于规律性、高精度工作方式，可以更有效地提升工业生产效率。不过，该工作方式无疑对传感器提出更高要求。适合的传感器，必须准确地控制机器人各个部位，其中包括关节移动、力量控制等方面，只有传感器传达数据保证准确性、高效性，才能够让机器人实现理想工作状态。对此，必须采用接触式传感器，以确保不会出现数据丢失状况，如压觉传感器等。

2）传感器在自动化机床领域的应用

自动化机床也是机电一体化的衍生领域。其特性在于完全自动化地操作所有生产内容。然而，自动化控制则需要传感器将准确的工作指令按照规范逻辑和实效，传达给各个生产环节。若出现问题，便需要人工调节，才能够持续生产。举例来看，较为著名的CNC机床，便是借助传感器检测控制，减少人工生产控制需求，极大节约人力成本，同时也使生产效率有了显著提升；再如，切割工业领域，特别是采用金刚石切割机床，必须要借助传感器准确传达切割角度、压力等数值，进而确保切割成果达成预期。

3）传感器的扩大渗透

随着传感器的发展，其检测技术将不仅应用在机电一体化生产领域。从现状来看，很多工业产品已然达到了“对传感器产生需求”的水准，如近年来Apple、Google等企业研发的无人驾驶汽车，必须依靠精准传感器才能够实现。而在传统汽车领域，传感器对于驾驶便捷性及安全性，也会产生较大的促进作用。

3. 我国传感器技术发展的若干问题及发展方向

传感器技术是实现自动控制、自动调节的关键环节，也是机电一体化系统不可缺少的关键技术之一，其水平高低在很大程度上影响和决定着系统的功能：其水平越高，系统的自动化程度就越高。在一套完整的机电一体化系统中，如果不能利用传感检测技术对被控对象的各项参数进行及时准确地检测并转换成易于传送和处理的信号，我们所需要的用于系统控制的信息就无法获得，整个系统就无法正常有效地工作。

我国传感器的研究主要集中在专业研究所和大学，始于20世纪80年代，与国外先进技术相比，我们还有较大差距，主要表现在几个方面：其一，先进的计算、模拟和设计方法；其二，先进的微机械加工技术与设备；其三，先进的封装技术与设备；其四，可靠性技术研究等方面。因此，必须加强技术研究和引进先进设备，以提高整体水平。传感器技术今后的发展方向可有以下几个方面：

（1）加速开发新型敏感材料：通过微电子、光电子、生物化学、信息处理等各种学科，各种新技术的互相渗透和综合利用，可望研制出一批基于新型敏感材料的先进传感器。

（2）向高精度发展：研制出灵敏度高、精确度高、响应速度快、互换性好的新型传感器，以确保生产自动化的可靠性。

（3）向微型化发展：通过发展新的材料及加工技术实现传感器微型化将是近十年研究的热点。

（4）向微功耗及无源化发展：传感器一般都是非电量向电量的转化，工作时离不开电源，开发微功耗的传感器及无源传感器是必然的发展方向。

（5）向智能化、数字化发展：随着现代化的发展，传感器的功能已突破传统的功能，其输出不再是一个单一的模拟信号（如 0 ～ 10 mV），而是经过微电脑处理后的数字信号，有的甚至带有控制功能，即智能传感器。

三、机电一体化系统中传感器与检测技术的应用实例

1. 传感器技术在地铁机电一体化系统中的应用

作为地铁机电一体化系统中最为关键的结构，传感器技术在地铁机电一体化系统中扮演着重要的角色。传感器技术可以大大提高地铁机电一体化系统的运行质量，但是必须要确保传感器技术的可靠有效。

1）传感器与地铁机电一体化的介绍及联系

（1）传感器的概念

在工程作业中，能按照固定规律将一种量转换成同种或者不同种量值并且传输出去的工具，我们称它为传感器。传感器和人类的器官有相同点，并且在人类器官上有所延伸。在信息化的社会中，人们通常也利用传感器检测力、压力、速度、温度、流量、湿度、生物量及更多的非电量信息来促进生产力的发展。

（2）地铁机电一体化的简介

日本机械振兴协会经济研究所对机电一体化提出的解释在国际上被首次认可，也可以说是机电一体化的初步定义，“机电一体化是在机械的主功能、动力功能、信息功能和控制功能上引进微电子技术，并将机械装置与电子装置用相关软件有机融合而成的系统总称”。从它的定义上能看出，机电一体化技术涉及了很多方面，如机械制造技术、测试技术、人工智能技术、微电子技术等等。

地铁的特点是人员密集、流动性大，一旦出现事故外部施救处理非常困难，必须依靠自身系统的可靠运作才能确保安全。因此对地铁车站通风空调及防排烟系统（简称环控系统）的要求要高于一般的民用系统。环控系统必须满足两个方面的要求：一是日常运营给乘客和设备提供舒适及适宜的环境；二是事故及灾害情况下进行通风、排烟、排毒、排热，起到生命保障及辅助灭火的作用。环控系统应确保上述两个方面的整体安全，不宜片面强调某一方面；但环控系统不是灭火系统。地铁环控系统主要有新风、送风、回排风、固定排风、间歇排风等功能。而地铁屏蔽门是一项集建筑、机械、材料、电子和信息等学科于一体的高科技产品，使用于地铁站台。屏蔽门将站台和列车运行区域隔开，通过控制系统控制其自动开启。地铁屏蔽门分为封闭式、开式和半高式，其中开式和半高式通常被叫作“安全门”，只起到安全和美观的作用。封闭式的通常才被人们叫作“屏蔽门”，也是最常用的一种。除了保障列车、乘客进出站时的绝对安全之外，地铁站台安装屏蔽门还可以大幅度地减少司机瞭望次数，减轻了司机的思想负担，并且能有效地减少空气对流造成的站台冷热气的流失，降低列车运行产生的噪声对车站的影响，提供舒适的候车环境，具有节能、安全、环保、美观等功能。地铁屏蔽门系统，使空调设备的冷负荷减少 35% 以上，

环控机房的建筑面积减少 50%，空调电耗降低 30%，有明显的节能效果。

（3）传感器与地铁屏蔽门的联系

地铁在运行过程中，为了提高乘客安全性，一种可以隔绝轨道列车和站台乘客的装置——屏蔽门（或安全门），也应运而生。但轨道列车与安装的屏蔽门（或安全门）之间有 25 ~ 30 厘米的间距，地铁门与屏蔽门（或安全门）之间的这个空隙大到可以容纳一个人，会出现乘客或者其他物体被夹在这个空间里的危险情况，导致在地铁列车启动时就造成人身伤害或车辆损坏。为了避免这类惨剧的发生，可靠判断屏蔽门（或安全门）之间障碍物的传感器装置就显得非常重要了。

2）传感器在地铁机电一体化系统中的应用

（1）传感器在地铁环控系统中的应用

在地铁的环境控制系统里，使用室内温湿度传感器、管道温湿度传感器及 CO_2 浓度传感器。在车站的站厅和站台区等公共区以及重要的设备房内设置室内温湿度传感器，以监测车站实时的温度及湿度。这些参数可以帮助运营人员对车站各系统工况进行合理的调整，以保持车站公共区始终处于较为舒适的环境，确保设备房一直处于合适的温度之下。室内温湿度传感器一般装在车站站厅、站台及设备房的墙面上或顶上。

（2）传感器在地铁屏蔽门系统中的应用

采用 2 个 QS30EX 传感器在相距 217 米的对射距离内，可以检测位于光轴上，且直径大于 30 mm 的不透明物体。对屏蔽门（或安全门）与列车车体之间，乘客或大件物品有意、无意被夹在屏蔽门 / 安全门与列车车体之间造成危险发出信号给控制器。

如图 3-13 所示，在站台的两端分别加装发射装置和接受装置，一旦有人闯入屏蔽门和列车车体之间的空隙，就会遮挡红外光线，判断出有障碍物，并及时输出声光报警信号（可选配 Banner 公司的高亮度 LED 指示报警灯），同时通知列车司机或车站管理人员。

关于曲线站台，可根据弯曲半径计算出最长的直线段，选择多套 QS18 短距离红外光电（对射距离 20 m）拟合曲线工程解决方案。

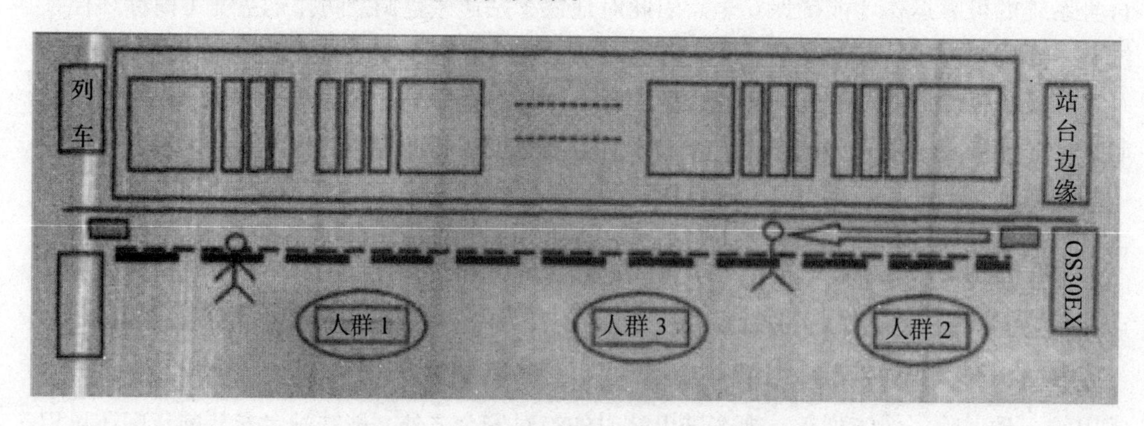

图 3-13　屏蔽门超远距离红外对射传感器

上海地铁某线延伸段工程案例（见图 3-14）。

图 3-14　上海地铁某线延伸段工程案例

传感器技术在地铁机电一体化系统中占据着重要的地位，因此，在地铁机电一体化的发展过程中，要更加重视传感器技术的应用，不断优化传感器的各项功能，以提高地铁机电一体系统的科学性。

2. 传感器在煤矿机电一体化中的运用与发展

传感器是一种能够感受并探测到外界信号、物理条件、化学组成，同时能将其所探测的信息传递给其他装置或系统的装置。煤矿生产具有规模大、难度大及危险性高的特点，将传感器有效应用于煤矿的机电一体化系统中，可以在一定程度上确保机电一体化系统工作的可靠性和有效性。因此对于煤炭开采企业，充分了解并掌握传感器在机电一体化中的应用和发展具有重要意义。

1）在煤矿机器人领域的应用

众所周知，煤矿作业具有较高的危险性，为此通过机器人探测、获取施工环境和信息成为目前煤矿高难度作业的主要途径。将传感器应用于机器人，就相当于将机器人变成了像人一样有触觉、有视觉、有听觉的真实的作业人员，传感器的应用将煤矿机电一体化产业向前推动了一大步，同时也为煤矿的安全作业提供了保障。

2）在煤矿电液控制系统中的应用

液压支架在煤矿生产中占有重要地位，是实现模拟人工操作的关键性设备。具有传感器等多种支架控制单元组成的电液控制系统，与传统的手动操作、人为操作相比具有作业效率高、安全性高和操作性便捷等优势。传感器在煤矿电液控制系统中的应用，实现了矿井下无人作业的局面，从而有效地保护了施工人员的人身安全。

3）在煤矿安全生产监控系统中的应用

（1）煤尘测量。煤矿生产过程中，煤尘是威胁生产安全的主要因素之一，而传感器在煤矿中的应用则为安全生产提供了有力保障。光纤传感器在煤尘测量中的工作原理，即光向后散射法，而后将获取信息传送给计算机，再由计算机操作人员及时管理和控制。

（2）瓦斯爆炸。瓦斯爆炸是煤矿安全生产的最大威胁，瓦斯主要成分为甲烷，为此加强对煤矿甲烷气体的监控、检测至关重要。光纤气体传感器的原理为，矿井瓦斯中不同气体的分子结构所对应的吸收光谱不同，并且同一种气体在不同浓度时，同一吸收峰所吸收的强度也有所不同，由此通过对气体特定波长光吸收程度的检测和信息反馈，就可以确定矿井中气体的成分和浓度状况。传感器在此处的应用，做到了对矿井中瓦斯所含气体类别和浓度的实时检测和监控，有效保证了矿井施工作业的安全性。

4）传感器在煤矿机电一体化系统中的发展

到目前为止，传感器在煤矿机电一体化系统中的应用已取得了一定程度的进步。然而随着煤矿中机电一体化系统的不断发展与完善，传感器在煤矿机电一体化系统中的应用也应该向着技术化、微型化、智能化及数字化方向发展。

首先可集中目前传感器所能感受到的对象，如生物学、光电子及微电子等；其次根据上述集中的信息感受对象，不断研究并开发出创新型的敏感材料，从而有利于研制出高科技、应用范围广的新型传感器；再次积极提高传感器的灵敏度和精度，以有效保证煤矿机电一体化系统的及时性、可靠性；最后提倡煤矿机电一体化系统数字化和智能化。传统煤矿中应用的传感器不过是一个单一的模拟信号，而伴随着社会的发展，传统传感器应挣脱传统束缚，将单一的模拟信号改变为已处理好的数字信号，以满足智能传感器的需求。

煤矿机电一体化系统中传感器的应用，为煤矿开采和作业施工提供了有力的保障。虽然我国传感器在煤矿机电一体化系统中的应用越来越普遍，但是随着社会需求的发展与变化，煤矿机电一体化系统中传感器应不断探索、不断总结，以研究、发现质量更好的传感器新型材料，从而为煤矿机电一体化系统提供更高的检测水平，以确保煤矿机电一体化系统在煤矿生产作业过程中的安全性和可靠性，并推动我国煤矿业的快速发展。

第五节　传感器接口技术

机电一体化系统可分为机械和微电子系统两大部分，各部分连接必须具备一定条件，这个联系条件通常称为接口。各分系统又由各要素（子系统）组成。

一、机电接口

由于机械系统与微电子系统在性质上有很大差别，两者间的联系必须通过机电接口进行调整、匹配、缓冲，因此机电接口起着非常重要的作用：首先，进行电平转换和功率放大。一般微机的I/O芯片都是TTL电平，而控制设备则不一定，因此必须进行电平转换；另外，在大负载时还需要进行功率放大。其次，抗干扰隔离。为防止干扰信号的串入，可以使用光电耦合器、脉冲变压器或继电器等把微机系统和控制设备在电器上加以隔离。最后，进行A/D或D/A转换。当被控对象的检测和控制信号为模拟量时，必须在微机系统和被控对象之间设置A/D和D/A转换电路，以保证微机所处理的数字量与被控的模拟量之间的匹配。

1. 模拟信号输入接口

在机电一体化系统中，反映被控对象运行状态信号是传感器或变送器的输出信号，通常这些输出信号是模拟电压或电流信号（如位置检测用的差动变压器，温度检测用的热偶电阻、温敏电阻，转速检测用的测速发电机等），计算机要对被控对象进行控制，必须获得反映系统运行的状态信号，而计算机只能接收数字信号，要达到获取信息的目的，就应将模拟电信号转换为数字信号的接口——模拟信号输入接口。

2. 模拟信号输出接口

在机电一体化系统中，控制生产过程执行器的信号通常是模拟电压或电流信号，如交流电动机变频调速、直流电动机调速器、滑差电动机调速器等。而计算机只能输出数字信号，并通过运算产生控制信号，达到控制生产过程的目的，应有将数字信号转换成模拟电信号的接口——模拟信号输出接口。任务是把计算机输出的数字信号转换为模拟电压或电流信号，以便驱动相应的执行器，达到控制对象的目的。模拟信号输出接口一般由控制接口、数字模拟信号转换器、多路模拟开关和功率放大器几部分构成。

3. 开关信号通道接口

机电一体化系统的控制系统中，需要经常处理一类最基本的输入 / 输出信号，即数字量（开关量）信号，包括开关的闭合与断开；指示灯的亮与灭；继电器或接触器的吸合与释放；电动机的启动与停止；阀门的打开与关闭等。这些信号的共同特征是以二进制的逻辑“1”和“0”出现的。在机电一体化控制系统中，对应二进制数码的每一位都可以代表生产过程中的一个状态，此状态作为控制依据。

1）输入通道接口

开关信号输入通道接口的任务是将来自控制过程的开关信号、逻辑电平信号及一些系统设置开关信号传送给计算机。这些信号实质是一种电平各异的数字信号，所以开关信号输入通道又称为数字输入通道（DI）。由于开关信号只有两种逻辑状态“ON”和“OFF”或数字信号“1”和“0”，但是其电平一般与计算机的数字电平不相同，与计算机连接的接口只需考虑逻辑电平的变换及过程噪声隔离等设计问题，它主要由输入缓冲器、电平隔离与转换电路和地址译码电路等组成。

2）输出通道接口

开关信号输出通道的作用是将计算机通过逻辑运算处理后的开关信号传递给开关执行器（如继电器或报警指示器）。它实质是逻辑数字的输出通道，又称数字输出通道（DO）。DO 通道接口设计主要考虑的是内部与外部公共地隔离和驱动开关执行器的功率。开关量输出通道接口主要由输出锁存器、驱动器和输出口地址译码电路等组成。

二、人机接口

人机接口是操作者与机电系统（主要是控制微机）之间进行信息交换的接口。按照信息的传递方向，可以分为输入与输出接口两大类。一方面，机电系统通过输出接口向操作者显示系统的各种状态、运行参数及结果等信息；另一方面，操作者通过输入接口向机电系统输入各种控制命令，干预系统的运行状态，以实现所要求的功能。

1. 输入接口

1）拨盘输入接口

拨盘是机电一体化系统中常见的一种输入设备，若系统需要输入少量的参数，如修正系数、控制目标等，采用拨盘较为方便，这种方式具有保持性。拨盘的种类很多，作为人机接口使用最方便的是十进制输入、BCD 码输出的 BCD 码拨盘。BCD 码拨盘可直接与控制微机的并行口或扩展口相连，以 BCD 码形式输入信息。

2）键盘输入接口

键盘是一组按键集合，向计算机提供被按键的代码。常用的键盘有以下几种：

（1）编码键盘，自动提供被按键的编码（如 ASCII 码或二进制码）；

（2）非编码键盘，仅仅简单地提供按键的通或断（“0”或“1”电位），而按键的扫描和识别，则由设计的键盘程序来实现。

前者使用方便，但结构复杂、成本高；后者电路简单，便于设计。

2. 输出接口

在机电一体化系统中，发光二极管显示器（LED）是典型的输出设备，由于 LED 显示器结构简单、体积小、可靠性高、寿命长、价格便宜，因此使用广泛。常用的 LED 显示器有 7 段发光二极管和点阵式 LED 显示器。7 段 LED 显示器原理很简单，是同名管脚上所加电平高低来控制发光二极管是否点亮而显示不同字形的。点阵式 LED 显示器一般用来显示复杂符号、字母及表格等，在大屏幕显示及智能化仪器中有广泛应用。

接口技术是研究机电一体化系统中的接口问题，使系统中信息和能量的传递和转换更加顺畅，使系统各部分有机地结合在一起，形成完整的系统。接口技术是在机电一体化技术的基础上发展起来的，随着机电一体化技术的发展而变得越来越重要；同时接口技术的研究也必然促进机电一体化的发展。从某种意义上讲，机电一体化系统的设计，就是根据功能要求选择了各部分后所进行的接口设计。接口的好与坏直接影响着机电一体化系统的控制性能，以及系统运行的稳定性和可靠性，因此接口技术是机电一体化系统的关键环节。

三、传感器接口故障快速排查

1. 传感器测量的基本过程

一个典型的非电量电测过程，一般包括传感器、变送器，综合录井仪的传感器包含变送器、接口电路、A/D 变换等几个主要部分，如图 3-15 所示：

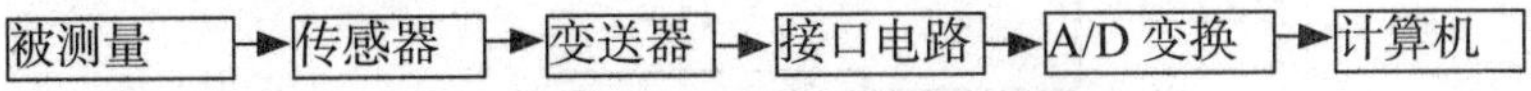

被测量 → 传感器 → 变送器 → 接口电路 → A/D 变换 → 计算机

图 3-15　传感器测量过程

传感器是一种能把物理量或化学量转变成便于利用的电信号的器件。传感器是测量系统中的一种前置部件，它将输入变量转换成可供测量的信号。传感器的分类方法比较多，在综合录井仪器上我们根据输出信号可将传感器分为模拟传感器和数字传感器。传送传感器采集信号的叫变送器，分两种情况，即变送器前传递和变送器后传递。综合录井仪的信号传送均采取变送器后传送。接口电路是为了实现电信号与计算机的连接而设置的。广义地讲，接口电路是指计算机与外部设备连接时所需的电路，如 A/D 板、I/O 板等均可看作是接口电路的一种。综合录井仪中接口电路专指为实现计算机处理而设计的前端信号调理电路，包括传感器接口电路和色谱通道电路等。在传感器的模拟信号和二进制代码之间需要做一个变换，这就是 A/D 变换器的作用。最后将二进制信息传入计算机，这就是综合录井仪传感器测量的一个基本过程。

2. 传感器信号传输方式

通常情况下，传感器的敏感元件所产生的电信号是很微弱的，称为小信号。小信号很容易受到来自外界的干扰，不适合做长距离的传送。为了保证测量的精度，必须将小信号变换成适合传送的大信号然后进行传输。变送器传输信号的方式有电流信号和电压信号的区分。如为电压信号，除传送信号的两根线外，还需两根电源线，称为四线制传送。如为电流信号，只用两根导线就够了，因此又称为二线制。由于电压信号易受导线电阻和干扰信号的影响，综合录井仪均采用变送器后的二线制传送，即电流信号传送，电流传输方式所接收的信息不会受传输线压降、接触电势和接触电阻以及电压噪声等因素的影响，采用电流信号的原因是不容易受干扰。并且电流源内阻无穷大，导线电阻串联在回路中不影响精度，在普通双绞线上可以传输数百米。在录井现场具有独特的优点。因此综合录井仪选用 4 ~ 20 mA 电流来传送传感器信号，上限取 20 mA 是因为防爆的要求：20 mA 以下的电流通断引起的火花能量不足以引燃瓦斯。下限没有取 0 mA 的原因是为了能检测断线：正常工作时不会低于 4 mA，当传输线因故障断路，环路电流降为 0，常取 2 mA 作为断线报警值。

电流型变送器将物理量转换成 4 ~ 20 mA 电流输出，必然要有外电源为其供电。最典型的是变送器需要两根电源线，加上两根电流输出线，总共要接四根线，称之为四线制变送器。当然，电流输出可以与电源公用一根线（公用 VCC 或者 GND），可节省一根线，称之为三线制变送器。

其实 4 ~ 20 mA 电流本身就可以为变送器供电。变送器在电路中相当于一个特殊的负载，特殊之处在于变送器的耗电电流在 4 ~ 20 mA 之间根据传感器输出而变化。这种变送器只需外接两根线，因而被称为两线制变送器。

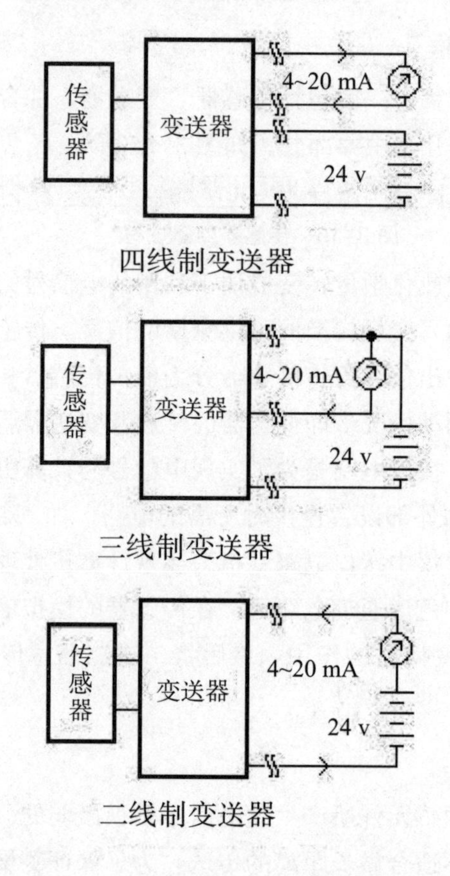

图 3-16　传感器传输方式

3. 电信号的传输过程

图 3-17 是计算机采集系统的原理框图。

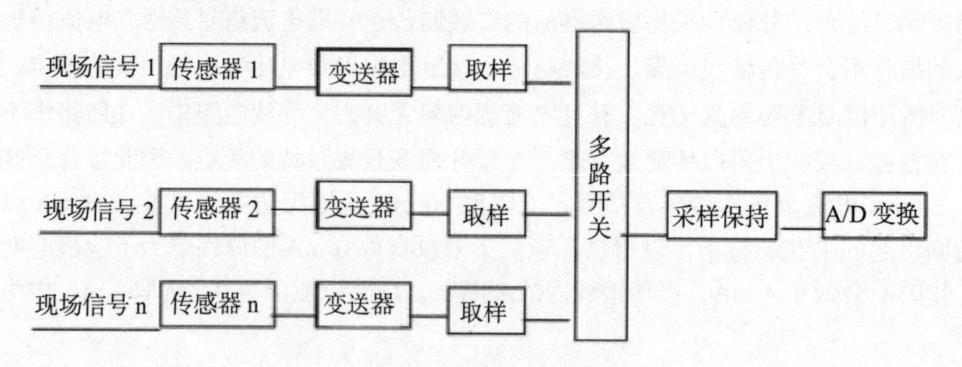

图 3-17　电信号传输过程

（1）传感器将现场的物理量测量出来，并转变为电信号。

（2）变送器将传感器信号放大并进行传输。

（3）将电流信号转换成电压信号。

（4）多路开关。现场要测量的信号很多，但相对于A /D变换来说其变化是缓慢的，没有必要每个信号都单独使用一个A / D变换器。一是造价昂贵，二是不易维护。因此用多路开关来选择被测量的信号。

（5）采样 / 保持电路。因为现场的信号总是变化的，而A / D变换的过程需要输入在一段时间内保持不变，所以需要采样 / 保持电路。

（6）A / D变换器用来将采样保持的电压转换为二进制代码。

在综合录井仪中，D、E、F三步是由通信板或节点或者插在计算机中的数据采集卡来完成的。

1）取样电压的生成

从整体结构上来看，两线制变送器由三大部分组成，即传感器、调理电路、两线制V/I变换器。传感器将温度、压力等物理量转化为电参量，调理电路将传感器输出的微弱或非线性的电信号进行放大、调理、转化为线性的电压输出。两线制V/I变换电路根据信号调理电路的输出控制总体耗电电流；同时从环路上获得电压并稳压，供调理电路和传感器使用。除了V/I变换电路之外，电路中的每个部分都有其自身的耗电电流，两线制变送器的核心设计思想是将所有的电流都包括在V/I变换的反馈环路内。如图3-18，采样电阻Rs串联在电路的低端，所有的电流都将通过Rs流回到电源负极。从Rs上取到的反馈信号，包含了所有电路的耗电。

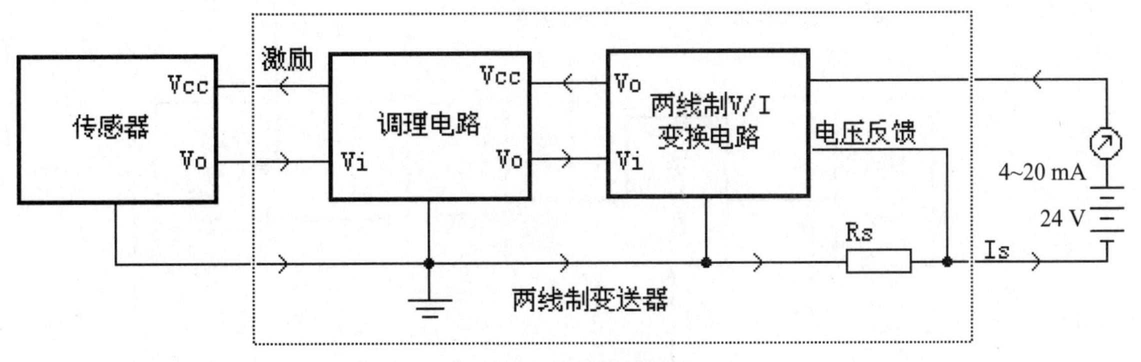

图3-18　变送器原理图

敏感元件的信号经变送器（前置电路）调理后转换为（4 ~ 20 mA）的电流信号。接口电路再将电流信号处理为0 ~ 5 V或0 ~ 10 V的电压信号供计算机采集和处理。综合录井仪的接口电路采用精密电阻作为电流信号的负载。在负载电阻两侧，4 ~ 20 mA的电流信号被取为ui=RL*Io，通过测量ui，可以直接判断传感器信号的正确性。因为综合录井仪有多个传感器，相应得到多个大小不同的变化电压，下面分析这些电压是如何转变为二进制信息的。由于4 ~ 20 mA变送器输出4 mA时，在取样电阻上的电压不等于0，直接经模拟数字转换电路转换后的数字量也不为0，单片机无法直接利用。因此一般的处理方法是通过硬件电路将4 mA在取样电阻上产生的电压降消除，再进行A/D转换。这类硬件电路首推RCV420，是一种精密的I/V转换电路。还有应用lm258自搭的I/V转换电路，这个电路由两线制电流变送器产生的4 ~ 20 mA电流与24 V以及取样电阻形成电流回路，从而在取样电阻上产生一个1 ~ 5 V压降，并将此电压值输入到放大器lm258的3脚。电阻分压电路用来在集成电路 lm258 的 2 脚产生一个固定的电压值，用于抵消在取样电阻上 4 mA 电流产生的压降。所以当两线制电流变送器为最小值 4 mA 时，lm258 的 3 脚与 2 脚电压差基本为 0 V。lm258 与其相连接的电阻构成可调整电压放大电路，将两线制电流变送器电流在取样电阻上的电压值进行放大并通过 lm258 的 1 脚输出至模拟 / 数字转换电路。

2）A/D 变换

传感器信号被调理成一定量程范围的电压或电流信号，A/D 变换器完成模拟量向数字量的转换。计算机可处理的信息是以二进制代码为基础的数字信息。为了实现计算机的采集和处理，需将电信号量转化为数值量，这个过程称为 A/D 变换，又称为采集。A/D 变换器的输入为电压信号，输出为二进制代码。

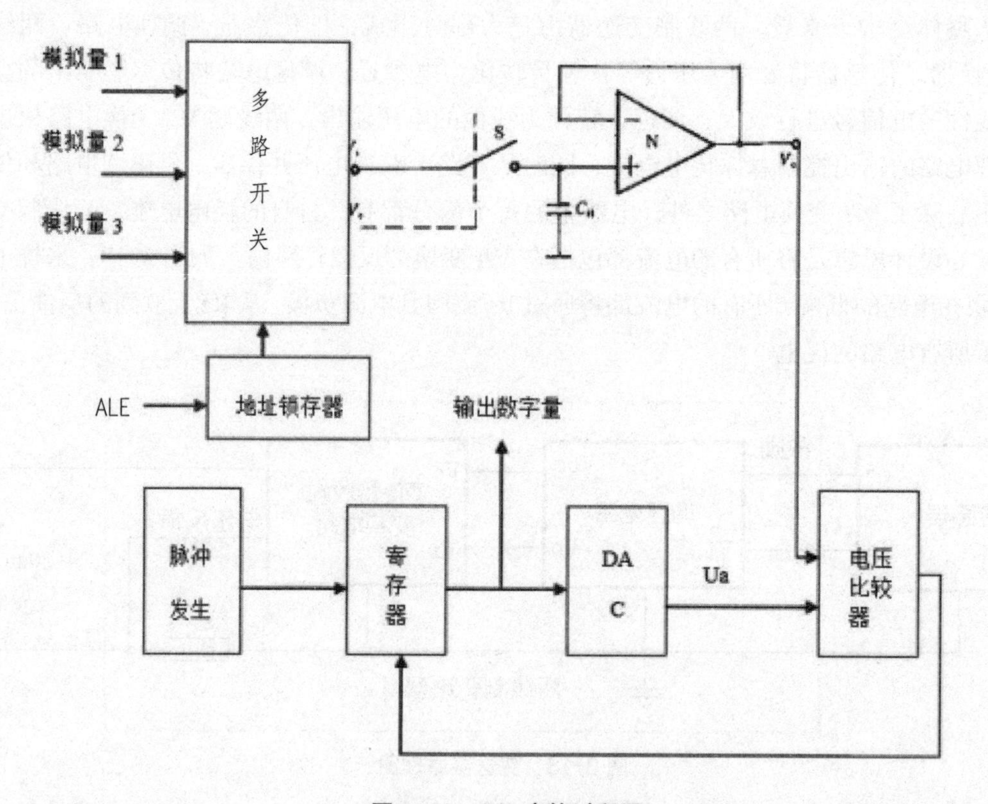

图 3-19 A/D 变换过程图

地址锁存器：ALE 地址锁存信号输入端，高电平有效，某一刻，CP 脉冲发生器开始工作，在该信号的上升沿将选择线的状态锁存，多路开关开始工作。

采样保持电路：在输入逻辑电平控制下处于“采样”或“保持”两种工作状态。“采样”状态下电路的输出跟踪输入模拟信号，在“保持”状态下电路的输出保持前次采样结束时刻的瞬时输入模拟信号，直至进入下一次采样状态为止。最基本的采样 / 保持器由模拟开关、存储元件（保持电容）和缓冲放大器组成。

当 Vc 为采样电平时，开关 S 导通，模拟信号 Vi 通过 S 向 CH 充电，输出电压 Vo 跟踪模拟信号的变化；当 Vc 为保持电平时，开关 S 断开，输出电压 Vo 保持在模拟开关断开瞬间的输入信号值。高输入阻抗的缓冲放大器的作用是把 CH 和负载隔离，否则保持阶段在 CH 上的电荷会通过负载放掉，无法实现保持功能。

A/D 变换电路：脉冲发生器输出的脉冲将寄存器的最高位置“1”，经数 / 模转换为相应的模拟电压 Ua 送入比较器与待转换的输入电压 Ui 进行比较，若 Ua > Ui，说明数字量过大，将高位“1”除去，而将次高位置“1”；若 Ua < Ui，说明数字量还不够大，将高位置“1”，还要将次高位置“1”，这样一直比较下去，寄存器的逻辑状态就是对应于输入电压的输出数字量。

4. 数字量传感器传输方式

数字量是离散的、变化不连续的信号，综合录井仪数字量传感器测量系统包括了三部分，测量原理是将传感器输入信号进行整形滤波、鉴相倍频，然后根据鉴相倍频信号进行计数并输出。

以绞车传感器为例说明数字量传感器的传输过程，由于绞车探头自身的原因以及施工现场环境等因素的影响，绞车传感器的输出信号并不是标准的方波信号，信号的边沿处为斜坡形式，在高低电平上还叠加有干扰信号，为了满足信号准确处理的要求，需要对绞车的输出信号进行滤波整形，通常采用光电隔离器件对信号进行滤波整形，然后对信号进行鉴相、倍频、计数。

绞车传感器接口电路的作用是对绞车传感器输出的信号做预处理以满足录井采集的需要。其原理框图如下：

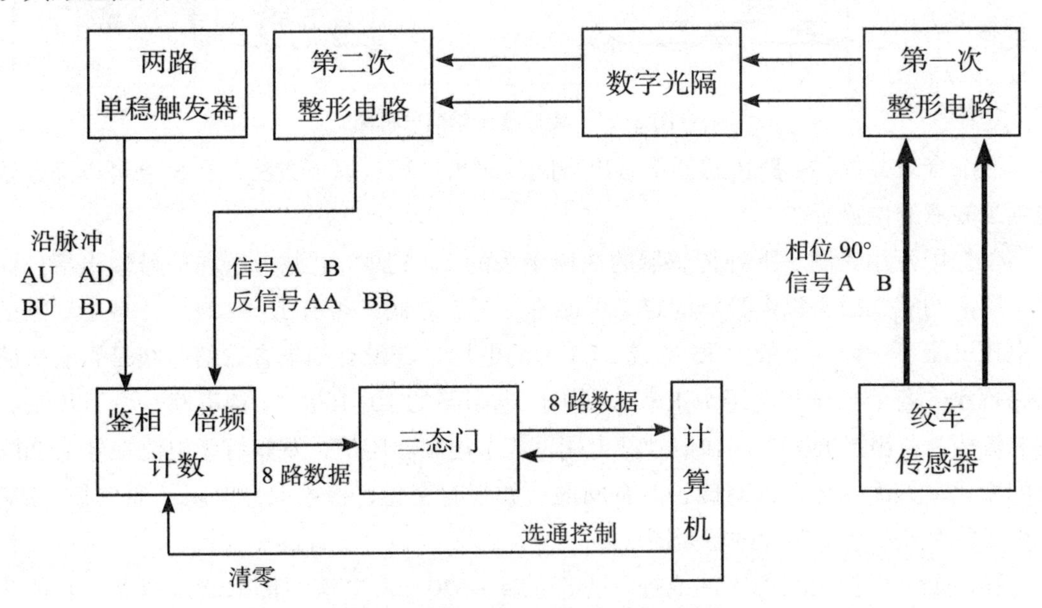

图 3-20 绞车信号检测电路结构框图

信号 A 和信号 B 是来自绞车传感器的相位差 90 的两路脉冲信号，先经过第一次施密特整形，抑制现场干扰和线路衰减引起的脉冲波形畸变，转换为标准的脉冲信号；然后经数字隔离器进行电气隔离，隔离电路一方面对后面的电路起保护作用，另一方面起电压变换的作用，将信号转换为 3.3 V 标准电压的脉冲信号；再经过第二次施密特整形电路进行整形，此次整形的主要目的是将两路脉冲信号的波形进行变换，产生 A、B、AA（A 的反相）和 BB（B 的反相）四路信号。经第二次整形后，A、B 两路信号经过单稳态触发器，在其上升沿和下降沿处分别进行触发，得到四个窄脉冲信号 AU、AD、BU、BD。

得到的 A、B、AA、BB、AU、AD、BU、BD 共 8 路信号输入 CPLD（Complex Programmable Logic Device，是一种用户根据各自需要而自行构造逻辑功能的数字集成电路）进行倍频、鉴相和计数等处理，并在计算机的控制下对数据进行输出或清零。

5. 传感器接口故障部位快速排查

综合录井仪的传感器分为模拟量传感器（悬重传感器、立套压传感器、扭矩传感器、硫化氢传感器、体积传感器、流量传感器、温度传感器、密度传感器、电导率传感器）和数字量传感器（绞车传感器、泵冲传感器、转盘转速传感器）。按传输方式分为两线制和三线制（硫化氢传感器和电扭矩）。

1）模拟量传感器

电流型传感器一般为二线制（1. 电源 +；2. 信号输出），输出信号范围为 4 ~ 20 mA；在录井仪器中的信号传输方式大致如图 3-21 所示：

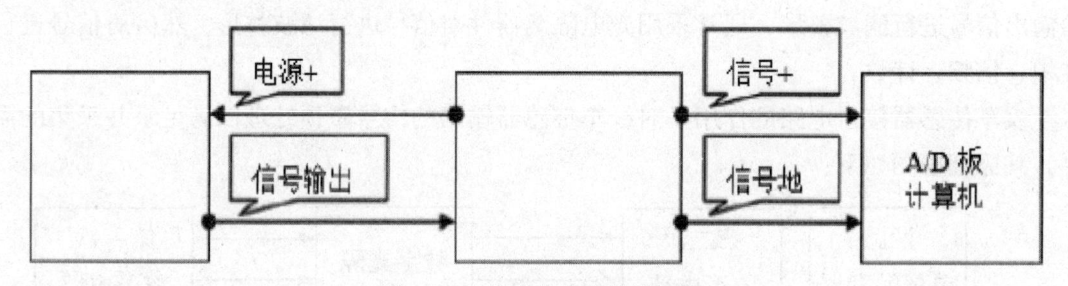

图 3-21　传感器传输信号框图

当综合录井仪某一路传感器信号出现问题时可以通过以下方法，在现场可以简单快速地判断故障的位置所在。

首先用万用表测一下到传感器的快速接头的 2、3 脚（电源 + 端和信号输出端，注意各个厂家的航空插头每个管脚的定义可能不一样）之间是否有 15 ~ 24 V（各个厂家的供电电压可能不一样，一般为 15 V 或 24 V）的电压。若没有则先查看信号线是否有短路或断路现象，若信号线和电压源正常，则可用电阻箱的 10~1000 Ω 档串联一个万用表，使用电流档，再串接电源 + 端和信号输出端，调节电阻箱阻值，观察有无电流在 4 ~ 20 mA 之间变化，如无变化，说明传感器有问题；如果有变化，检查取样电阻、通信板、I/V 转换板，并对连接线、芯片进行紧固。

我们也可以使用上海中油或神开生产的 4 ~ 20 mA 电流型传感器模拟器，它能非常精确的模拟 4 ~ 20 mA 的信号，现场使用非常的方便。

2）数字量传感器通道

对于数字量通道的故障部位排查可按以下方法：

（1）平常先准备好两个好的数字量传感器（一个绞车、一个泵冲，这两个传感器检验方法可以采用上海中油或神开生产的数字量传感器模拟器，旋转绞车，可观察模拟器上的两只红灯，应有同时亮、同时灭、一亮、一灭四种状态，泵冲有金属物体接近时，有明灭两种状态）。

（2）测量传感器供电电压是否正常，若不正常，检查线路、接口板、绞车电源板；若供电电压正常，把使用中的绞车传感器从绞车轴卸下，电缆线仍连接着。拆开航空插头，用万用表测量 3、4 脚，应有直流 5 V 电压，旋转传感器，分别测量 1、4 脚或 2、4 脚，应有 0 V 和 5 V 的变化；若无，则传感器有故障。

（3）更换已经准备好的传感器，检测是否正常，若大钩单向变化，更换绞车板。

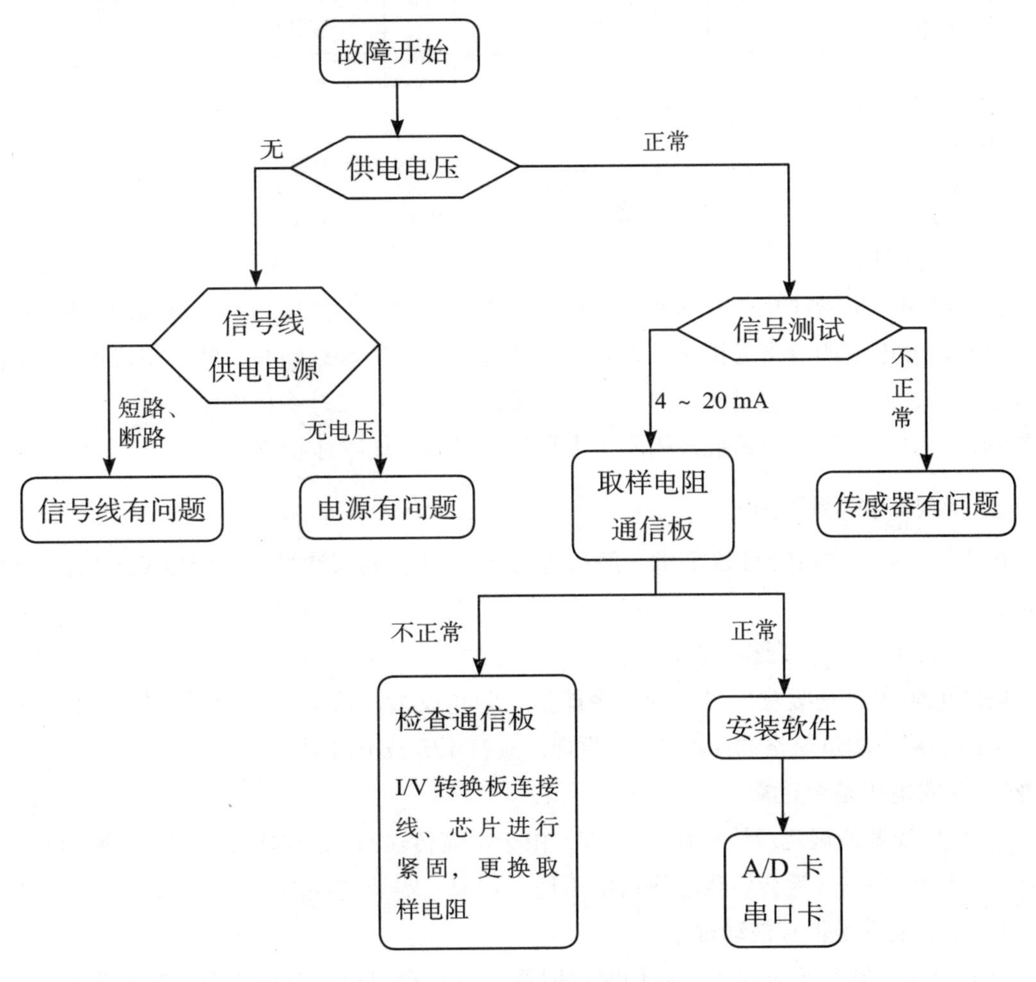

图 3-22　故障检测流程图

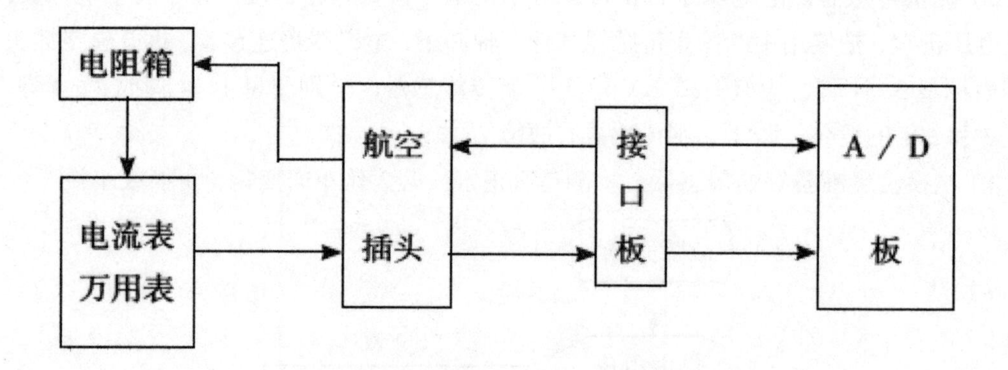

图 3-23　连接示意图

3）注意事项：

使用电驱钻机需注意，井深或脉冲单向增加或减少可能是信号干扰造成的。处理方法一是打开信号电缆两端密封接头，首先将接传感器一端屏蔽线断开，然后将仪器房一端屏蔽线也打开，并焊至密封接头 4 脚（接至电源地线上）；二是将传感器一端屏蔽线断开，在井场直接引一根地线与屏蔽线相连（不是与井架等金属物体相连）。

6.CAN 总线接口系统

由于 CAN 卡输出的是数字量，然后通过多串口卡进入计算机，所以 CAN 总线的故障排查相对简单。

1）是否正确配接了终端电阻

终端电阻主要是吸收信号线的多余能量，防止反射形成信号混淆，断开 CAN 总线与适配卡的连接，测量航空插座的 4、5 两脚，应有 125 Ω 的电阻。

2）总线电压是否正常

CAN 总线规范规定总线电压为 24 V，由于电流传输有压降损耗，如果 CAN 节点获得工作电压低于 19 V，就会导致总线通信不稳定现象，需要更换电源。

3）主干电缆是否有松动现象

某一个传感器有超时现象，通信时好时坏，应检查对应节点插头有无线头螺丝未上紧现象。

传感器故障，可将传感器安装在显示正常的节点上来判断传感器的好坏。

第四章　机电一体化系统驱动模块设计

机电一体化设备的进给伺服系统，大多是以运动部件的位置和速度作为控制量。对于数控机床来说，进给伺服系统的主要任务是，接受插补装置生成的进给脉冲指令，经过一定的信号变换及功率放大，驱动执行元件（伺服电动机，包括交、直流伺服电动机和步进电动机等），从而控制机床工作台或者切削刀具的运动。

第一节　步进电机

我国正在使用的步进电动机多为反应式步进电动机，可将步进电动机分为轴向和径向两种。它是一种能够把电脉冲转化为角位移的执行元件。当步进电动机每通电一次，它就使步进电机转子转过一个固定的角度（称为“步距角”），转子的旋转是以固定的角度一步步转动的。可以通过步进电动机的定子绕组的通电状态，使其转过一个固定的角度来实现对它的精确控制；也可以通过控制通电和断电的频率来控制电机转动的转速，这样我们就可以对它进行调速。步进电机可以作为一种控制用的特种电机，因为它有一个特殊的特点就是没有积累误差，所以它广泛使用在各种开环伺服系统中。

反应式步进电动机因为是三相的，所以能够输出较大的转矩，步进角一般为 1.5°，但也带来了不利的因素，造成它的噪声和振动都很难消除并且影响很大。反应式步进电机的转子磁路由软磁材料制成，定子上有多相励磁绕组，利用磁导的变化产生转矩。混合式步进电机是指混合了永磁式和反应式的优点。而这种电动机又有两种，分别是两相和五相：两相步距角一般为 1.8°，而五相步距角一般为 0.72°。混合式步进电机具有更多的功能和优点，所以其应用也非常之多，如何选用还要了解它的一些基本参数，这样不但能够完成需要的工作还节约了成本，避免造成不必要的浪费。

一、混合式步进电机的基本参数

1. 电动机固有步距角

它表示电动机每收到一个脉冲信号，转子转动的角度。电动机在出厂后铭牌上会写出步距角的值，如 86BYG250A 型电机给出的值为 0.9°/1.8°（表示半步工作时为 0.9°、整步工作时为 1.8°），这个步距角就是我们说的“电机固有步距角”，它并不是实际电动机的步距角，而实际步距角受驱动器的影响。

2. 步进电动机的相数

步进电动机的相数是指电机内部的线圈组数，目前常用的有二相、三相、四相、五相步进电机。电机相数不同，其步距角也不同，一般二相电机的步距角为 0.9° /1.8° 、三相的为 0.75° /1.5° 、五相的为 0.36° /0.72° 。在没有细分驱动器时，用户主要靠选择不同相数的步进电机来满足自己步距角的要求。如果使用细分驱动器，则“相数”将变得没有意义，用户只需在驱动器上改变细分数，就可以改变步距角。

3. 保持转矩

保持转矩是指步进电机通电但没有转动时，定子锁住转子的力矩。它是步进电机最重要的参数之一，通常步进电机在低速时的力矩接近保持转矩。由于步进电机的输出力矩随速度的增大而不断衰减，输出功率也随速度的增大而变化，所以保持转矩就成了衡量步进电机最重要的参数之一。比如，当人们说 2N.M 的步进电机，在没有特殊说明的情况下是指保持转矩为 2N.M 的步进电机。

二、步进电机的特点

（1）一般步进电机的精度为步进角的 3% ~ 5%，且不累积，步距角越小对数控机床的控制精度就越高。

（2）步进电机外表允许的最高温度。步进电机温度过高首先会使电机的磁性材料退磁，从而导致力矩下降乃至于失步，因此电机外表允许的最高温度应取决于不同电机磁性材料的退磁点；一般来讲，磁性材料的退磁点都在 130℃以上，有的甚至高达 200℃以上，所以步进电机外表温度在 80 ~ 90℃完全正常。

（3）步进电机的力矩会随转速的升高而下降。当步进电机转动时，电机各相绕组的电感将形成一个反向电动势；频率越高，反向电动势越大。在它的作用下，电机随频率（或速度）的增大而相电流减小，从而导致力矩下降。

（4）步进电机低速时可以正常运转，但若高于一定速度就无法启动，并伴有啸叫声。步进电机有一个技术参数：空载启动频率，即步进电机在空载情况下能够正常启动的脉冲频率，如果脉冲频率高于该值，电机不能正常启动，可能发生丢步或堵转。在有负载的情况下，启动频率应更低。如果要使电机达到高速转动，脉冲频率应该有加速过程，即启动频率较低，然后按一定加速度升到所希望的高频（电机转速从低速升到高速）。

三、进给伺服系统的分类

进给伺服系统一般包括控制模块、速度控制模块、伺服电动机、被控对象、速度检测装置，以及位置检测装置等。

1. 根据进给伺服系统实现自动调节方式的不同分类

1）开环伺服系统

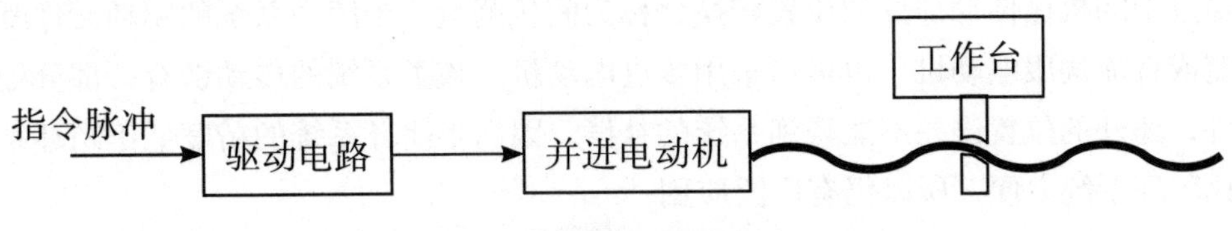

图 4-1　开环伺服系统结构图

如图 4-1 所示，这类系统的驱动元件主要是步进电动机或电液脉冲马达。系统工作时，驱动元件将数字脉冲转换成角度位移，转过的角度正比于指令脉冲的个数，转动的速度取决于指令脉冲的频率。系统中无位置反馈，也没有位置检测元件。开环伺服系统的结构简单，控制容易，稳定性好，但精度较低，低速有振动，高速转矩小。一般用于轻载或负载变化不大的场合，比如经济型数控机床上。

2）闭环伺服系统

如图 4-2 所示，这类系统是误差控制伺服系统，驱动元件为交流或直流伺服电动机，电动机带有速度反馈装置，被控对象装有位移测量元件。由于闭环伺服系统是反馈控制，测量元件精度很高，所以系统传动链的误差、环内各元件的误差，以及运动中造成的随机误差都可以得到补偿，大大提高了跟随精度和定位精度。

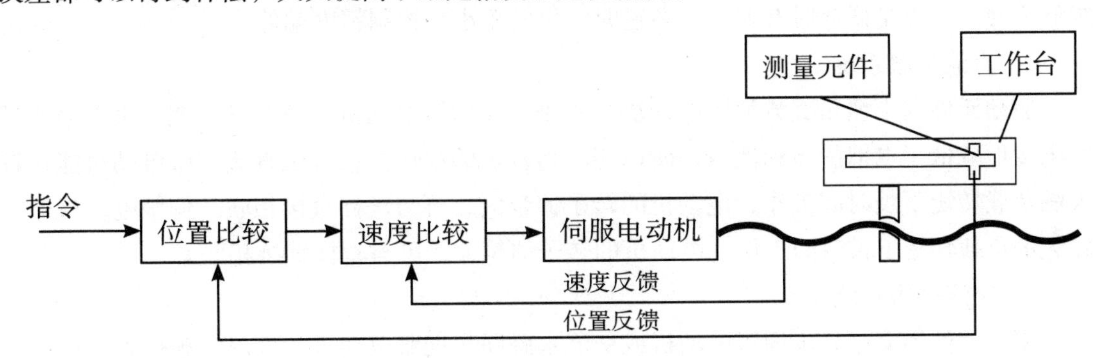

图 4-2　闭环伺服系统结构图

3）半闭环伺服系统

如图 4-3 所示，这类系统的位置检测元件不是直接安装在进给系统的最终运动部件上，而是经过中间机械传动部件的位置转换，称为间接测量。半闭环系统的驱动元件既可以采用交流或直流伺服电动机，也可以采用步进电动机。该类系统的传动链有一部分处在位置环以外，环外的位置误差不能得到系统的补偿，因而半闭环系统的精度低于闭环系统，但调试比闭环系统方便，所以仍有广泛应用。

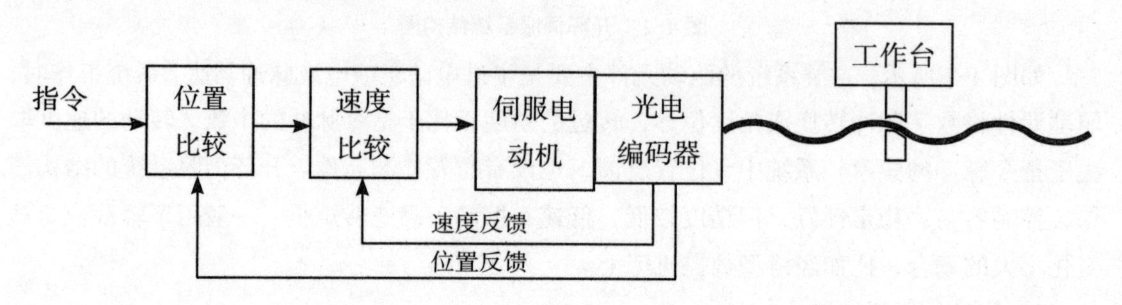

图 4-3 半闭环伺服系统结构图

2. 按使用的驱动元件分类

1）步进伺服系统

驱动元件为步进电动机。常用于开环 / 闭环位置伺服系统，控制简单，性能 / 价格比高，维修方便。缺点是低速时有振动，高速时输出转矩小，控制精度偏低。

2）直流伺服系统

驱动元件为小惯量直流伺服电动机或永磁直流伺服电动机。小惯量直流伺服电动机最大限度地减低了电枢的转动惯量，所以能获得较好的快速性；永磁直流伺服电动机能在较大的负载转矩下长时间工作，电动机的转子惯量大，可与丝杠直接相联。伺服电动机能在较大的负载转矩下长时间工作，电动机的转子惯量大，可与丝杠直接相联。

3）交流伺服系统

驱动元件为交流异步伺服电动机或交流永磁同步伺服电动机，可以实现位置、速度、转矩和加速度等的控制。

3. 按进给驱动和主轴驱动分类

1）进给伺服系统

进给伺服系统是指一般概念的伺服系统，它包括速度控制环和位置控制环。进给伺服系统完成各坐标轴的进给运动，具有定位和轮廓跟踪功能，是机电一体化设备中要求较高的伺服控制系统。

2）主轴伺服系统

严格来说，一般的主轴控制只是一个速度控制系统，主要实现主轴的旋转运动，提供切削过程中所需要的转矩和功率，并且保证任意转速的调节，完成在转速范围内的无级变速。在数控机床中，具有 C 轴控制的主轴与进给伺服系统一样，为一般概念的位置伺服控制系统。

四、对进给伺服系统的基本要求

机电一体化设备对其进给伺服系统主要有以下基本要求：

1. 工作精度

为了保证加工出高精度的零件，伺服系统必须具有足够高的精度，包括定位精度和零件综合加工精度。定位精度是指工作台由某点移至另一点时，指令值与实际移动距离的最大误码率差值。综合加工精度是指最后加工出来的工件尺寸与所要求尺寸之间的误差值。在数控机床上，数控装置的精度可以做得很高（比如选取很小的脉冲当量），完全可以满足机床的精度要求。此时，机床本身的精度，尤其是伺服传动链和伺服执行机构的精度就成了影响机床工作精度的主要因素。现代数控车床的位移精度一般为 0.001 ~ 0.01 mm，在速度控制中，则要求有高的调速精度、强的抗负载扰动的能力。

2. 调速性能

调速范围是指最高进给速度和最低进给速度之比。伺服系统在承担全部工作负载的条件下，应具有宽的调速范围，以适应各种工况的需要。目前数控机床的进给速度范围是：脉冲当量为 1 μm 时，进给速度在 0 ~ 240 m/min 时连续可调。以一般数控机床为例，要求进给控制系统在 0 ~ 24 m/min 的进给速度下都能正常工作。在 1 ~ 24000 mm/min 时，即 1 ：24000 的调速范围内，要求速度均匀、稳定、无爬行、速度降低。在 1 mm/min 以下时具有一定的瞬时速度。在零速时，即工作台停止运动时，要求电动机有电磁转矩，以维持定位精度，使定位误差不超过系统定位误差的允许范围，也就是说伺服处于锁住状态。

3. 负载能力

在足够宽的调速范围内，承担全部工作负载，这是对伺服系统的又一个要求。对于数控机床来说，工作负载主要有三个方面：加工条件下工作进给必须克服的切削负载；执行件运动时需要克服的摩擦负载；加速过程中需要克服的惯性负载。需要注意的是，这些负载在整个调速范围内和工作过程中并不是恒定不变的，伺服系统必须适应外加负载的变化。

4. 响应速度

一方面，在伺服系统被频繁的起动、制动、加速、减速等过程中，为了提高生产效率、保证产品加工质量，要求加、减速时间尽量短（一般电动机由零速升到最高速，或从最高速降到零速，时间应控制在几百毫秒以内，甚至少于几十毫秒）；另一方面，当负载突变时，过渡过程恢复时间也要短而且无振荡，这样才能获得光滑的加工表面。

5. 稳定性

稳定性是伺服系统能否正常工作的前提，特别是在低速进给情况下不产生爬行，并能适应外加负载的变化而不发生共振。稳定性与系统的惯性、刚性、阴尼，以及增益等都有关系。适当选择各项参数达到最佳的工作性能，是伺服系统设计的目标。

第二节　直流伺服电机

一、伺服电机的工作原理

伺服电机因其启动转矩大、运行范围广、无自转现象、快速响应等特性被广泛用于数字控制机床中，外观如图 4-4、4-5 所示。

图 4-4　伺服电机外观

图 4-5　伺服电机外观

伺服电机（servomotor）是指在伺服系统中控制机械元件运转的发动机，是使物体的位置、方位、状态等输出被控量能够跟随输入目标（或给定值）的任意变化的自动控制系统。伺服主要靠脉冲来定位，基本上可以这样理解，伺服电机接收到 1 个脉冲，就会旋转 1 个脉冲对应的角度，从而实现位移。因为，伺服电机本身具备发出脉冲的功能，所以伺服电机每旋转一个角度，都会发出对应数量的脉冲，这样，和伺服电机接受的脉冲形成了呼应，或者叫闭环。如此一来，系统就会知道发了多少脉冲给伺服电机，同时又收了多少脉冲回来，这样，就能够很精确地控制电机的转动，从而实现精确的定位，可以达到 0.001 mm。直流伺服电机分为有刷电机和无刷电机。有刷电机成本低，结构简单，启动转矩大，调速范围宽，控制容易，需要维护；但维护不方便（换碳刷），产生电磁干扰，对环境有要求。因此它可以用于对成本敏感的普通工业和民用场合。伺服电机可使控制速度、位置精度非常准确。

伺服电机转子转速受输入信号控制，并能快速反应。在自动控制系统中，用作执行元件，且具有机电时间常数小、线性度高、始动电压等特性，可把所收到的电信号转换成电动机轴上的角位移或角速度输出。控制电路图如图 4-6 所示。

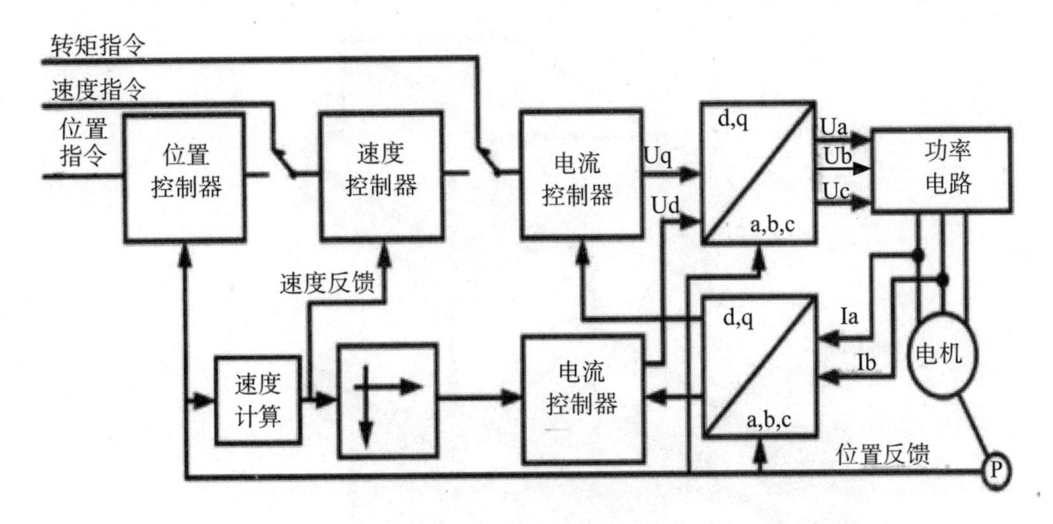

图 4-6 伺服系统电路图

伺服电机内部的转子是永磁铁，驱动器控制的 U/V/W 三相电形成电磁场，转子在此磁场的作用下转动，同时电机自带的编码器反馈信号给驱动器，驱动器根据反馈值与目标值进行比较，调整转子转动的角度。伺服电机的精度决定于编码器的精度（线数）。

伺服电机分为直流伺服电机和交流伺服电机两大类，其主要特点是，当信号电压为零时无自转现象，转速随着转矩的增加而匀速下降。下面将对直流伺服电机着重介绍。

直流伺服电机，指使用直流电源的伺服电动机，实质上就是一台他励式直流电动机。它包括定子、转子铁芯、电机转轴、伺服电机绕组换向器、伺服电机绕组、测速电机绕组、测速电机换向器，所述的转子铁芯由矽钢冲片叠压固定在电机转轴上构成。直流电机分为传统型和低惯量型两大类。

直流伺服电机是梯形波，而交流伺服要好一些，因为是正弦波控制，转矩脉动小。但直流伺服比较简单、便宜。此外，直流电机一般用在功率稍大的场合，其输出功率一般为 1 ~ 600 W，但有时也可以用在数千瓦的系统。

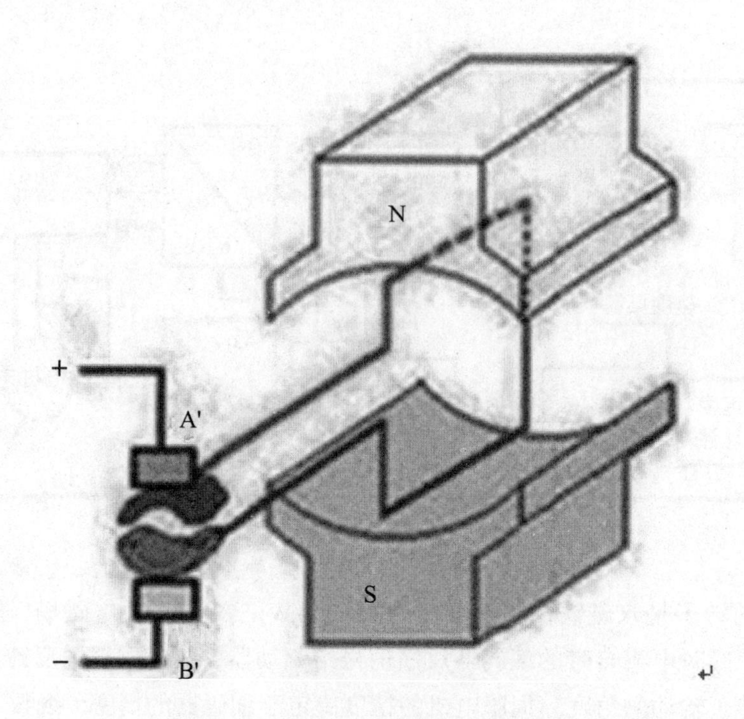

图 4-7 直流电机工作原理

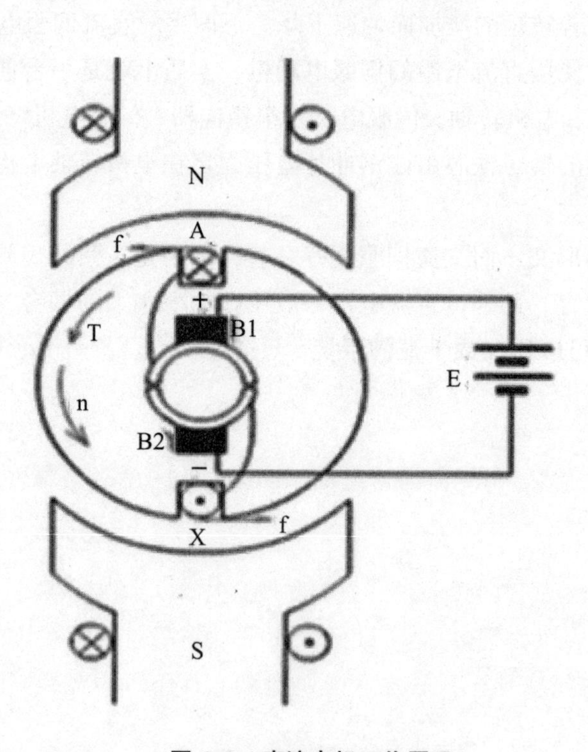

图 4-8 直流电机工作原理

二、伺服电机的主要特性

直流伺服电机调速性能好。所谓“调速性能”，是指电动机在一定负载的条件下，根据需要，人为地改变电动机的转速。直流电动机可以在重负载条件下，实现均匀、平滑的无级调速，而且调速范围较宽，起动力矩大，可以均匀而经济地实现转速调节。因此，凡是在重负载下起动或要求均匀调节转速的机械，如大型可逆轧钢机、卷扬机、电力机车、电车等，都用直流电动机拖动。

1. 直流伺服电机的控制方式

他励式直流电动机，当励磁电压 U 恒定，且负载转矩一定时，升高电枢电压 U_a，电机的转速随之增高；反之，电机的转速就降低；若电枢电压为 0，则电机停转。当电枢电压的极性改变后，电机的旋转方向随之改变。因此，把电枢电压作为控制信号就可以实现对电动机的转速控制，这种控制方式称为电枢控制。

2. 运行特性

直流伺服电机电枢控制工作原理如图 4-9 所示：

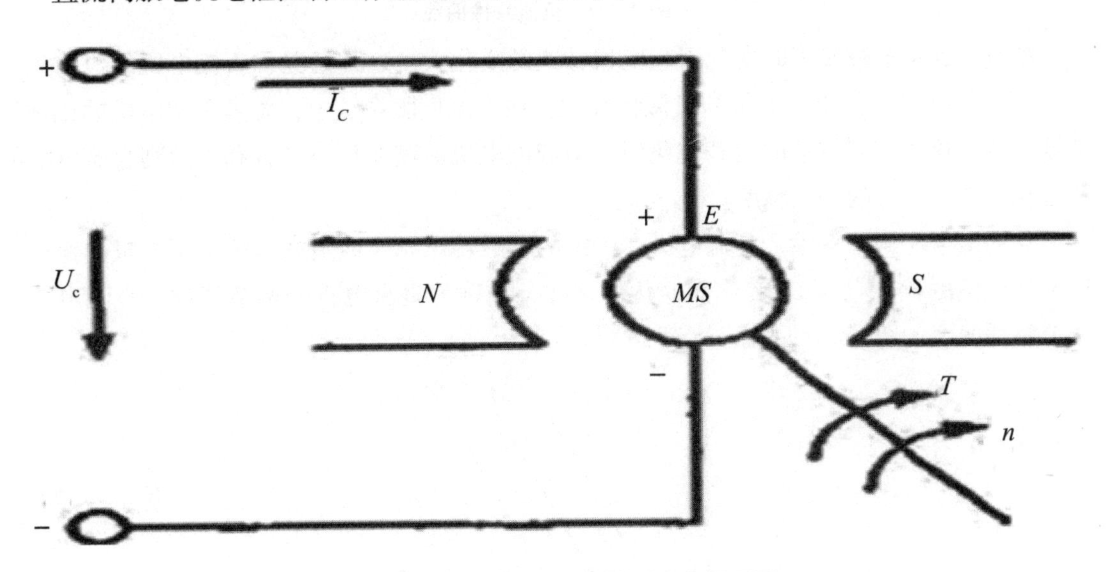

图 4-9 直流伺服电机电枢控制工作原理图

为了分析简便，先做如下假设：电机的磁路为不饱和，其电刷又位于集合中性线。这样，直流电动机点数回路的电压平衡方程式应为：

$$U_a=E_a+I_aR_a$$

其中 R_a 为电枢回路的总电阻。

当磁通量 φ 恒定时，则有：

$$E_a=C_t\varphi_n=K_en$$

电动机的电磁转矩为：

$$T_{em}=C_t\varphi I_a=K_tI_a$$

联立以上三式得：

$$n = \frac{U_a}{K_e} - \frac{R_a}{K_t K_e} T_{em}$$

由上述转速公式可以得到直流伺服电机的机械特性和调节特性。

机械特性，在输入的电枢电压 U_a 保持不变时，电机的转速 n 随电磁转矩 M 变化而变化的规律，称直流电机的机械特性。直流电机的机械特性曲线如图 4-10 所示：

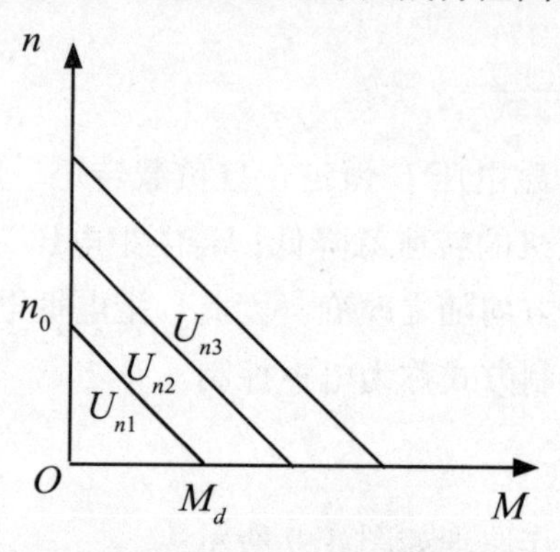

图 4-10 机械特性曲线

K 值大表示电磁转矩的变化引起电机转速的变化大，这种情况称直流电机的机械特性软；反之，斜率 K 值小，电机的机械特性硬。在直流伺服系统中，总是希望电机的机械特性硬一些，这样，当带动的负载变化时，引起的电机转速变化小，有利于提高直流电机的速度稳定性和工件的加工精度。

功耗增大。调节特性，直流电机在一定的电磁转矩 M（或负载转矩）下电机的稳态转速 n 随电枢的控制电压 U_a 变化而变化的规律，被称为直流电机的调节特性。直流电机的调节特性曲线如图 4-11 所示：

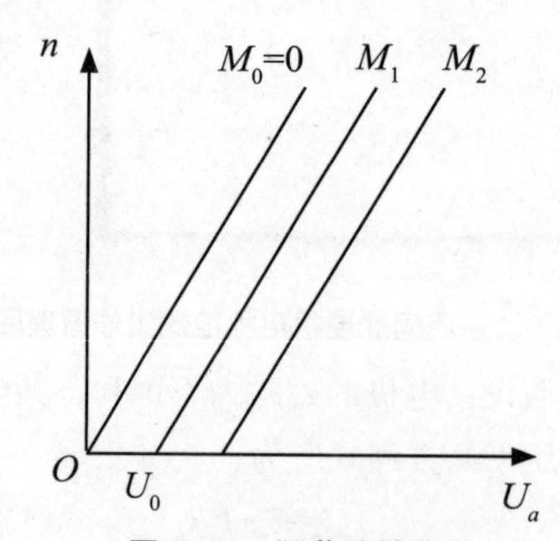

图 4-11 调节特性曲线

斜率 K 反映了电机转速 n 随控制电压 U_a 的变化而变化快慢的关系，其值大小与负载大小无关，仅取决于电机本身的结构和技术参数。

动态特性，从原来的稳定状态到新的稳定状态，存在一个过渡过程，这就是直流电机的动态特性。决定时间常数的主要因素有：惯性 J 的影响、电枢回路电阻 R_a 的影响、机械特性硬度的影响。

三、直流伺服电机的应用

如图 4-12 所示，在本应用系统中，多个灌装头线与瓶因为它们沿着不断线。每个灌装头必须匹配一个瓶子，瓶子轨道，而它正朝着。产品是作为配移动的喷嘴与瓶。在本应用 10 个喷嘴安装在一辆马车是驱动滚珠丝杠机制。滚珠丝杠机制也称为丝杠。当电动机转动轴滚珠丝杠，马车将沿着横向的长度滚珠丝杠轴。这一运动将是顺利的，使每一个喷嘴可避免 pense 产品的瓶子没有油污。

伺服驱动系统采用了定位驱动器控制器的软件，使位置和速度被跟踪的输送线移动瓶。主编码器跟踪瓶因为它们沿着输送线。一种螺旋式进料系统也使用之前的地步瓶进入加油站。螺旋导致具体数额的空间之间的规定，每瓶在进入加油站。该瓶可装紧它们的做法螺旋，但它们通过螺旋其空间是完全相同，使脖子的瓶子将符合生育间隔的灌装喷嘴。探测器还结合配药制度，以确保没有任何产品是免除从喷管一瓶，如果丢失或出现大空格之间瓶。

伺服驱动系统比较的立场瓶从主编码器的反馈信号，表明的立场，填补运输安装的滚珠丝杆。伺服驱动器放大器将增加或减少的速度滚珠丝杠机制，使喷嘴将匹配的速度瓶到底。

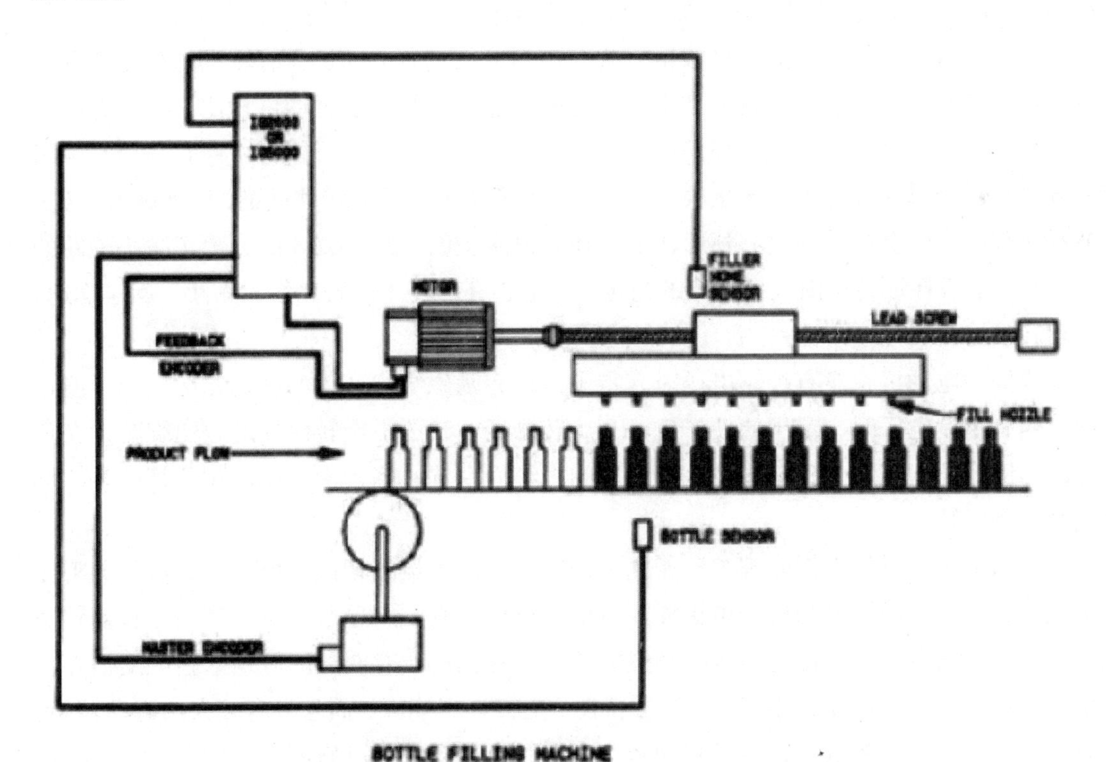

图 4-12 伺服控制线瓶灌装的应用

随着数控技术的迅速发展，伺服系统的作用与要求越显突出，伺服电动机的应用也越来越广泛。因为工业发展迅速，直流伺服电机已经不能满足我们的需求，针对直流电动机的缺陷，如果将其里外做相应的调整处理，即把电驱绕组装在定子、转子为永磁部分，由转子轴上的编码器测出磁极位置，就构成了永磁无刷电动机。同时随着矢量控制方法的实用化，使交流伺服系统具有良好的伺服特性，其宽调速范围、高稳速精度、快速动态响应及四象限运行等良好的技术性能，使其动、静态特性已完全可与直流伺服系统相媲美。同时可实现弱磁高速控制，拓宽了系统的调速范围，适应了高性能伺服驱动的要求。交流伺服系统由于控制原理的先进性，成本低、免维护，并且控制特性正在全面超越直流伺服系统，其势必在绝大多数应用领域代替传统的直流伺服电机。

第三节　交流伺服电机

一、交流伺服电机的控制原理

交流伺服电动机定子的构造基本上与电容分相式单相异步电动机相似，其定子上装有两个位置互差 90° 的绕组，一个是励磁绕组 Rf，它始终接在交流电压 Uf 上；另一个是控制绕组 L，连接控制信号电压 Uc。所以交流伺服电动机又称两个伺服电动机。

交流伺服电动机的转子通常做成鼠笼式，但为了使伺服电动机具有较宽的调速范围、线性的机械特性，无“自转”现象和快速响应的性能。它与普通电动机相比，应具有转子电阻大和转动惯量小两个特点。目前应用较多的转子结构有两种形式：一种是采用高电阻率的导电材料做成的高电阻率导条的鼠笼转子，为了减小转子的转动惯量，转子做得细长；另一种是采用铝合金制成的空心杯形转子，杯壁很薄，仅 0.2 ~ 0.3 mm，为了减小磁路的磁阻，要在空心杯形转子内放置固定的内定子。空心杯形转子的转动惯量很小，反应迅速，而且运转平稳，因此被广泛采用。

交流伺服电动机在没有控制电压时，定子内只有励磁绕组产生的脉动磁场，转子静止不动。当有控制电压时，定子内便产生一个旋转磁场，转子沿旋转磁场的方向旋转，在负载恒定的情况下，电动机的转速随控制电压的大小而变化，当控制电压的相位相反时，伺服电动机将反转。

交流伺服电动机的工作原理与分相式单相异步电动机虽然相似，但前者的转子电阻比后者大得多，所以伺服电动机与单机异步电动机相比，有三个显著特点：第一，起动转矩大。由于转子电阻大，与普通异步电动机的转矩特性相比，有明显的区别。它可使临界转差率 S0 > 1，这样不仅使转矩特性（机械特性）更接近于线性，而且具有较大的起动转矩。因此，当定子一有控制电压，转子立即转动，即具有起动快、灵敏度高的特点。第二，运行范围较广。第三，无自转现象。

正常运转的伺服电动机，只要失去控制电压，电机立即停止运转。当伺服电动机失去控制电压后，它处于单相运行状态，由于转子电阻大，定子中两个相反方向旋转的旋转磁场与转子作用所产生的两个转矩特性（T1 — S1、T2 — S2 曲线）以及合成转矩特性（T — S 曲线）。

交流伺服电动机的输出功率一般是 0.1 ~ 100 W。当电源频率为 50 Hz，电压有 36 V、110 V、220 V、380 V；当电源频率为 400 Hz，电压有 20 V、26 V、36 V、115 V 等多种。

交流伺服电动机运行平稳、噪声小。但控制特性是非线性，并且由于转子电阻大、损耗大、效率低，因此与同容量直流伺服电动机相比，体积大、重量重，所以只适用于 0.5 ~ 100W 的小功率控制系统。

与普通电机一样，交流伺服电机也由定子和转子构成。定子上有两个绕组，即励磁绕组和控制绕组，两个绕组在空间相差 90° 电角度。伺服电机内部的转子是永磁铁，驱动 gS 控制的 U / V / W 三相电形成电磁场转子在此磁场的作用下转动，同时电机自带的编码器反馈信号给驱动器，驱动器根据反馈值与目标值进行比较调整转子转动的角度。伺服电机的精度决定于编码器的精度。交流伺服电机的工作原理和单相感应电动机无本质上的差异。但是，交流伺服电机必须具备一个性能，就是能克服交流伺服电机的所谓“自转”现象，即无控制信号时，它不应转动，特别是当它已在转动时，如果控制信号消失，它应能立即停止转动。而普通的感应电动机转动起来以后，如控制信号消失，往往仍在继续转动。

当电机原来处于静止状态时，如控制绕组不加控制电压，此时只有励磁绕组通电产生脉动磁场。可以把脉动磁场看成两个圆形旋转磁场。这两个圆形旋转磁场以同样的大小和转速，向相反方向旋转，所建立的正、反转旋转磁场分别切割笼型绕组（或杯形壁）并感应出大小相同、相位相反的电动势和电流（或涡流），这些电流分别与各自的磁场作用产生的力矩也大小相等、方向相反，合成力矩为零，伺服电机转子转不起来。一旦控制系统有偏差信号，控制绕组就要接受与之相对应的控制电压。在一般情况下，电机内部产生的磁场是椭圆形旋转磁场。一个椭圆形旋转磁场可以看成是由两个圆形旋转磁场合起来的。这两个圆形旋转磁场幅值不等（与原椭圆旋转磁场转向相同的正转磁场大，与原转向相反的反转磁场小），但以相同的速度，向相反的方向旋转。它们切割转子绕组感应的电势和电流以及产生的电磁力矩也方向相反、大小不等（正转者大，反转者小），合成力矩不为零，所以伺服电机就朝着正转磁场的方向转动起来。随着信号的增强，磁场接近圆形，此时正转磁场及其力矩增大，反转磁场及其力矩减小，合成力矩变大，如负载力矩不变，转子的速度就增加。如果改变控制电压的相位，即移相 180° ，旋转磁场的转向相反，因而产生的合成力矩方向也相反，伺服电机将反转。若控制信号消失，只有励磁绕组通入电流，伺服电机产生的磁场将是脉动磁场，转子很快地停下来。

为使交流伺服电机具有控制信号消失，立即停止转动的功能，把它的转子电阻做得特别大，使它的临界转差率 Sk 大于 1。在电机运行过程中，如果控制信号降为“零”，励磁电流仍然存在，气隙中产生一个脉动磁场，此脉动磁场可视为正向旋转磁场和反向旋转磁场的合成。一旦控制信号消失，气隙磁场转化为脉动磁场，它可视为正向旋转磁场和反向旋转磁场的合成，电机即按合成特性曲线运行。由于转子的惯性，运行点由 A 点移到 B 点，此时电动机产生了一个与转子原来转动方向相反的制动力矩。在负载力矩和制动力矩的作用下使转子迅速停止。

普通的两相和三相异步电动机正常情况下都是在对称状态下工作，不对称运行属于故障状态。而交流伺服电机则可以靠不同程度的不对称运行来达到控制的目的。这是交流伺服电机在运行上与普通异步电动机的根本区别。

就伺服驱动器的响应速度来看，转矩模式运算量最小，驱动器对控制信号的响应最快；位置模式运算量最大，驱动器对控制信号的响应最慢。

对运动中的动态性能有比较高的要求时，需要实时对电机进行调整。那么如果控制器本身的运算速度很慢（比如 PLC，或低端运动控制器），就用位置方式控制；如果控制器的运算速度比较快，可以用速度方式，把位置环从驱动器移到控制器上，减少驱动器的工作量，提高效率（比如大部分中高端运动控制器）；如果有更好的上位控制器，还可以用转矩方式控制，把速度环也从驱动器上移开。这一般只是高端专用控制器才能这么干，而且，这时完全不需要使用伺服电机。因此，伺服电机的控制方式有下面三类：

1. 转矩控制

转矩控制方式是通过外部模拟量的输入或直接的地址的赋值来设定电机轴对外的输出转矩的大小，具体表现为如 10 V 对应 5 Nm 的话，当外部模拟量设定为 5 V 时电机轴输出为 2.5 Nm，如果电机轴负载低于 2.5 Nm 时电机正转，外部负载等于 2.5 Nm 时电机不转，大于 2.5 Nm 时电机反转（通常在有重力负载情况下产生）。可以通过即时的改变模拟量的设定来改变设定的力矩大小，也可通过通信方式改变对应的地址的数值来实现。应用主要在对材质的受力有严格要求的缠绕和放卷的装置中，如绕线装置或拉光纤设备，转矩的设定要根据缠绕的半径的变化随时更改以确保材质的受力不会随着缠绕半径的变化而改变。

2. 位置控制

位置控制模式一般是通过外部输入的脉冲的频率来确定转动速度的大小，通过脉冲的个数来确定转动的角度，也有些伺服可以通过通信方式直接对速度和位移进行赋值。由于位置模式对速度和位置都有很严格的控制，所以一般应用于定位装置，应用领域如数控机床、印刷机械等等。

3. 速度模式

通过模拟量的输入或脉冲的频率都可以进行转动速度的控制，在有上位控制装置的外环 PID 控制时速度模式也可以进行定位，但必须把电机的位置信号或直接负载的位置信号给上位反馈以做运算用。位置模式也支持直接负载外环检测位置信号，此时的电机轴端的编码器只检测电机转速，位置信号就由直接的最终负载端的检测装置来提供了。这样的优点在于可以减少中间传动过程中的误差，增加整个系统的定位精度。

二、系统的设计

1. 系统的硬件设计

1）总体设计。

该控制系统采用 Cortex-M3 芯片作为控制核心，经 keil 编程控制伺服电机驱动器，从而对电机的转速位移进行智能化、精确化控制。本系统可以分为弱电电路和强电电路两大部分，弱电电路指 ARM 控制部分，强电模块主要是控制伺服控制器通电部分。

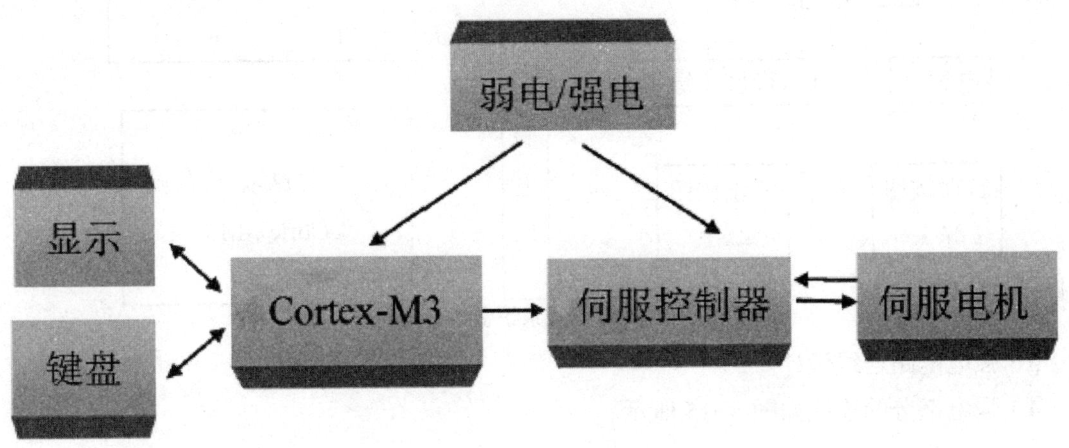

图 4-13　交流伺服系统

2）硬件布局设计。

由于交流伺服系统中的模块较多，为了更好地调试，我们按如图 4-14 所示布局进行排布。

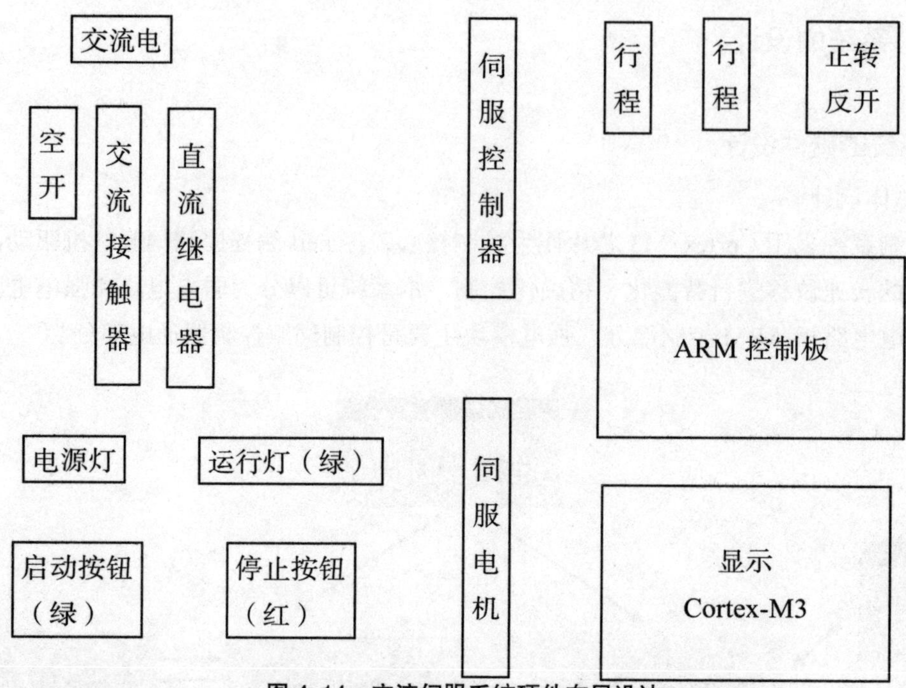

图 4-14 交流伺服系统硬件布局设计

3）强电电路连线设计。

4）强电部分的连线如图 4-15 所示。

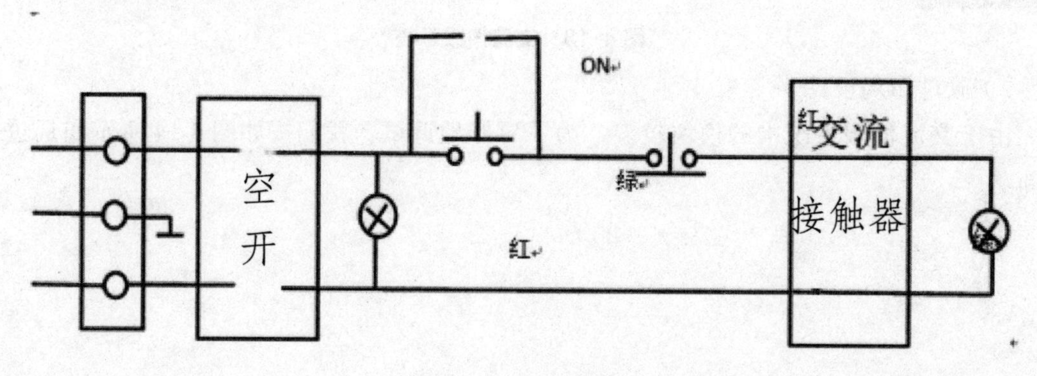

图 4-15 交流伺服系统强电部分的连线

5）电机与伺服电机电源接线，如图 4-16 所示。

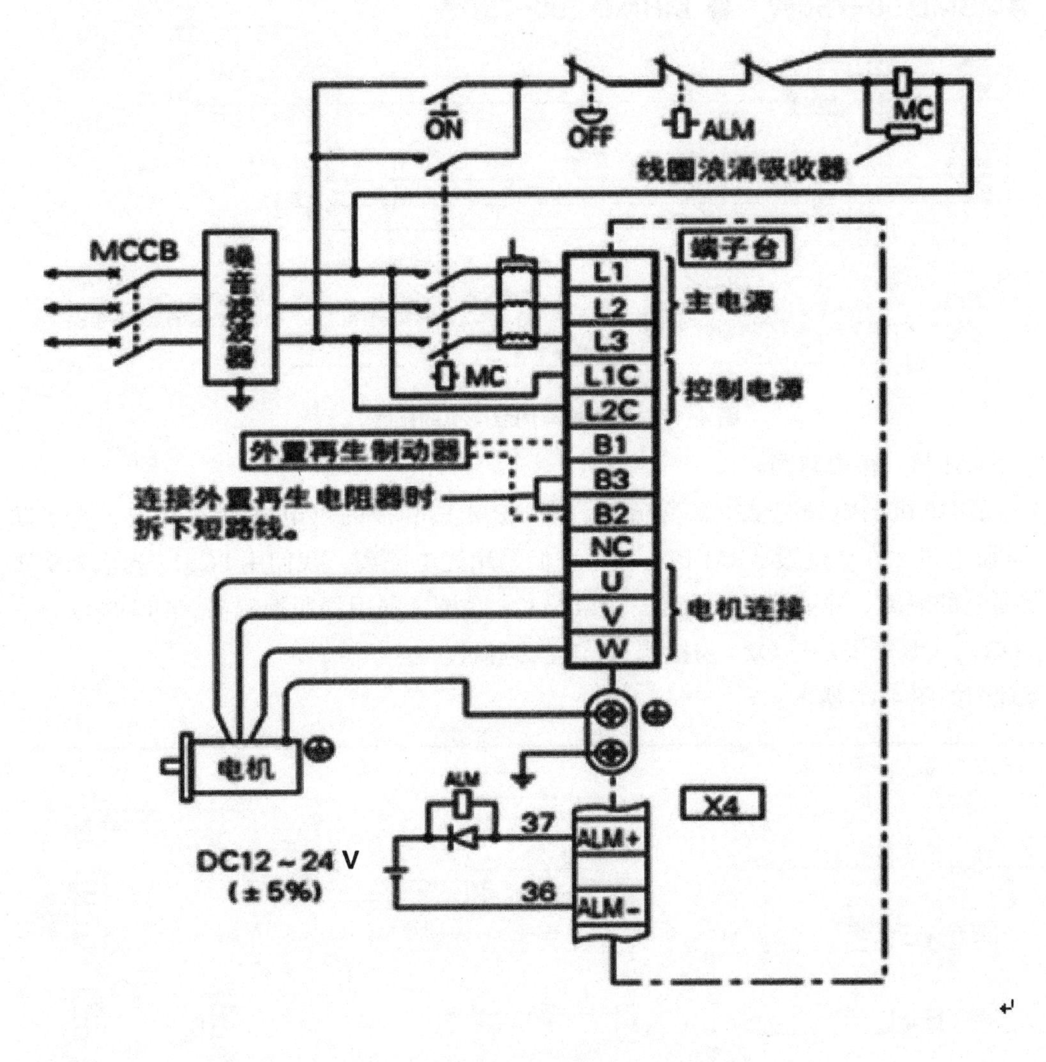

图 4-16　电机与伺服电机电源接线

6）编码器与伺服电机的接线，如图 4-17 所示。

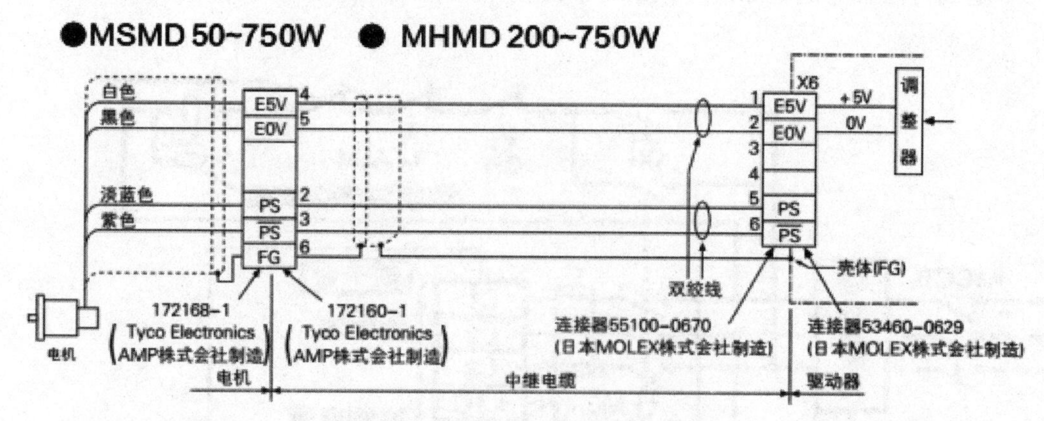

图 4-17　编码器与伺服电机的接线

7）ARM 核心板电路图。

A5 伺服电机的电源是 220 V 交流点，而 ARM 核心板的供电电源是 12 V，为了防止 A5 伺服电机 220 V 烧毁 ARM 核心板，我们采用光电隔离，我们用 PC817 光耦来实现强电与弱电的隔离。测速模块，我们采用 LM324 运放，利用伺服控制器 X4 口的 OA+、OA−、OB+、OB−、OZ+、OZ− 来检测 A、B、Z 脉冲。

原理图如图 4-18 所示：

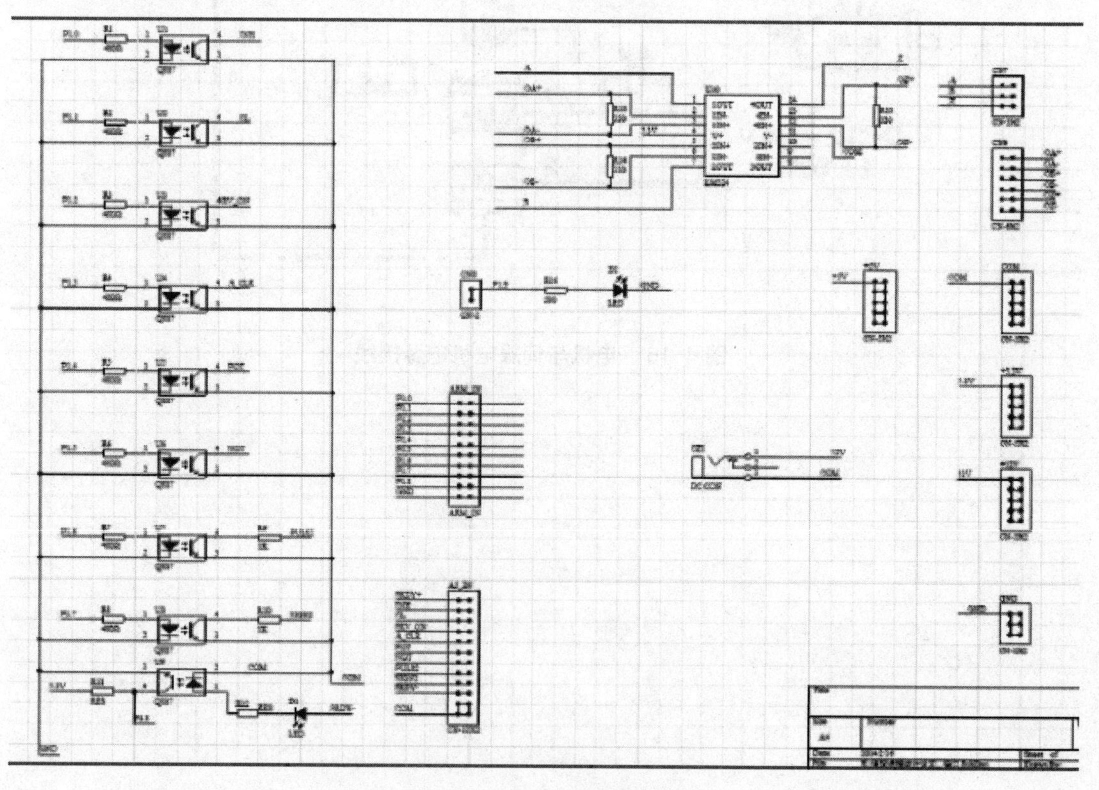

图 4-18　ARM 核心板电路原理图

2. 系统软件设计

1）交流伺服系统程序框图

伺服电机靠 PWM 脉冲控制，测速靠伺服电机后的光电编码器的 A、B、Z 脉冲。

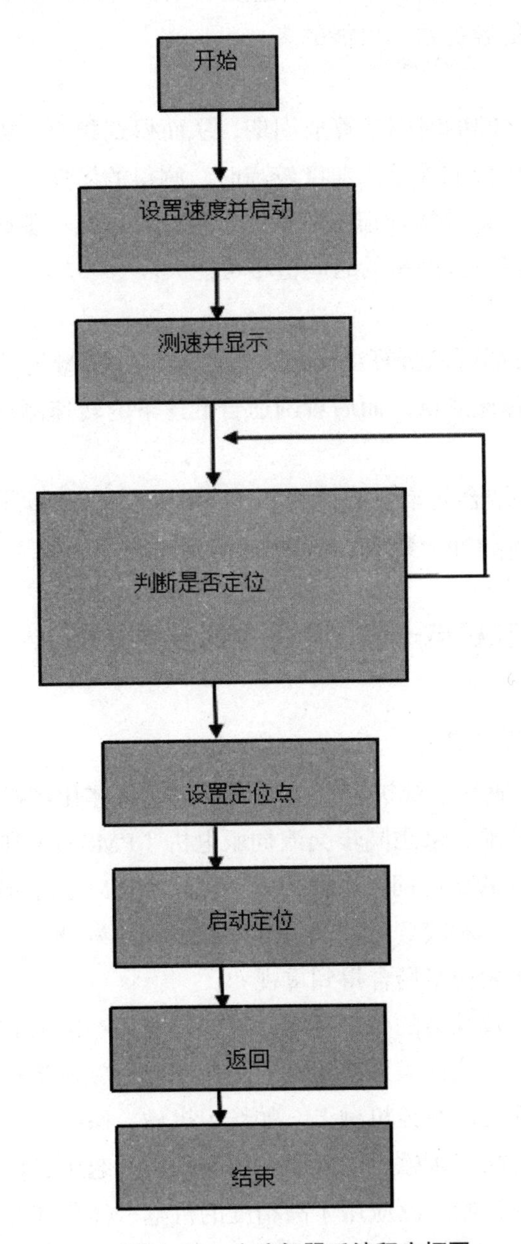

图 4-19　交流伺服系统程序框图

2）测速方式及原理

光电编码器的输出脉冲信号有三种测速方法。第一种方法是在固定的时间间隔内对脉冲进行计数，实际上测量的是脉冲的频率，这种方法称为 M 法；第二种方法是计算两个脉冲之间的时间间隔，亦即脉冲信号的周期，这种方法称为 T 法；综合以上两种方法则产生第三种方法 M/T 法。

3）M 法数字测速

M 法是测量单位时间内的脉数换算成频率，因存在测量时间内首尾的半个脉冲问题，可能会有两个脉的误差。速度较低时，因测量时间内的脉冲数变少，误差所占的比例会变大，所以 M 法宜测量高速。如要降低测量的速度下限，可以提高编码器线数或加大测量的单位时间，使一次采集的脉冲数尽可能的多。

4）T 法数字测速

T 法是测量两个脉冲之间的时间换算成周期，从而得到频率。因存在半个时间单位的问题，可能会有一个时间单位的误差。速度较高时，测得的周期较小，误差所占的比例变大，所以 T 法宜测量低速。如要增加速度测量的上限，可以减小编码器的脉冲数，或使用更小更精确的计时单位，使一次测量的时间值尽可能大。

5）M/T 法数字测速

从原理上 M 法和 T 法都可以折算出转速，但是从转速测量的精度、分辨率和实时性考虑，前者适用高速下的转速测量，而后者则适合低速下的转速测量，而综合了两者特点的则是 M/T 法。

M/T 法把 M 法和 T 法结合起来，既检测 Tc 时间内旋转编码器输出的脉冲个数 M_1 又检测同一时间间隔的高频时脉冲个数 M_2，以此来计算转速。

三、交流伺服技术在机电一体化产品中的应用分析

1.AC 伺服技术的发展现状

目前，AC 伺服电动机驱动系统被广泛地应用于机电一体化产品的设计中。这就要求设计者充分了解 AC 伺服技术。永磁同步交流伺服电机（PMSM）和感应异步交流伺服电机（IM）是现阶段比较常见的交流伺服系统的电动机。PMSM 成了伺服系统选择的首选，其较大的调速范围、较大效率和较好的动态特性受到了一致好评，虽然异步伺服电机相对来说具有成本优势，但只在大功率场合得到重视。

交流伺服系统的应用涉及社会的各个领域，最初是应用在宇航和军事领域，后来随着科学技术水平的不断提升，交流伺服系统逐渐向工业和民用领域渗透。工业应用主要集中在高精度数控机床和其他重要的数控机械上，如纺织机械、医疗机械、专用大型技术生产设备、生产流水线等等。目前，永磁无刷伺服电机蓬勃发展起来，已经逐步替代了步进电机，永磁交流直线伺服系统开始广泛应用于高精度的机电一体化成品中，如何提高效率和速度成为当前研究的热点，高速永磁交流伺服取代异步变频驱动的研究也是当前业内研究的主要方向之一。

2. 伺服系统产品及应用

1）对伺服控制的基本要求

在 AC 伺服技术的实际应用中，关键是要控制运动速度和位置，这一问题最终转化为对驱动机构运动的 AC 伺服电动机进行速度和位置控制。伺服系统按其功能可分为进给伺

服系统和主轴伺服系统。主轴伺服系统主要负责控制主轴转动；进给伺服系统主要控制移动部件的位置和速度，通常由伺服驱动装置、伺服电机、机械传动机构及执行部件组成。

一般来说，伺服系统位置实际值是由位置传感器检测的，半闭环控制一般采用电机后自带编码器提供的脉冲信号作为反馈信号，因为此信号反馈的不是绝对位置，所以称为半闭环。而全闭环依靠电机外的光栅尺等反馈的绝对位置信号作为反馈信号，可以达到绝对反馈，称为全闭环；理论上全闭环精度比较高，实际上比较难实现，对模型要求比较高，一般都是用半闭环；但是半闭环控制方法是采用 PID，模拟的精度难保证，不稳定。全闭环控制的过程描述如下：位置传感器首先检测运动机构的位置，接收信息之后进而反馈给输入端，通过接收信息与位置指令的对比，进而调整和控制电动机转矩。从而导致位置发生移动变化。半闭环控制的位置检测器安装在电动机轴上，是一种间接探测运动机构位置的控制方法，电动机轴的角位移是主要的检测数据。

在控制策略方面，电压频率控制方法和开环次通轨迹控制方法都是基于电极稳态数学模型的，但是缺点就是伺服特性不稳定。矢量控制，即通过测量和控制异步电动机定子电流矢量，根据磁场定向原理控制励磁电流和转矩电流，最终实现对异步电动机转矩的控制，是目前的核心控制方法。矢量控制方法往往与其他控制方法联合使用，比如在矢量控制的基础上，附加反馈线性化控制、自适应控制等等。近些年来，无位置传感器技术逐渐成为研究热点。但是无位置传感器技术仅仅适用于速度精度要求不高的场所，如缝纫机伺服控制等，因为其调速比大约为 1 ： 100。控制单元作为交流伺服系统的控制核心，主要控制着速度、转矩和电流等。数字信号处理器（DSP）具有较快的数据处理速度，其集成电路的功能也很强大，逐渐成了智能控制领域的新宠。

2）伺服系统在行业中的应用

德国西门子有一套高精度、高动态响应的控制系统，其优点是控制循环周期短，并且可以对应 0.2 kW 到 18.5 kW 的所有应用领域，它就是 SIMOVERT MASTERDRIVES MC-C 紧凑增强型运动控制驱动器。它的性能大大超过同类产品，能够轻易地实现快速、准确的驱动控制。基于此，西门子的这种紧凑增强型运动控制驱动器可作为智能控制的一部分。MC-C 驱动器采用当前先进的 32 位数字控制技术，保证其高精度、高动态响应；它还具有超高的过载因数能够帮助用户应对高难度的产品应用，它的过载能力达到了 250 ms 内 300%。安全应用方面当然也不会被忽略，性能优越、体积袖珍集成式的安全保护装置具有紧急停止功能，有效地保障了所有功能的安全使用。软件使用方面，驱动器应用 BICO 技术，轻巧地实现开闭环控制。驱动器能获得超高的动态响应是源自 Performance2，它能够有效地减少允许电流和转速控制器的计算时间到 100 μs，而功能模块的计算时间也都在 1.6 ms 左右，这就是为什么驱动器的动态响应如此之高快灵了。

随着我国伺服系统技术的快速发展，伺服驱动系统在性能和质量方面都有了很大提升，其进给功率可以实现最小 7.5 W，最大 20 W，主轴功率范围也从 3.5 kW 到 22 kW。伺服驱动器的硬件要求具备完善的故障软、硬件保护功能模块，包括防止短路、过压、过热等。可靠性好、体积小、方便操作使用的 DSP、FPGA、IPM 等硬件的使用就能够较好地实现上述要求。

3. 伺服系统技术发展趋势

与国外伺服驱动系统产品相比，我国伺服技术起步比较晚，发展不够成熟，产品的性能还同发达国家有一定的差距。尤其是在高性能的伺服驱动技术方面，差距尤其明显。目前，高档数控系统产业在不断发展的同时，也越来越关注高速、高精控制的实现效果。我国伺服系统在高速数字化网络接口的研发、脉冲式控制接口的自身缺陷突破等方面都亟待改进。

模拟控制系统是目前发展得比较成熟和完善的一类电动机控制技术。其既可以用于交流伺服电动机控制也可以用于直流伺服电动机控制，目前被广泛应用于数控机床等机电一体化的装置中。随着科学技术的不断发展，机电一体化产品对伺服控制技术的要求也日益提高，模拟控制技术不够精准的缺陷成了其发展的瓶颈，数字控制技术发展是未来的必然趋势。相信，在不久的将来，随着微处理器技术的进步和成本的有效控制，数字控制凭借其精准的特性一定会得到广泛的利用。

第五章　机电一体化计算机控制技术

计算机控制系统是在自动控制技术和计算机技术发展的基础上产生的。若将自动控制系统中的控制器的功能用计算机来实现，就组成了典型的计算机控制系统。它用计算机参与控制并借助一些辅助部件与被控对象的联系，以获得一定的控制目的而构成的系统。其中辅助部件主要指输入输出接口、检测装置和执行装置等。它与被控对象的联系和部件间的联系通常有两种方式：有线方式、无线方式。控制目的可以是使被控对象的状态或运动过程达到某种要求，也可以是达到某种最优化目标。在石油、化工、冶金、电力、轻工和建材等工业生产中连续的或按一定程序周期进行的生产过程的自动控制称为生产过程自动化。生产过程自动化是保持生产稳定、降低消耗、降低成本、改善劳动条件、促进文明生产、保证生产安全和提高劳动生产率的重要手段，是 20 世纪科学与技术进步的特征，是工业现代化的标志。凡是采用模拟或数字控制方式对生产过程的某一或某些物理参数进行的自动控制就称为过程控制。过程控制系统可以分为常规仪表过程控制系统与计算机过程控制系统两大类。随着工业生产规模走向大型化、复杂化、精细化、批量化，靠仪表控制系统已很难达到生产和管理要求，计算机过程控制系统是近几十年发展起来的以计算机为核心的控制系统。

第一节　控制计算机的组成及要求

一、计算机控制技术概述

1. 计算机控制的概念

1）开环控制系统

若系统的输出量对系统的控制作用没有影响，则称该系统为开环控制系统。在开环控制系统中，既不需要对系统的输出量进行测量，也不需要将它反馈到输入端与输入量进行比较。

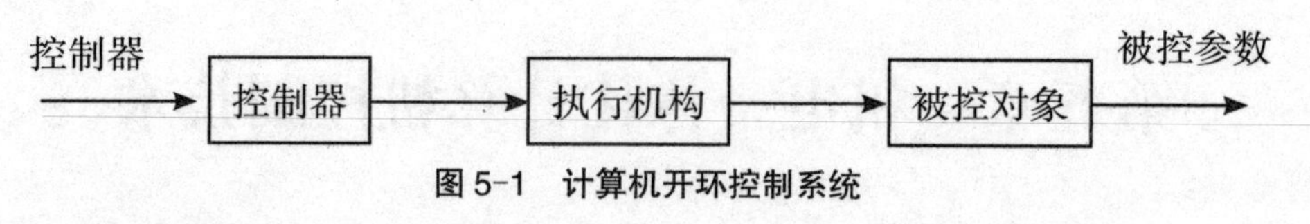

图 5-1　计算机开环控制系统

2）闭环控制系统

凡是系统的输出信号对控制作用能有直接影响的系统都叫作闭环控制系统，即闭环系统是一个反馈系统。闭环控制系统中系统的稳定性是一个重要问题。

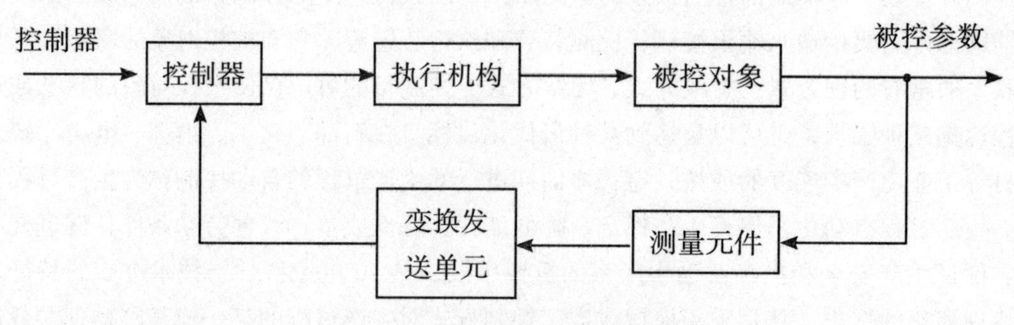

图 5-2　计算机闭环控制系统

2. 计算机控制系统

采用计算机进行控制的系统称为计算机控制系统，也称它为数字控制系统。若不考虑量化问题，计算机控制系统即为采样系统。进一步，若将连续的控制对象和保持器一起离散化，那么采样控制系统即为离散控制系统。所以采样和离散系统理论是研究计算机控制系统的理论基础。

3. 计算机控制系统的控制过程

（1）实时数据采集：对来自测量变送装置的被控量的瞬时值进行检测和输入。

（2）实时控制决策：对采集到的被控量进行数据分析和处理，并按已定的控制规律决定进一步的控制过程。

（3）实时控制：根据控制决策，适时地对执行机构发出控制信号，完成控制任务。

4. 计算机控制系统的特点

（1）结构上，计算机控制系统中除测量装置、执行机构等常用的模拟部件之外，其执行控制功能的核心部件是数字计算机，所以计算机控制系统是模拟和数字部件的混合系统。

（2）计算机控制系统中除仍有连续模拟信号之外，还有离散模拟、离散数字等多种信号形式。

（3）由于计算机控制系统中除了包含连续信号外，还包含有数字信号，从而使计算机控制系统与连续控制系统在本质上有许多不同，需采用专门的理论来分析和设计。

（4）计算机控制系统中，修改一个控制规律，只需修改软件，便于实现复杂的控制规律和对控制方案进行在线修改，使系统具有很大的灵活性和适应性。

（5）计算机控制系统中，由于计算机具有高速的运算能力，一个控制器（控制计算机）经常可以采用分时控制的方式而同时控制多个回路。

（6）采用计算机控制，如分级计算机控制、离散控制系统、微机网络等，便于实现控制与管理一体化，使工业企业的自动化程度进一步提高。

5. 计算机控制系统的组成

计算机控制系统主要由硬件和软件两大部分组成，而一个完整的计算机系统应由下列几部分组成：被控对象、主机、外部设备、外围设备、自动化仪表和软件系统。

1）硬件

（1）由中央处理器、时钟电路、内存储器构成的计算机主机是组成计算机控制系统的核心部分。

（2）通用外围设备按功能可分为输入设备、输出设备和外存储器三类。

（3）过程Ｉ／Ｏ通道，又称过程通道。

（4）通用接口电路，一般有并行接口、串行接口和管理接口（包括中断管理、直接存取 DMA 管理、计数 / 定时等）。

（5）传感器的主要功能是将被检测的非电学量参数转变成电学量。变送器的作用是将传感器得到的电信号转变成适用于计算机借口使用的标准的电信号（如０～１０ＭＡＤＣ）。

（6）计算机控制系统一般要有一套专供运行操作人员使用的控制台称为运行操作台，操作台一般包括各种控制开关、数字键、功能键、指示灯、声信器、数字显示器或ＣＲＴ显示器等。

2）软件

软件是指计算机控制系统中具有各种功能的计算机程序的总和，如完成操作、监控、管理、控制、计算和自诊断等功能的程序。整个系统在软件的指挥下协调工作。从功能方面区分，软件可分为系统软件和应用软件。

二、工业控制机

1. 工业控制机的特点

1）安全可靠

工业控制计算机不同于一般用于科学计算或管理的计算机，它的工作环境比较恶劣，周围的各种干扰随时威胁着它的正常运行，而且它所担当的控制重任又不允许它发生异常现象。因此，在设计过程中应把安全可靠放在首位。

2）操作维护方便

操作方便体现在操作简单、直观形象、便于掌握上，并不要求操作工要掌握计算机知识才能操作。既要体现操作的先进性，又要兼顾原有的操作习惯。维修方便体现在易于查找故障，易于排除故障上。采用标准的功能模板式结构，便于更换故障模板。并在功能模板上安装状态指示灯和监测点，便于维修人员检查。可另外配制诊断程序用来查找故障。

3）实时性强

工业控制机的实时性表现在对内部和外部事件能及时地响应，并做出响应的处理，不丢失信息，不延误操作。计算机处理的事件一般分为两类：一类是定时事件，如数据的定时采集、运算控制等；另一类是随机事件，如事故、报警等。对于定时事件，系统设置时钟保证定时处理。对于随机事件系统设置中断，并根据故障的轻重缓急，预先分配中断级别，一旦事故发生保证优先处理紧急故障。

4）通用性好

工业控制计算机的通用灵活性体现在两个方面：一是硬件模板设计采用标准总线结构，配置各种通用的功能模板，以便在扩充功能时只需增加功能模板就能实现；二是软件模块或控制算法采用标准模块结构，用户使用时不需要二次开发，只需按要求选择各功能模块，灵活地进行控制系统组态。

5）经济效益高

计算机控制应该带来高的经济效益，系统设计时要考虑性能价格比，要有市场竞争意识。经济效益表现在两个方面：一是系统设计的性能价格比要尽可能的高，二是投入产出比要尽可能的低。

2. 典型工业控制机介绍

1）STD 总线工业控制机

STD 总线最早是由美国的 Pro-log 公司在 1978 年推出的，是目前国际上工业控制领域最流行的标准总线之一，也是我国优先重点发展的工业标准微机总线之一，它的正式标准为 IEEE-961 标准。按 STD 总线标准设计制造的模块式计算机系统，称为 STD 总线工业控制机。

2）PC 总线工业控制机

IBM 公司的 PC 总线微机最初是为了个人或办公室使用而设计的，它早期主要用于文字处理或一些简单的办公室事务处理。早期产品基于一块大底板结构，加上几个 I/O 扩充槽。大底板上具有 8088 处理器，加上一些存储器、控制逻辑电路等。加入 I/O 扩充槽的目的是为了外接一些打印机、显示器、内存扩充和软盘驱动器接口卡等。

3. 计算机控制系统的应用

当今国家，要想在综合国力上取得优势地位，就必须在科学技术上取得优势，尤其要在高新技术产品的创新设计与开发能力上取得优势。在以信息技术为代表的高科技应用方面，要充分利用各种新兴技术、新型材料、新式能源，并结合市场需求，以实现世界的又一次“工业大革命”；在工业设计与工程设计的一致性方面，要充分协调好设计的功能和形式两个方面的关系，使两者逐步走向融合，最终实现以人为核心、人机一体化的智能集成设计体系。从工业设计本身看，随着 CAD、人工智能、多媒体、虚拟现实等技术的进一步发展，使得对设计过程必然有更深的认识，对设计思维的模拟必将达到新的境界。从整个产品设计与制造的发展趋势看，并行设计、协同设计、智能设计、虚拟设计、敏捷设计、全生命周期设计等设计方法代表了现代产品设计模式的发展方向。随着技术的进一步发展，产品设计模式在信息化的基础上，必然朝着数字化、集成化、网络化、智能化的方向发展。

随着计算机技术、通信技术和控制技术的发展，传统的工业控制领域必将开始向网络化方向发展。网络技术作为信息技术的代表，其与工业控制系统的结合将极大地提高控制系统的水平，改变现有工业控制系统相对封闭的企业信息管理机构，适应现代企业综合自动化管理的需要。

控制系统的结构从最初的 CCS（计算机集中控制系统），到第二代的 DCS（分散控制系统），发展到现在流行的 FCS（现场总线控制系统），对诸如图像、语音信号等大数据量、高速率传输的要求越来越高，使得以太网与控制网络的结合应运而生。将现场总线、以太网、多种工业控制网络互联、嵌入式技术和无线通信技术融合到工业控制网络中，在保证控制系统原有的稳定性、实时性等要求的同时，又增强了系统的开放性和互操作性，提高了系统对不同环境的适应性。在经济全球化的今天，这一工业控制系统网络化及其构成模式使得企业能够适应空前激烈的市场竞争，有助于加快新产品的开发、降低生产成本、完善信息服务，具有广阔的发展前景，也必将为计算机控制系统的网络化带来新的发展机遇。

4. 实例说明

1）工业炉控制的典型情况

为了保证燃料在炉膛内正常燃烧，必须保持燃料和空气的比值恒定。它可以防止空气太多时，过剩空气带走大量热量；也可防止当空气太少时，由于燃料燃烧不完全而产生许多一氧化碳或碳黑。

为了保持所需的炉温，将测得的炉温送入计算机计算，进而控制燃料和空气阀门的开度。

为了保持炉膛压力恒定，避免在压力过低时从炉墙的缝隙处吸入大量过剩空气，或在压力过高时大量燃料通过缝隙逸出炉外，必须采用压力控制回路。测得的炉膛压力送入计算机，进而控制烟道出口挡板的开度。

为了提高炉子的热效率，还须对炉子排出的废气进行分析，一般是用氧化锆传感器测量烟气中的微量氧，通过计算而得出其热效率，并用以指导燃烧控制。

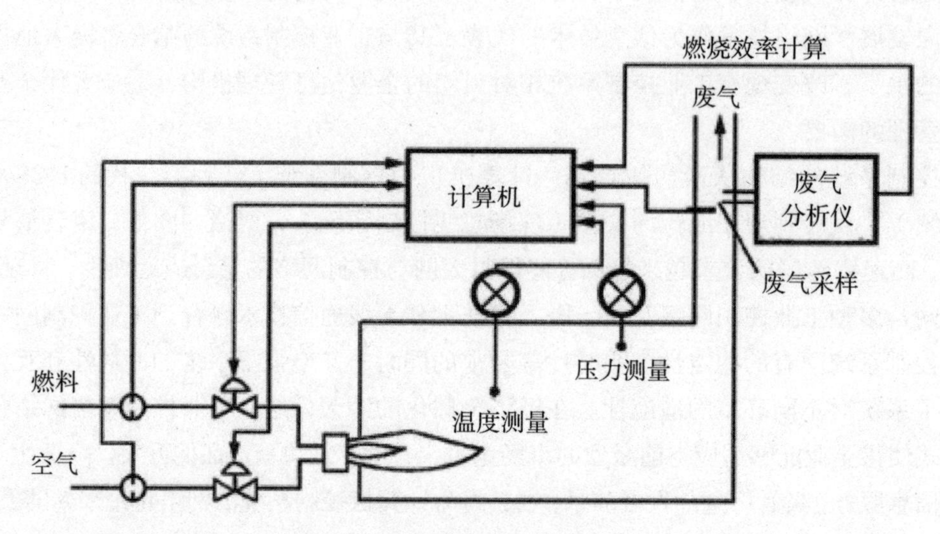

图 5-3 工业炉的典型控制

2）计算机用作顺序控制的例子

这是一个原料混合和加热的控制系统，该装置的任务是：

（1）装入原料 A，使液面达到贮槽的一半；

（2）装入原料 B，使液面进一步升到百分之七十五；

（3）开始搅拌并加热到 95℃，在此恒定温度上维持 20 min；

（4）停止搅拌和加热，开动排料泵抽出混合液，一直到液位低于贮槽的 5% 为止。

上述过程由计算机自动控制，按照一定的顺序重复进行，完成原料混合和加热控制。

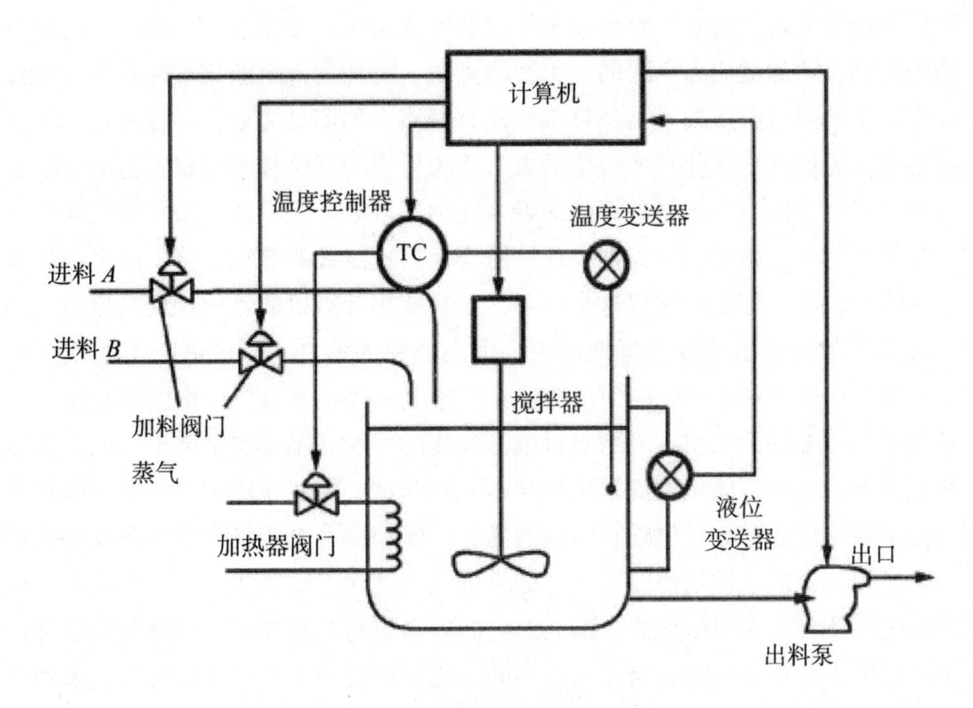

图 5-4 计算机顺序控制

三、计算机与机电一体化技术的整合

顾名思义，机电一体化这门学科本身就不是一种单一的构成，它的英文单词 mechatronics 就是由机械学的英文词头与电子学的英文词尾构成的。很明显这是主要以传统的机械技术加上新兴的电子技术为主体，由多门学科相互交叉融合的边缘学科。虽然机电一体化的起步时间较晚，但是由于其对于工业生产的重要作用和广阔的应用前景而发展迅速，可以说机电一体化技术为人类的工业化大生产做出了重要的贡献，信息处理技术、传感与测试技术、伺服驱动技术、微电子技术等高新技术的不断发展与注入为机电一体化技术的发展带来了巨大的活力，解决了以往很难单凭一种技术解决的问题，使得人们能够处理的问题规模愈加庞大。科技的发展永无止境，机电一体化的发展也需要一直进行下去，虽然电子技术与计算机技术有诸多的重复之处，但计算机却有着更为庞大的运算、控制能力，在一些需要大规模管控的系统中，计算机技术与机电一体化技术的整合便变得非常的有意义了。

1. 整合的意义与可能性

一门新技术的诞生需要两个条件：一是科技的进步，没有科技力量的支撑即使有心也是无力；二是社会的需求，没有需求作为动力也就没有了研究的价值。对于机电一体化也同样如此，机械技术、电气技术、微电子技术等技术的发展为其提供了坚实的基础；人们对生产与生活中的各种相关产品的质量与品种的需求为其提供了充足的动力。这是机电一体化能够诞生的条件，对于计算机技术与机电一体化技术的整合也可以从这两方面考虑。

从科技角度上讲，首先计算机技术的发展极为迅速，分支众多，其中不乏对机电一体化有用的类别，比如适应力更强的人工智能算法、更加高效率的集成控制系统设计等等。由于硬件条件所限，电子技术与计算机相比有着诸多的不足之处，计算机技术完全可以弥补这些不足，为机电一体化技术再添活力，作为桥梁的通信技术的成熟与微电子芯片的运算能力的发展也为机电产品与计算机的融合提供了可能。先不谈复杂的协同操作，仅以图像识别为例，对于复杂的图像识别，往往需要运算量巨大的算法支持，而机电一体化中承载的运算能力根本就不足以完成这个任务，显然使用计算机的性价比更高也更加的灵活。电子与计算机的通信也可以很好地解决，采用通用的如 IIC、SPORT、SPI 或者串口等，也可以自设计一些针对性更强的通信协议保障机电一体化产品与计算机的通信。

从需求角度来讲，小型的问题对机电一体化的要求并不是非常突出，但是大型的问题却是很有需求。机电一体化主要是机械与电子的结合，虽然应用了许多高新的技术手段大大地提升了各类性能参数，但随着问题的增长一味地提升电子技术能力便变得有些不合适了。最明显的一个例子就是协同操作，如果机电一体化产品既要兼顾自己的任务执行又要与其他机电一体化产品通信交流，那么对它的要求就有些越界了，更重要的是有可能机电一体化产品根本就不会知晓它需要与谁协同，这就需要一个类似大脑的角色来处理。面对此类问题，计算机与机电一体化技术的整合便显得非常有必要。

2. 重要的两个技术问题

1）采用何种通信协议

计算机与机电一体化产品之间的整合必然离不开相互的通信，第一个需要考虑的问题是通信问题。计算机需要知道机电一体化产品的状态，有时也需要能够控制机电一体化产品动作，如果对实时性要求高的话还需要有快速通信的能力。综合以上情况，便知采用何种通信方式很重要，决定这一问题需要从两个方面考虑。

将通信协议标准化，即采用一个标准的通信协议。这样做的好处是可以获得很大的兼容性，可以与其他产品较好的一起工作，将机电一体化产品做成了一个可替换的小模块，提供了该模块支持的接口，只要符合这个接口那么就可以纳入整个系统中来。这样对于用户而言就有了更多的选择余地，而且维护成本会下降，如将智能洗衣机、智能灯具等智能家居产品与计算机或者手机整合。采用自己独特的通信协议，做一个封闭的系统。生产厂家这样做一是可以优化通信协议，其针对性较强，厂家可以尽可能地提升产品的性能而不用考虑兼容性问题；二是如果厂家竞争力较强的话，一套封闭的系统可以保证不被其他厂家染指，从而获取更高的利润，如大型工业生产系统。

2）系统大致框架设计

当前的机电一体化产品非常的丰富，从工业生产装备到智能家居都有所涉猎，虽然应用方向不同，但是由于计算机和机电一体化产品的特性决定了它们在整合后系统中各自的地位与作用是相似的。在机电一体化产品中，机械设备、探测设备等均为执行机构，电子设备为控制机构，整合后的机电产品应该作为一个具有一定独立执行能力的执行机构，将计算机作为调度控制机构，大致的层级如下。

这是一种最为简单的整合框架。在系统中，机电产品只需要完成自己的工作，并向上提供自身状态即可，计算机接受所有机电产品的状态并进行资源整合，必要时对机电产品下达指令完成任务。对于整个系统来讲，这样做模块化较高，维护成本降低。首先在复杂系统中降低了对机电产品的要求，一个机电产品不需要与其他机电产品相互沟通，做好本职工作即可，一旦出现问题仅需要将出问题部分更换，对系统的冲击较小，维护费用较低。模块化带来的另一个好处是后期升级方便，无论是想替换系统中的某一个机电产品还是升级整个的系统控制方式都可以很方便地进行。

具体的系统设计因使用的场景不同而不同，但框架与设计思路是一定的，都是以计算机作为大脑，以机电产品作为身体进行设计，在更复杂的系统中可能还会需要将简单系统作为一部分融入整个系统中，作为一个类似简单系统中机电产品的角色。在工业生产中可能这种整合更加的严密些，在类似智能家居这种松散不确定的系统中可能会宽泛些，但无论怎样，整合后的系统都可以更大程度上发挥机电产品的能力，更加高效节约地完成资源调配，最重要的是可以用来解决更多难以依靠单一机电产品解决的问题。

由于生产力的进步与发展，人们对生活方式和生产方式都提出了更高的要求，现有的机电产品虽然发展较快但是许多都处于独自为战的状态，不仅难于管理且维护、升级成本较高，而利用计算机的集成能力整合机电产品是一个很好的解决思路，无论是创建智能家居联合网络系统为生活提供方便还是集成种类繁多的机电产品去完成工业生产，都需要将计算机技术与机电一体化技术整合，在物联网时代即将到来的今天，机电产品整合是大势所趋。

3. 计算机控制系统的发展方向

1）集散控制系统

目前，在过程控制领域，集散控制系统技术已日趋完善而逐步成为广泛使用的主流系统。集散控制系统又称为以微处理器为基础的分散型信息综合控制系统。集散控制在其发展初期以实现分散控制为主，因而国外一般沿用分散控制系统的名称，即 DCS（Distributed Control System）。进入 20 世纪 80 年代以后，分散控制系统的技术重点转向全系统信息的综合管理。因考虑其分散控制和综合管理两方面特征，故称为分散型综合控制系统，一般简称为集散系统。

2）可编程序控制器

进入 20 世纪 80 年代，随着微电子技术和计算机技术的迅猛发展，PLC 的功能已经远远超出了逻辑运算、顺序控制的范围，高档的 PLC 还能如微型计算机那样进行数学计算、数据处理、故障自诊断、PID 运算、联网通信等。因此，把它们统称为可编程序控制器 PC（Programable Controller）。

3）计算机集成制造系统

计算机集成制造系统 CIMS（Computer Integrated Manufacturing System）是在自动化技术、信息技术及制造技术基础上，通过计算机及其软件，将制造工厂全部生产环节，包括产品设计、生产规划、生产控制、生产设备、生产过程等所需使用的各种分散的自动化系统有机地集成起来，消除自动化孤岛，实现多品种、中小批量生产的总体高效益、高柔性的智能制造系统。

4）低成本自动化

近年来，计算机向高速度、大容量方向发展，各种功能完善、价格昂贵的计算机综合自动化系统日趋完善。与此同时，国际上的科技发展动态又向着低成本自动化——LCA（Low Cost Automation）的方向发展。国际自动控制联合委员会（IFAC）已把LCA定为系列学术会议之一，第五届LCA国际会议于1997年在中国召开。

5）智能控制系统

智能控制还没有统一的定义，一般认为，智能控制是驱动智能机器自主地实现其目标的自动控制。或者说，智能控制是一类无须人的干预就能独立驱动智能机器实现其目标的自动控制。对自主机器人的控制就是一例。所谓智能控制系统就是驱动自主智能机器以实现其目标而无须操作人员干预的自动控制系统。这类系统必须具有智能调节和执行等能力。智能控制的理论基础是人工智能、控制论、运筹学和系统学等学科。

总之，由于计算机过程控制在控制、管理功能、经济效益等方面的显著优点，使之在石油、化工、冶金、航天、电力、纺织、印刷、医药、食品等众多工业领域中得到广泛的应用。计算机控制系统将会随着计算机软硬件技术、控制技术和通信技术的进一步发展而得到更大的发展，并深入生产的各部门。

第二节　常用控制计算机的类型与特点

一、计算机控制系统的工作原理

计算机控制系统包括硬件组成和软件组成。在计算机控制系统中，需有专门的数字/模拟转换设备和模拟/数字转换设备。由于过程控制一般都是实时控制，有时对计算机速度的要求不高，但要求可靠性高、响应及时。计算机控制系统的工作原理可归纳为以下三个过程：

1. 实时数据采集

对被控量的瞬时值进行检测，并输入给计算机。

2. 实时决策

对采集到的表征被控参数的状态量进行分析，并按已定的控制规律，决定下一步的控制过程。

3. 实时控制

根据决策，适时地对执行机构发出控制信号，完成控制任务。

这三个过程不断重复，使整个系统按照一定的品质指标进行工作，并对被控量和设备本身的异常现象及时做出处理。

二、计算机过程控制系统的分类

计算机控制系统的应用领域非常广泛，计算机可以控制单个电机、阀门，也可以控制管理整个工厂企业；控制方式可以是单回路控制，也可以是复杂的多变量解耦控制、自适应控制、最优控制乃至智能控制。因而，它的分类方法也是多样的，可以按照被控参数、设定值的形式进行分类，也可以按照控制装置结构类型、被控对象的特点和要求及控制功能的类型进行分类，还可以按照系统功能、控制规律和控制方式进行分类。常用的是按照系统功能分类。

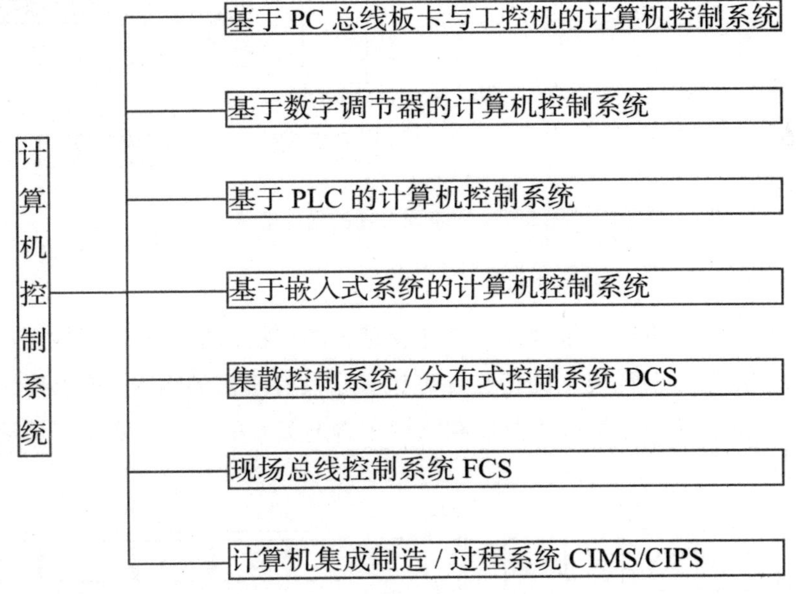

图 5-5　计算机过程控制系统

1. 基于 PC 总线的板卡与工控机的计算机控制系统

一个典型的 DDC 控制系统。

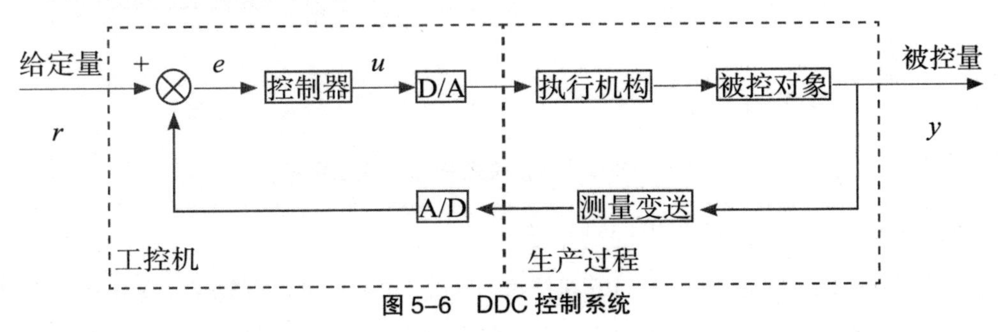

图 5-6　DDC 控制系统

2. 基于数字调节器的计算机控制系统

数字调节器是一种数字化的过程控制仪表，其外表类似于一般的盘装仪表，而其内部由微处理器、RAM、ROM、模拟量和数字量 I/O 通道、电源等部分构成的一个微型计算机系统。一般有单回路、2 回路、4 回路或 8 回路的调节器，控制方式除一般 PID 之外，还可组成串级控制、前馈控制等。

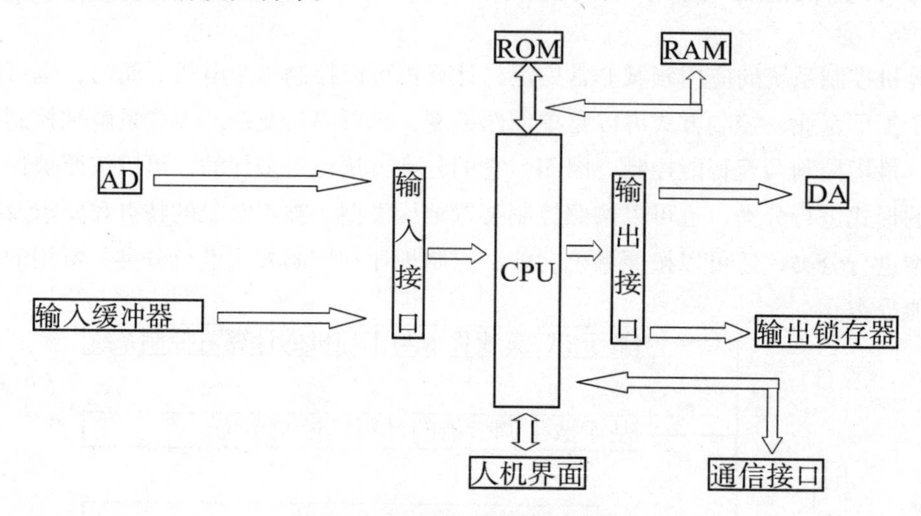

图 5-7 数字调节器的硬件电路

3. 基于 PLC 的计算机控制系统

PLC 是微机技术和继电器常规控制概念相结合的产物，是一种进行数字运算的电子系统，是能直接应用于工业环境下的特殊计算机。它具有丰富的输入 / 输出接口，并具有较强的驱动能力，能够较好地解决工业控制领域中普遍关心的可靠、安全、灵活、方便、经济等问题。

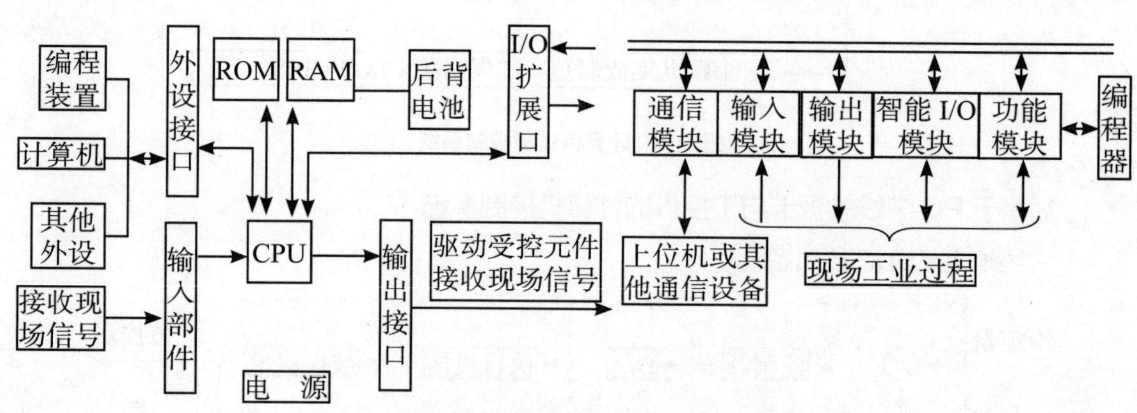

图 5-8 整体式和模块式 PLC 结构示意图

4. 基于嵌入式系统的计算机控制系统

嵌入式系统是以应用为中心，以计算机技术为基础，并且软硬件可裁减，适用于应用系统对功能、可靠性、成本、体积、功耗有严格要求的专用计算机系统。一般由嵌入式微处理器、外围硬件设备、嵌入式操作系统及用户应用程序等四部分组成，用于实现对其他设备的控制、监视或管理等功能。

应用嵌入式系统，要求针对特定应用、特定功能开发特定系统，即要求系统与所嵌入的应用环境成为一个统一的整体，具有紧凑、高可靠性、实时性好、低功耗等技术特点，因此就必须研究它的独特的设计方法和开发技术。这是嵌入式系统成为一个相对独立的计算机研究领域的原因。

5. 集散控制系统（DCS）

为满足大型工业生产要求，以微型计算机为基础，从综合自动化的角度，按分散控制、集中操作、综合管理和分而自治的设计原则而设计的一种集散型综合控制系统，广泛用于模拟量回路控制较多的行业，尽量将控制所造成的危险性分散，而将管理和显示功能集中。

先进的分散型控制系统将以 CIMS/CIPS 为目标，以新的控制方法、现场总线智能化仪表、专家系统、局域网络等新技术，为用户实现过程控制自动化相结合的管控一体化的综合集成系统。

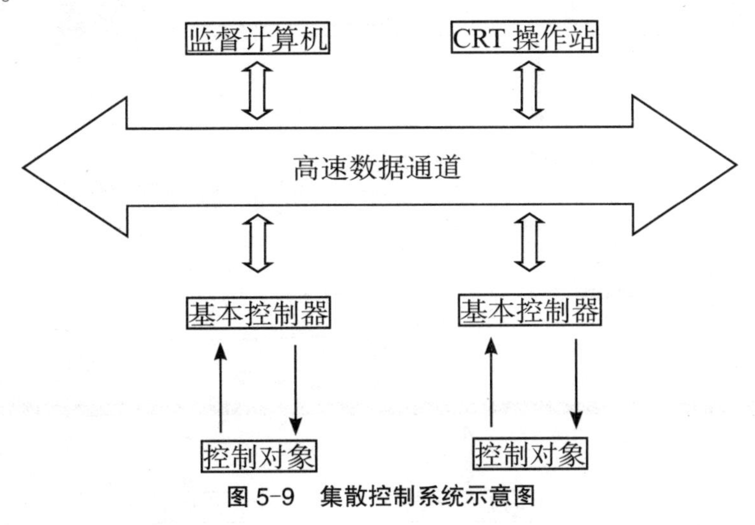

图 5-9　集散控制系统示意图

6. 现场总线控制系统（FCS）

FCS（Fieldbus Control System）是一种以现场总线为基础的分布式网络自动化系统，它既是现场通信网络系统，也是现场自动化系统。

作为一种现场通信网络系统，FCS 具有开放式数字通信功能，可与各种通信网络互连；作为一种现场自动化系统，FCS 把安装于生产现场的具有信号输入、输出、运算、控制和通信功能的各种现场仪表或现场设备作为现场总线的节点，并直接在现场总线上构成分散的控制回路。

7. 计算机集成制造 / 过程系统（CIMS/CIPS）

CIMS 是基于 1973 年美国 Dr.Joseph Harrington“Computer Integrated Manufacturing”博士论文中提出的 CIM 概念而构成的一种现代制造系统。

（1）企业生产的各个环节，即从市场分析、产品设计、加工制造、经营管理到售后服务的全部生产活动，彼此是紧密连接的，是一个不可分割的整体，应该在企业整体框架下统一考虑各个环节的生产活动。

（2）整个生产过程的实质是一个数据的采集、传递和加工处理的过程，最终形成的产品可以看作是“数据”的物质表现。

它是以数据库为核心，任何终端都需通过企业内的控制局域网络和管理局域网络与数据库交换数据、信息、知识。数据库由实时数据库和关系数据库组成，实时数据库用来存储工业现场数据、系统运行状况信息、先进控制和过程优化指令等；关系数据库用于企业ERP层的支持，并可存放实时数据库中的永久性数据。管理局域网络对内与关系数据库连接，对外与Internet连接，是企业管理信息化的物理载体。

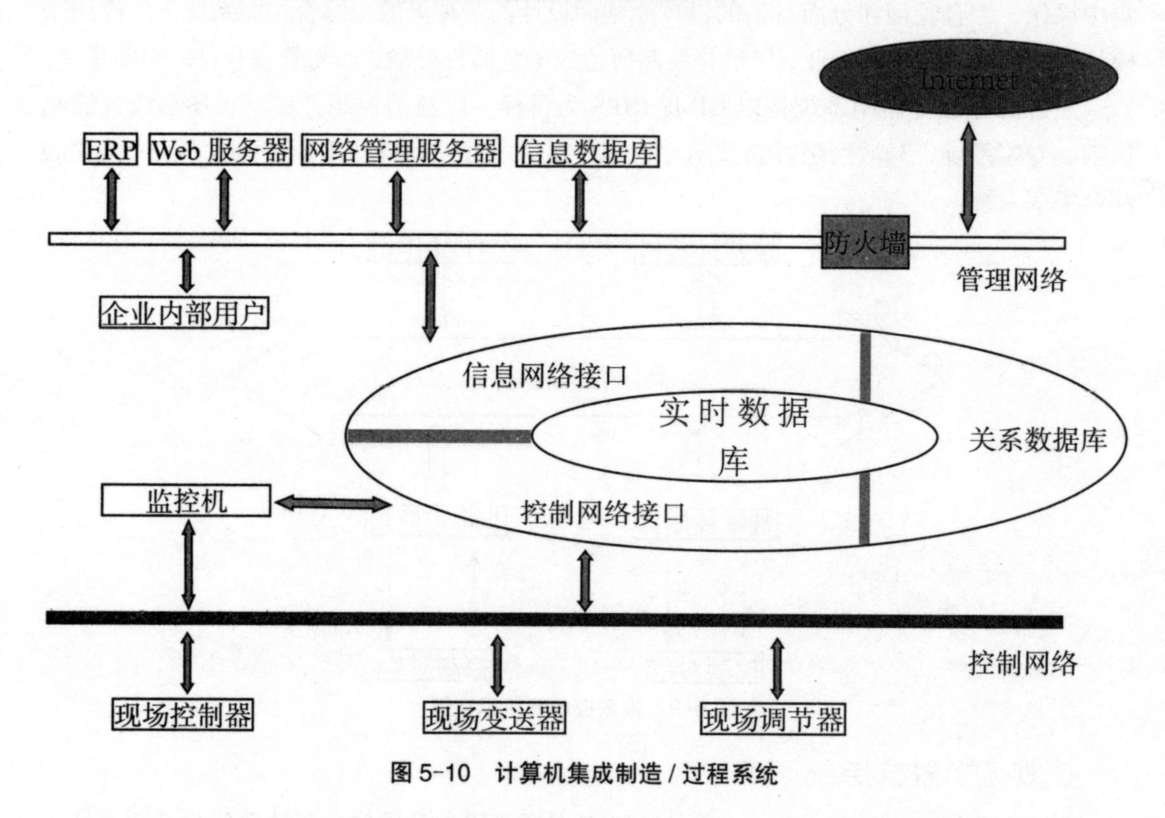

图 5-10　计算机集成制造 / 过程系统

三、实例：火电厂热工控制系统的应用实例

随着火力发电机组向高参数、大容量的发展，对机组自动化的要求日益提高，以“4C”（计算机、控制、通信、CRT）技术为基础的现代火电热工自动化技术得到了相应发展。其中，最有代表性的是问世于20世纪80年代的微机分散控制系统（DCS），DCS自诞生伊始，便展示出蓬勃生机，日益发展完善，并广泛地应用于大机组的自动控制。目前300MW以上的火电机组，无论国产机组还是引进机组都普遍采用DCS，就连200MW、100MW机组也使用DCS进行改造，这主要是由于DCS系统给电厂在安全生产与经济效益等方面带来的巨大作用，使以往任何控制系统无法与其相提并论。随着控制技术、计算机和通信技术的进一步发展和用户对生产过程控制要求的日益提高，促进了对新型控制系统的研究，一种全数字化的控制系统——现场总线控制系统（FCS）问世了，FCS虽然有无可比拟的优

越性，但在火电厂中能否充分发挥其优势，其使用前景如何是值得探讨的问题。

1.DCS 是火电厂热控系统的主流

DCS 是集中了分散仪表控制系统和集中式计算机控制系统的优点发展起来的一种系统工程技术。它采用控制功能分散、操作管理集中、信息共享的基本原则，既具有监视功能（如 DAS），又具有控制功能（如 CCS、SCS、FSSS、DEH），结构上采用能独立运行的工作站进行局部控制，工作站间采用局部网络进行通信实现信息传递；在功能上，采用分层递阶控制思想，并可与更上一级计算机或网络系统进行通信联络。火电厂 DCS 的应用在不同程度上提高了火力发电机组的数据采集与处理、生产过程控制、逻辑控制、监视报警、联锁保护、操作管理的能力和水平，是目前热控系统的主流，其自身也在不断完善和发展，在火电厂热工自动化领域有广阔的应用前景。

1）DCS 向开放化发展

火电厂自动化系统是由执行不同监控功能的计算机组成的。为使多种计算机系统便于连接和通信，实现数据传递和资源共享，采用满足 MAP/TOP 协议要求的开放式工业计算机系统是必然的趋势。早期的 DCS 一般都采用专用控制网络将自家的工作站或可编程控制器（PLC）等产品连接起来构成，在网络中不允许连接其他厂家的产品或不同型号的产品。目前，DCS 各制造厂商纷纷将自己的专用网络进行改造，使其符合国际标准，或在自己的专用网络和普通网络之间加入网关，使其与以太网、MAP 网连接，使已有产品向开放式系统改进和完善。大多数 DCS 还采用了直接容纳 PC 机的配置方案，使 PC 机及在其上开发的软件均可在 DCS 上运行，并且通过 PC 机也可实现不同系统间的连接，打破了 DCS 自成一体的封闭局面。

2）软件不断丰富

大型火电机组控制对象多且复杂，具有非线性、大迟延、控制参数相互影响、干扰源多等特点，使得自动控制系统设计难度较大。在采用 DCS 后，可充分利用其潜在能力，实现高级复杂控制算法，如自适应控制、模糊控制、预估控制、非线性控制、神经元控制等，以提高机组自动控制的质量。如镇海电厂 200 MW 机组主汽压和主汽温的控制系统采用模糊控制技术，调节品质明显提高；华能南通电厂将 N—90 分散控制系统中 Smith 预估器功能应用于 350 MW 机组的协调控制系统，取得成功。

除控制类软件不断丰富外，一些管理类软件、报警类软件、诊断类软件也在不断优化和发展，如汽轮机专家诊断系统已在火电厂广泛采用。软件智能化程度的提高，可进一步提高机组的运行管理水平，有效地提高机组的可用率和经济性。

3）全 CRT 监控模式

20 世纪 90 年代，以 RISC 技术为基础的 Workstation 引入 DCS 的人机接口（MMI），极大地丰富了 MMI 的图形功能、编程功能及人机对话功能，并满足过程监控的简捷、方便和实时性高的要求。90 年代初，国外新投运机组已实现了全 CRT 监控技术。在我国，DCS 应用初期，人们习惯和相信传统的监控设备和监控方式，因此在工程设计中仍配置了大量的传统监控设备做后备，经过近几年的实践，DCS在火电厂运行的可靠性得到了普遍肯定，目前工程设计中已取消大量传统的后备监控设备，仅保留少数几个紧急停机开关，预计不久，火电单元机组全CRT监控技术将被广泛接受；另外，近年来大屏幕显示技术引入DCS，大大改善了人机界面。在单元机组向全CRT监控发展的同时，火电厂其他子系统和辅助车间也在向全CRT监控发展，这必将简化自动化系统，缩小控制室和监控面，减少监控人员，节省投资，并进一步提高电厂的安全经济水平。

4）DCS功能覆盖面的一体化

早期火电厂DCS主要实现数据采集与处理（DAS）、模拟量控制功能（MCS），并逐步实现顺序控制功能（SCS），目前有的DCS还覆盖了炉膛安全监控系统（FSSS）和汽轮机电液调节系统（DEH），也就是说实现DCS一体化的方式有二：一是由DCS实现DAS、MCS、SCS、FSSS、DEH五大功能。这样硬件型号统一，相互通信接口方便，在简化系统、减少监视操作面和便于维护管理等方面具有明显的优越性；但价格较贵，且要求厂家具有FSSS和DEH的设计运行经验。目前除贝利公司外，西屋公司、ABB公司和日立公司等均已具备这一能力和经验。在实际应用方面，经多年实践，国内一些电厂中如妈湾电厂、湘潭电厂及常熟电厂等300 MW国产机组，已成功地由DCS厂商实现FSSS和DEH控制。二是由DCS实现DAS、MCS或DAS、MCS及SCS的功能，FSSS及DEH由专业生产厂配套，或者用可编程控制器（PLC）实现SCS、FSSS功能，通过通信实现数据共享和监视设备共用。这样可以降低造价，但在通信规约未统一前，还要认真解决接口问题或继续保留硬接线方式。总之，电厂应用DCS能否实现五大功能在硬件上的一体化，应根据DCS厂家的经验和技术，经技术经济比较后确定。

5）实现辅机DCS控制

我国火电厂主机控制系统已广泛采用DCS，并达到国际较先进水平。但辅助系统的控制却不同，按照目前各电厂辅助系统控制设备的配置情况，一些主要的辅助系统，如除灰、除渣、输煤、化学水处理等均采用PLC与上位计算机组成的控制系统，一些较为次要的控制系统近年来也逐步采用小型PLC进行控制。也就是说我国的电站辅助系统，尤其是大型电站已初步形成以PLC为主导的控制系统框架，但在技术及管理上暴露出很多问题：较为分散的控制室不易管理；各个控制系统采用不同的硬件和软件，给备品备件管理、人员培训及维护等造成了一定难度；将辅助系统的运行信息连接到MIS存在一定的难度等等。但若能实现辅助系统的DCS控制，就可解决这些问题。

随着DCS、网络、计算机、大屏幕及PLC控制技术的日益成熟，在较为成熟的大机组上推广采用DCS技术的条件已经具备。对辅助系统的集中控制可采用多种技术方案，可将辅机系统接入主机DCS，采用相对集中的方案，或采用高度集中的方案后，再与主机DCS和MIS连接在一起。如我国上海外高桥电厂3、4号机组实现了辅助DCS改造，将除灰系统、除渣系统和凝结水处理系统引入机组集控室，监视、控制一步到位，实现了主控室对辅助系统的监控。另外，一些正在筹建的大型电厂也正在积极研究采用辅助DCS方案，以实现减员增效，提高管理和技术水平。

6）远程智能 I/O

虽然 DCS 是目前工程应用的主流，但传统的 DCS 也有一些不足之处，如过程测控站过于集中，环境条件要求高，现场信号电缆多，施工、维护不易，接地处理要求严格等。在这种情况下，许多生产厂家推出了远程智能 I/O 装置。远程智能 I/O 作为一种独立的系统由三部分组成，即智能前端、现场通信总线和计算机适配器。智能前端是放置于生产现场的测控装置，完成 A/D、D/A 转换、滤波、去抖、热电偶、热电阻测量变换及 PID 控制等功能，实际上就是现场总线产品。现场通信总线采用全数字串行通信方式，可支持点对点、点对多点、主从式及广播式等工作方式，与目前流行的现场总线产品完全一致。通信适配器完成整个网络统一协调管理，实现与主控系统的信息交换。实践证明，基于远程智能 I/O 的 DCS 既能有效取代传统 DCS 测控站，提高系统的可靠性，又具有现场总线的许多优点。可见，远程智能 I/O 系统是 DCS 向 FCS 过渡的一种重要技术和产品。在近几年的工程实践中，有些已局部采用了 DCS 系统一体化和国产化的远程智能 I/O 设备，如鄂州电厂 2×300 MW 机组采用 DCS 远程 I/O，实现了对循环水泵房的控制；长春热电二厂 200 MW 机组改造后的 EDPF-3000 分散控制系统中，其 DAS 部分采用了“893- 远程智能 I/O”系统，准确度很高。可见，DCS 发展至今已相当成熟和实用，成为火电厂热控系统的主流。

2.FCS 在火电厂的应用前景

1）FCS 的特点

FCS 是基于现场总线产品的控制系统的简称。现场总线是连接智能现场设备和自动化系统的数字式、双向传输、多分支结构的通信网络。它采用数字传输方式，可实现高精度的信息处理，提高控制质量；它采用 1 对 N 结构，用一对传输线可连接多台仪表，实现主控系统和多台仪表间的双向通信，具有接线简单、配线成本低、维护维修及系统扩展容易等优点；它采用开放式互联网络，所有技术和标准面向全世界各生产厂家开放并共同遵守，用户可任意实现同层网络和不同层网络的互联，共享网络数据库；它将控制功能分散到现场仪表中，实现了真正的分散控制，但仍允许在控制室的人机界面上对现场仪表进行运行、调整和信息集中管理。

2）FCS 在火电厂的应用优势

FCS 在结构、性能上优于传统的 DCS，是工业控制系统的发展方向，在石化、水电等行业已开始小规模应用并积累了一定的经验，但在控制对象非常复杂而运行可靠性要求又极高的火电厂，FCS 的优势不一定能充分发挥。我们可以从以下几方面进行分析：

（1）电站 I/O 的特点。

FCS 的重要优势之一就是节省大量的现场布线成本，因此现场总线技术适合于分散的、具有通信接口的现场受控设备的系统。而发电厂在主厂房内测点密集、现场装置密集、设备立体布置，属于具有集中 I/O 的单机控制系统，因此发电厂采用 FCS 在布线成本的节省方面没有太明显的效果。FCS 的另一优势是，它执行的是双向数字通信现场总线信号制，可以实现远程诊断；而电厂的辅助车间相距较远，因此在辅助车间和系统适度集中控制方面，FCS 所具有的节省布线成本、远程诊断的优势可以得到充分发挥。

（2）火电厂控制系统具有复杂性。

对于火电厂不同的自动化监控系统，由于其复杂程度不同，FCS 的优越性体现也有所不同。火电厂的 DAS 系统，主要采集全厂信息。采用 FCS，对于地域分散的各个点的信息采集，可以发挥其优越性，即便对于信息相对集中测点，也可采取区域集中采集方式，再通过网桥挂到总线上去。对于火电厂的 MCS 系统，以 300 MW 火电机组为例，若不分难易复杂程度，每台机组约有 110 套模拟量闭环控制系统。在这些 MCS 系统中，作为执行一级的，多数为简单的单回路调节系统，对于这类系统，FCS 最能发挥其优势；作为功能一级的 MCS 系统，其复杂程度有所增加，有时为了改善调节品质，需加入一些前馈信号、反馈信号、校正信号等构成复合控制系统，对于这类系统，FCS 的优势能否充分发挥，要针对各个系统具体分析，不宜一概而论；作为协调一级的 MCS 系统，复杂程度最高，如火电厂中的机炉协调控制系统（CCS），含有负荷控制、主汽压力控制、主汽温度控制及汽包水位控制等控制系统，它的输入、输出将涉及数十台设备的状态，这些设备分散在整个厂域的各个地方，如此复杂的 MCS 系统，FCS 的优势就显得很不明显。如果按照 FCS 的典型做法，将控制和处理功能分散到数字智能现场装置上，而不是采用目前的 DCS 这种传统做法，即通过 I/O 模件送入高一级控制器内进行处理运算，那么由于控制功能分散，对于一个控制系统而言，显然是增加了故障点。再则，为实现复杂控制系统的控制功能，必然要在 FCS 系统的低速与高速两层通信网络内频繁的更换信息，大大增加了控制系统的处理周期。对于火电厂的 SCS、APS（报警保护）系统，凡是针对单台设备或单个执行器的，现场总线技术的典型系统是采用小型 PLC 来实现的，再将该小型 PLC 挂在高速总线上；而对于协调一级的 SCS 与 APS 系统，其 SCS 是控制机组自启停，而 APS 是全厂大连锁，它们在使用 FCS 时所遇到的问题与 CCS 所遇到的问题十分相似。总之，对于火电厂那些涉及输入输出设备较多的复杂的系统（如 CCS），FCS 的优势并不突出。

（3）现场装置与控制器。

FCS 虽然采用了智能化的现场仪表，但就目前 FCS 各公司开发研究的情况来看，在模拟量闭环控制方面，数字智能现场装置还不能承担起全部功能。如 FF 现场总线，能提供 10 个基本模块（有各种输入输出及 PID 调节模块）及先进功能块 19 个，共计 29 个，这也只能使 DCS 中一些简单的单回路反馈系统的控制功能下放到数字智能现场装置中。另外，还应看到，尽管部分 FCS 公司开发了一些功能块，利用这些功能块可以组态各种控制系统，但 FCS 在软件模块化设计方面远不如 DCS 系统。DCS 定义了上百种功能块，如电站专用的热电偶分度表、热电偶冷端自动温度补偿、水位压差转换关系中的压力校正等，这些运算关系在成熟的 DCS 中都已软件模块化，进行应用软件组态时使用非常方便。可见，对于火电机组这一特殊控制对象，FCS 不可能把控制功能全部下放到数字智能现场装置中，DCS 的传统做法在 FCS 中还应保留。

（4）信息集成。

目前在电力系统“厂网分开、竞价上网”的改革已成定局，各火电厂为加强管理，纷纷建立管理网络，如建立全厂 MIS 网络。现场总线技术适合对数据集成有较高要求的系统，因此目前火电厂要建立的车间监控系统、全厂 MIS 系统等，在底层使用现场总线技术，可将大量丰富的设备状态及生产运行数据集成到管理层，为实现全厂的信息系统提供重要的基础数据。

3）FCS 在火电厂的实践

我国目前采用 FCS 的系统还不太多，其中多数应用在冶金、化工、制药等行业，以非主流现场总线产品占大部分，在火电厂使用的例子就更少。目前在我国火电厂，FCS 仅在局部使用。例如，四川广安电厂的西门子 SIMATICS7PLC 可组成 L2-DP 网络，遵循 PROFIBUS 协议标准；湛江电厂使用 PROFIBUS 实现系统实时监测，成为电厂综合管理信息系统（ZDMIS）的主要组成部分；常熟电厂的 FOX-PRO 公司 I/ADCSI/O 模件（现场总线模件 FBM）之间联系遵循 IEE1118 协议标准；华能珞璜电厂的 ALSPA—P320 控制系统中采用了 WorldFIP 现场总线技术。这些系统仅仅是遵循现场总线协议，其他方面和 DCS 没有什么差别，是不完善的 FCS 系统，也可看作是由 DCS 向 FCS 发展的一种过渡型控制系统。

第三节　机电一体化系统的智能控制技术

机电一体化系统主要是指由动力与驱动部分、机械本体、传感测试部分、执行机构、控制及信息处理部分所组成，并利用电子计算机的信息处理技术、控制功能以及可控驱动元件特性来运行的一种现代化机械系统。所谓智能控制系统，就是指利用集合了人工智能理论、自动控制理论以及信息理论等诸多技术理论，用以实现优化调控机的新技术系统。这是一种当前最为先进的自动化控制技术，一般包括两个方面，即外部环境和控制器。在实际应用中，通过外部环境提供信息以供控制器做出控制决策，因此无须使用模型，具有很大的环境适应协调能力，在诸多机械设备生产中都具有很大的应用价值，因而成为促进机电一体化的重要技术系统。为了满足人们生产生活中的各种需要，将智能控制技术融入机电一体化系统中，就成为必然的趋势。

一、智能控制技术概述

1. 智能控制技术概念

智能控制是指通过计算机模拟人类的思想，通过计算机程序实现对复杂多样的操作进行模拟，从而实现在无人控制的情况下完成机械控制并实现机械的自动化生产。通过智能控制能够帮助人类解决很多复杂的问题和实现很多复杂的操作，同时极大地提高操作的精度，使得机械制造业能够制造出更加精密的设备。智能控制系统与传统控制系统相比具有更加方便快捷、更加精确、更加安全的优势，通过智能控制系统能够最大限度地精简参与生产的人员，在人类肉眼不可能达到的精密层级进行操作，使机械设备在一些人类不能到达的空间进行工作。随着科学技术的快速发展，智能控制系统已经在工业中大放异彩，随着其与其他技术的完美结合，已经为人类做出了极大的贡献。

2. 智能控制与传统控制的区别

（1）智能控制是对传统控制理论的延伸和发展，智能控制在传统控制的基础上发展出更高效的控制技术。智能控制系统运用分布式及开放式结构综合、系统地进行信息处理，并不只是达到对系统某些方面高度自治的要求，而是让系统做到统筹全局的整体优化。

（2）智能控制综合了很多有关调控方式理论知识的学科，与传统控制理论将反馈控制理论作为核心的理论体系相比，智能控制理论以自动控制理论、人工智能理论、运筹学、信息论的交叉为基础。

（3）传统控制只是解决单一的、线性的控制问题；与之相比，智能控制解决了传统控制无法解决的问题，通常是将多层次的、有不确定性的模型、时变性、非线性等复杂任务作为主要控制对象。

（4）传统控制通过运动学方程、动力学方程及传递函数等数学模型来进行系统描述；相较而言，智能控制系统把对数学模型的描述、对符号和环境的识别以及数据库和推力器的设计等方面设为重点。

（5）传统控制由不同的定理和定律获取所需知识，而智能控制则通过学习专家经验来获取所需的知识。智能控制系统可以较好地运用相关被控对象和人的控制策略以及被控环境的知识，因此智能控制系统可以模拟或模仿人的智能。

3. 智能控制系统的类别

1）专家控制系统

专家控制系统是在把人的知识、经验和技能汇集在计算机系统中后按照相应的指令程序来操作运行的控制系统，其所涵盖的诸多理论知识在智能控制实行实际任务时发挥了很大作用，提高了控制系统的应用性能。

2）分级递阶智能控制系统

分级递阶智能控制系统简称为分级控制系统，它是在自组织控制及自适应控制的基础上通过所关联的组织级、执行级以及协调级发挥的作用实行运行的。

3）神经网络系统

人工神经网络控制系统是神经网络系统在机电一体化系统中最为广泛的应用，它通过运用人工神经元、神经细胞等构成的模式来实行其非线性映射、分布处理、模仿人的智能等主要功能的发挥，具有自适应控制、自组织控制以及大幅度并行处理等优势。

4）模糊控制系统

模糊控制系统主要包括专家模糊控制以及以神经网络为基础的模糊控制。专家模糊控制能够充分地表达并利用实行控制所需的多层次知识，提高了控制技术的智能。而以神经网络为基础的模糊控制利用神经网络来实行模糊控制的规则或推理以实现模糊逻辑控制的功能。

二、智能控制技术在机电一体化系统、产品中的应用和分析

1. 智能控制在机电一体化系统中的应用

1）智能控制在机床中的应用

智能控制应用于机电一体化系统中时，其最主要的表现形式便是在数控机床中的智能化应用。传统的数控机床设备中，由于不具备先进、科学的智能化理念，所以使得所加工的产品不够精细与完美。而将智能控制技术应用于机床加工中时，该技术通过 CPU 控制系统、RISC 芯片等先进、智能的控制系统，可大幅度地提高机床的精度。智能控制机床的应用，可以对制造过程做出准确、果断的决定，其智能化系统对机床的整个制造过程均十分了解，并可利用监控、诊断以及修正措施，来规避机床生产过程中容易出现的各种偏差。除此之外，将智能控制应用在机床中时，该智能化系统还能够精准地计算出机床所使用的切削刀具、轴承、主轴、导轨等部件的磨损程度及剩余寿命，从而让人们在使用机床时更加清楚该机床剩余的使用时间以及替换时间。

从目前智能机床的实际应用情况来看，机床的智能化主要体现在四个方面：

（1）智能安全屏障：机床的智能安全屏障是指通过智能化的设计，以防止机床各部件在作业过程中出现碰撞。

（2）智能热屏障：智能热屏障主要是指热位移控制，因为机床各部件的运动或动作下所产生的热量以及室内温度的变化，会使机床生产发生定位误差，而此种智能热屏障就是针对定位误差进行自动补偿，使误差值降低到最小。

（3）主动振动控制：通过智能化主动振动控制，可将机床作业时产生的振动降至最小，由于进行切削等加工时，振动过大会影响加工的精度，而有效控制振动频率幅度后，对机床加工精度与效率也有着十分积极的意义。

（4）语音信息系统：语音信息系统又被称作马扎克语音提示，当操作人员对机床进行手动操作或调整时，其智能系统中的语音信息提示，可动态地提示操作人员操作的流程及正确性，从而避免失误的产生。

2）智能控制在交流伺服系统中的应用

交流伺服系统作为机电一体化系统中的一个重要组成部分，将智能控制技术应用于其中实属必然。交流伺服系统主要是指一种转换装置，其是通过对电信号的转换来进行机械操作的一种系统。但是，从实际的应用情况来看，由于交流伺服系统结构的复杂性，使得其也存在参数时变、负载扰动、强耦合等诸多的不确定因素，导致建立精确的数学模型十分困难，只能建立起与实际相似的模型，但所建立的这种模型有时却难以达到系统高性能的要求。在这种情况下，将智能控制技术应用进去时，使交流伺服系统无须再建立精确的数学模型，也不再需要精准的控制器参数，便可实时、动态地掌握交流伺服系统的各种数据指标，进而保证交流伺服系统的高性能指标，满足相关厂家的要求。

3）智能控制在机器人领域中的应用

在当今社会的高速发展下，智能机器人的广泛应用已是必然的趋势，机器人在动力系统方面主要具有时变性、强耦合性、非线性等特征，而针对这种特征，将智能控制技术应用其中很有必要。从目前形势来看，将智能控制技术应用于机器人领域中时，其主要智能控制体现在如下几个方面：

（1）行走方面的智能控制。采用智能化技术，对机器人的行走路径以及行走轨迹跟踪等方面进行智能控制，从而实时、动态地了解机器人的行走情况，并给机器人下达行走的命令。

（2）多传感器及视觉处理方面的智能控制。对机器人的多传感器信息融合方面，视觉处理方面进行智能化控制，使机器人能够利用多传感器等，准确、迅速地接收所传达过来的信息与命令。

（3）动作姿态方面的智能控制。采用智能控制技术，对机器人的手臂姿态以及动作进行控制，使其动作姿态协调、有规律。

（4）运动环境方面的智能控制。利用智能控制技术中的专家控制系统和模糊控制系统，对机器人的运动环境进行定位、监测、建模以及规划控制等。

4）智能控制在设备装置中的应用

将智能控制应用于设备装置当中，让设备装置的元件转变为智能化元件，从而使设备装置在石油化工、生物科技、节能环保、精密仪器制造、生活等各行各业、各个领域中均能发挥最大的应用优势。

（1）家庭家居中的智能设备装置

家庭家居中的智能设备装置主要包括有家居控制器、总线连接器与智能家电，而这三大类型的设备装置之所以能起到智能的作用，与装置中所应用的智能元件有着极为密切的关系。通过家庭家居设备装置中的智能元件，再经由蓝牙信号接收、传输接口等媒介，主动将自身状态信息传送给相应的控制器，同时在控制器发出指令之后，自动执行动作。例如，家庭家居较常用的洗衣机、空调、电动窗帘、热水器、洗碗机、智能照明系统、智能安防系统等，均是在智能控制技术的应用下才得以实现的。

（2）企业中的智能设备装置

随着我国大中小型企业的不断发展，企业在运营中所使用的设备装置朝着智能控制的方向发展也就成了必然的趋势。例如在企业的数据管理方面，可根据企业的实际运行情况，配备智能化与自动化元件、硬件及软件设施，构建出商务智能系统，进而利用联机分析处理技术、数据仓库技术以及数据挖掘技术，大幅地提高企业数据管理的效率，减少人力、财务、物力的大量耗费。

2. 智能控制在机电一体化系统中的应用优势

1）帮助机电一体化系统完善性能

相较于传统的自动化控制系统来说，智能控制系统作为机械工业与微电子工业未来发展的主要方向，智能控制在机电一体化系统中的应用优势首先体现在其可以帮助完善机电一体化系统的性能。智能控制在机电一体化系统中的应用可以帮助省去中间模型分析的环节，准确地根据外部环境的变化趋势来确定调控方向最终直接形成控制指令。最终在外部环境和控制器的作用下，帮助机电一体化系统高效、快捷、精度更高地去完成一项工作。

2）帮助机电一体化系统增大安全可靠性

在智能控制系统的帮助下只需要人力完成第一步指令输入即可，其余全部由系统根据指令按照流程顺序完成系统运行。智能控制系统可以合理地调控设备中的结构或运行过程，最终实现对运作系统的有效的智能控制工作，从而最大限度地保证机电一体化系统的安全可靠性。

三、计算机控制系统应用实例

尽管计算机控制系统的被控对象多种多样，系统设计方案和具体技术也千变万化，但在设计计算机控制系统中应遵循的共同原则是一致的，即可靠性要高，操作性要好，实时性要强，通用性要好，性价比要高。

要保证上述原则的实现，除具有坚实的计算机控制系统设计的理论基础外，还要具有丰富的工程经验，包括熟悉工控领域的各种检测元件、执行器件、计算机及其相关采集与控制板卡的特性及使用范围，了解各种典型被控对象的特性等，这需要在长期的工程实践中不断积累和摸索。以电阻炉温度控制系统为例，通过一个电阻炉温度控制实验系统，介绍一种典型的慢过程计算机控制系统各个环节的构建方法。

1. 系统总体描述

电阻炉温度控制系统包括单回路温度控制系统和双回路温度控制系统，是为自动化专业、仪表专业本科生的实验教学而研制的实验系统，单回路电阻炉温度控制系统的实物如图 5-11 所示，主要由计算机、采集板卡、控制箱、加热炉体组成。由计算机和采集板卡完成温度采集、控制算法计算、输出控制、监控画面等主要功能。控制箱装有温度显示与变送仪表、控制执行机构、控制量显示、手控电路等。加温炉体由民用烤箱改装，较为美观，适合实验室应用。

图 5-11 电阻炉温度控制系统

单回路电阻炉温度控制系统主要性能指标如下：

（1）计算机采集控制板卡 PCI-1711

A/D12 位输入电压 0~5 V；

D/A12 位输出电压 0~5 V。

（2）控制及加热箱

控制电压 0~220 V；

控制温度 20℃ ~250℃；

测温元件 PT-100 热电阻（输出：直流 0~5 V，或 4~20 mA）；

执行元件固态继电器（输入：直流 0~5 V；输出：交流 0~220 V）。

单回路温度控制系统是一个典型的计算机控制系统，但是没有数字量输入 / 输出通道，具体如下：

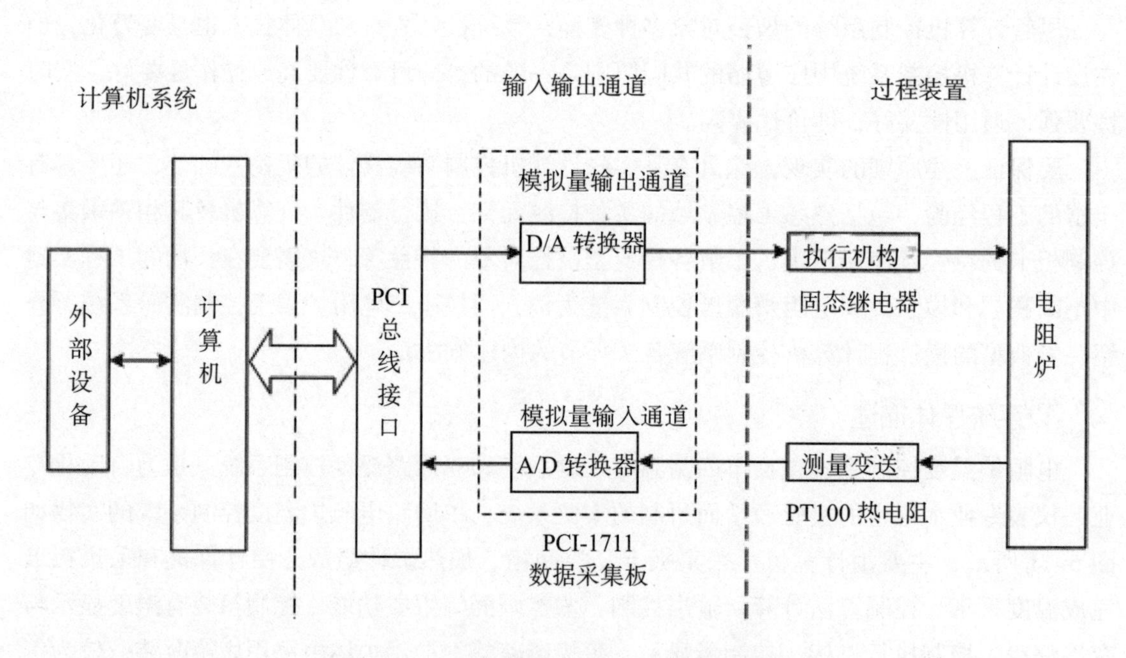

图 5-12　电阻炉温度控制系统硬件结构图

2. 硬件系统设计

系统的硬件设计包括传感器、执行器、A/D 和 D/A 的设计，而 PCI 总线接口属于计算机的系统总线，下面分别加以详细介绍。

1）传感器设计

温度传感器有热电阻和热电偶，热电阻最大的特点是工作在中低温区，性能稳定，测量精度高。系统中电炉的温度被控制在 0℃ ~ 250℃之间，为了留有余地，我们要将温度的范围选在 0℃ ~ 400℃，它为中低温区，所以本系统选用的是热电阻 PT100 作为温度检测元件，实物如图 5-13 所示。热电阻中集成了温度变送器，将热电阻信号转换为 0~5 V 的标准电压信号或 4~20 mA 的标准电流信号输出，供计算机系统进行数据采集。

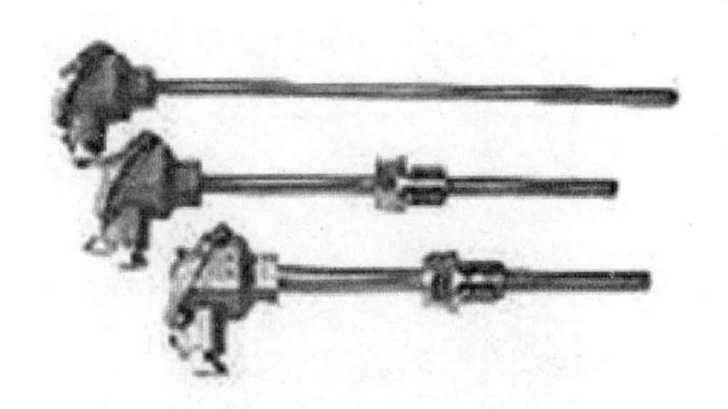

图 5-13　PT100 热电阻

热电阻传感器是利用电阻随温度变化的特性制成的温度传感器。热电阻传感器按其制造材料来分，可分为金属热电阻和半导体热电阻两大类；按其结构来分，有普通型热电阻、铠装热电阻和薄膜热电阻；按其用途来分，有工业用热电阻、精密的和标准的热电阻。热电阻传感器主要用于对温度和与温度有关的参量进行测量。下面分析一下热电阻的测温原理。金属体热电阻传感器通常使用电桥测量电路，如图 5-14 所示。

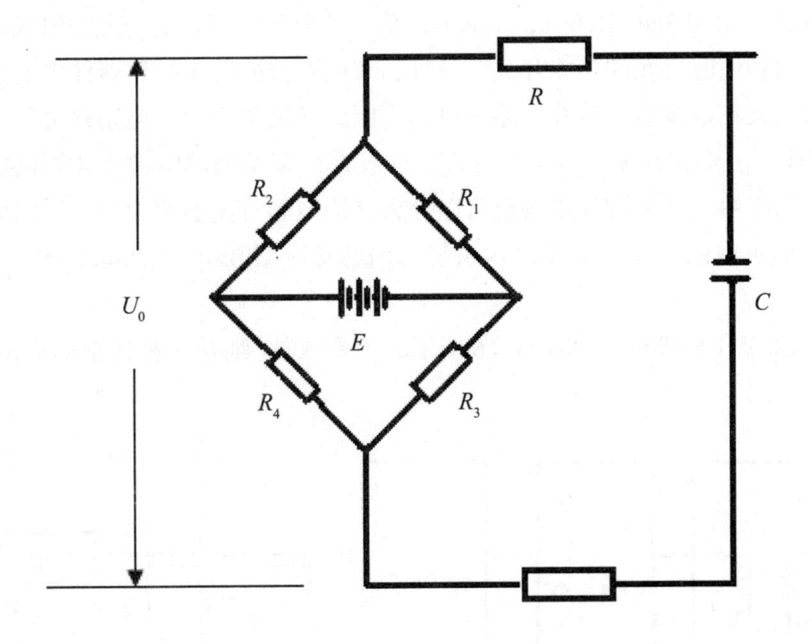

图 5-14　电桥测量原理图

2）执行器设计

执行器选用交流固态继电器，它是一种无触点通断电子开关，为四端有源器件。其中两个端子为输入控制端，另外两端为输出受控端，中间采用光电隔离，作为输入输出之间电气隔离（浮空）。在输入端加上直流或脉冲信号，输出端就能从关断状态转变成导通状态（无信号时呈阻断状态），从而控制较大负载。整个器件无可动部件及触点，可实现相当于常用的机械式电磁继电器一样的功能。固态继电器实物如图 5-15 所示。

图 5-15　固态继电器

固态继电器（Solid State Relays，SSR），是一种全部由固态电子元件组成的新型无触点开关器件，它利用电子元件（如开关三极管、双向可控硅等半导体器件）的开关特性，可达到无触点无火花地接通和断开电路的目的，因此又被称为“无触点开关”。它问世于20 世纪 70 年代，由于它的无触点工作特性，使其在许多领域的电控及计算机控制方面得到了日益广泛的应用。SSR 按使用场合可以分为交流型和直流型两大类，它们分别在交流或直流电源上做负载的开关。下面以本系统选用的交流型 SSR 为例来说明固态继电器的工作原理。

交流型 SSR 工作原理框图如图 5-16 所示，而图 5-17 则是一种典型的交流型 SSR 的原理图。

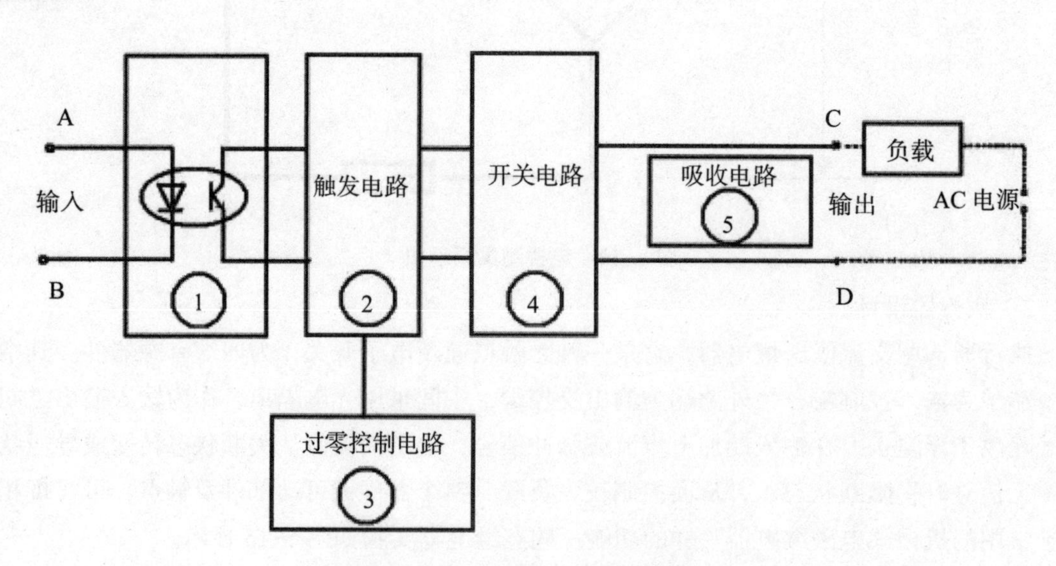

图 5-16　固态继电器工作原理框图

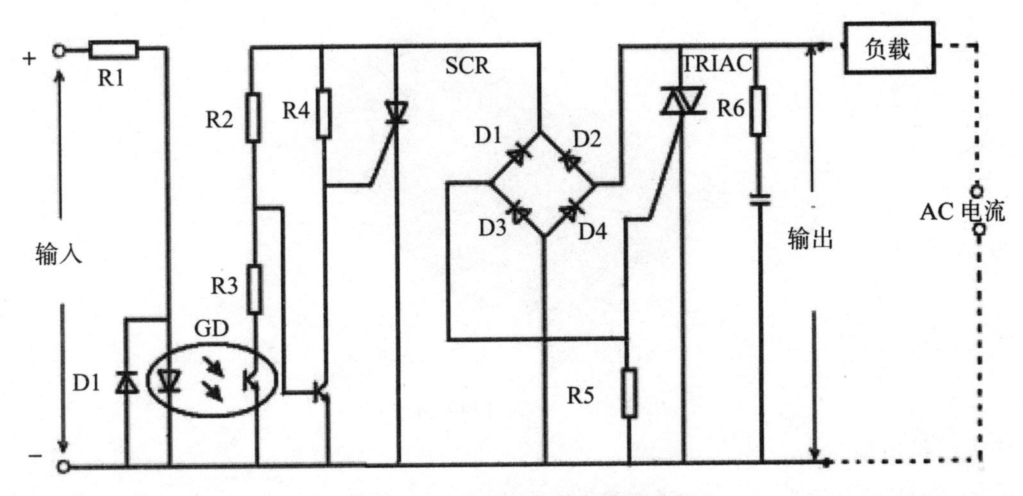

图 5-17　交流固态继电器原理图

图 5-16 中的部件①~④构成交流 SSR 的主体，从整体上来看，SSR 只有两个输入端（A 和 B）及两个输出端（C 和 D），是一种四端器件。工作时只要在 A、B 上加上一定的控制信号，就可以控制 C、D 两端之间的“通”和“断”，实现“开关”的功能。其中耦合电路的功能是为 A、B 端输入的控制信号提供一个输入 / 输出端之间的通道，但又在电气上断开 SSR 中输入端和输出端之间的（电）联系，以防止输出端对输入端的影响。耦合电路用的元件是“光耦合器”，它动作灵敏、响应速度高、输入 / 输出端间的绝缘（耐压）等级高。由于输入端的负载是发光二极管，这使 SSR 的输入端很容易做到与输入信号电平相匹配，在使用可直接与计算机输出接口相接，即受“1”与“0”的逻辑电平控制。触发电路的功能是产生合乎要求的触发信号，驱动开关电路④工作，但由于开关电路在不加特殊控制电路时，将产生射频干扰并以高次谐波或尖峰等污染电网，为此特设“过零控制电路”。所谓“过零”是指，当加入控制信号，交流电压过零时，SSR 即为通态；而当断开控制信号后，SSR 要等待交流电的正半周与负半周的交界点（零电位）时，SSR 才为断态。这种设计能防止高次谐波的干扰和对电网的污染。吸收电路是为防止从电源中传来的尖峰、浪涌（电压）对开关器件双向可控硅管的冲击和干扰（甚至误动作）而设计的。一般是用“R-C”串联吸收电路或非线性电阻（压敏电阻器）。

3）A/D、D/A 模块设计

A/D 和 D/A 选用 PCI-1711 数据采集集成板卡。该板卡是一款功能强大的低成本多功能 PCI 总线数据采集卡，具有 16 路单端模拟量输入；12 位 A/D 转换器，采样速率可达 100 KHz；每个输入通道的增益可编程；自动通道 / 增益扫描；卡上 1 K 采样 FIFO 缓冲器；2 路 12 位模拟量输出；16 路数字量输入及 16 路数字量输出；可编程触发器 / 定时器。PCI-1711 实物如图 5-18 所示。

图 5-18　PCI-1711 板卡

该板卡特点如下：

（1）即插即用功能

PCI-1711 完全符合 PCI 规格 Rev2.1 标准，支持即插即用。在安装插卡时，用户不需要设置任何跳线和 DIP 拨码开关。实际上，所有与总线相关的配置，如基地址、中断，均由即插即用功能完成。

①灵活的输入类型和范围设定

PCI-1711 有一个自动通道 / 增益扫描电路。在采样时，这个电路可以自己完成对多路选通开关的控制，用户可以根据每个通道不同的输入电压类型来进行相应的输入范围设定，所选择的增益值将储存在 SRAM 中。这种设计保证了为达到高性能数据采集所需的多通道和高速采样。

②卡上 FIFO（先入先出）存储器

PCI-1711 卡上提供了 FIFO（先入先出）存储器，可储存 1 K A/D 采样值，用户可以起用或禁用 FIFO 缓冲器中断请求功能。当启用 FIFO 中断请求功能时，用户可以进一步指定中断请求发生在 1 个采样产生时还是在 FIFO 半满时。该特性提供了连续高速的数据传输及 Windows 下更可靠的性能。

③卡上可编程计数器

PCI-1711 有 1 个可编程计数器，可用于 A/D 转换时的定时触发。计数器芯片为 82C54 兼容的芯片，它包含了三个 16 位的 10 MHz 时钟计数器。其中有一个计数器作为事件计数器，用来对输入通道的事件进行计数；另外两个计数器级联成 1 个 32 位定时器，用于 A/D 转换时的定时触发。

（2）PCI 系统总线

PCI（Peripheral Component Interconnect）总线是一种高性能局部总线，是为了满足外设间以及外设与主机间高速数据传输而提出来的。在数字图形、图像和语音处理，以及高速实时数据采集与处理等对数据传输率要求较高的应用中，采用 PCI 总线来进行数据传输，可以解决原有的标准总线数据传输率低带来的瓶颈问题。从 1992 年创立规范到如今，PCI 总线已成了计算机的一种标准总线。总线构成的标准系统结构如图 5-19 所示，其特点表现在：

①数据总线 32 位，可扩充到 64 位。

②可进行突发（burst）式传输。

③总线操作与处理器、存储器子系统操作并行。

④总线时钟频率 33 MHz 或 66 MHz，最高传输率可达 528 MB/s。

⑤中央集中式总线仲裁。

⑥全自动配置资源分配：PCI 卡内有设备信息寄存器组为系统提供卡的信息，可实现即插即用（PNP）。

⑦ PCI 总线规范独立于微处理器，通用性好。

⑧ PCI 设备可以完全作为主控设备控制总线。

⑨ PCI 总线引线：高密度接插件，分基本插座（32 位）及扩充插座（64 位）。

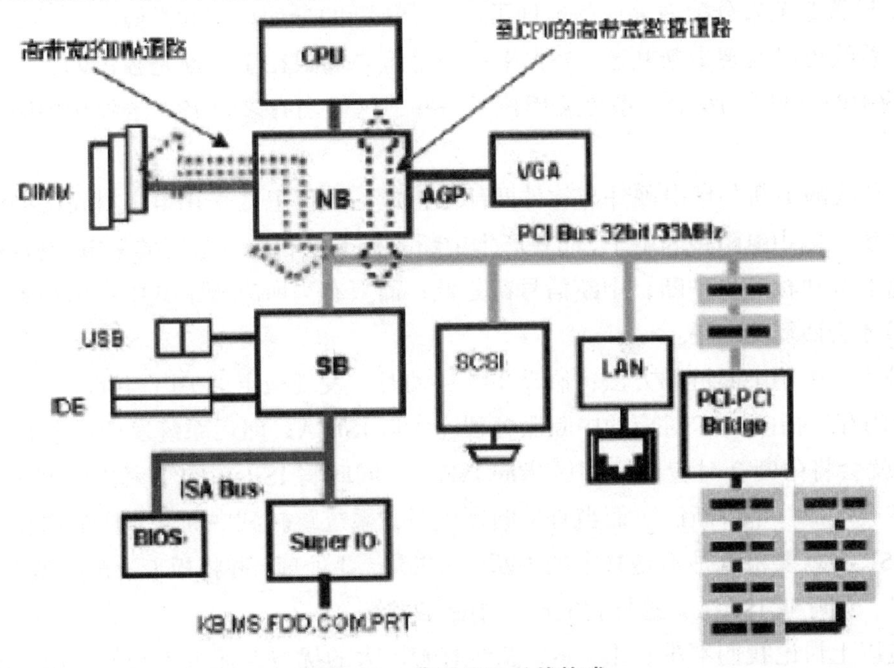

图 5-19　典型 PCI 总线构成

不同于 ISA 总线，PCI 总线的地址总线与数据总线是分时复用的。这样做的好处是一方面可以节省接插件的管脚数，另一方面便于实现突发数据传输。在做数据传输时，由一个 PCI 设备做发起者（主控，Initiator 或 Master），而另一个 PCI 设备做目标（从设备，Target 或 Slave）。总线上的所有时序的产生与控制，都由 Master 来发起。PCI 总线在同一时刻只能供一对设备完成传输，这就要求有一个仲裁机构（Arbiter），来决定谁有权力拿到总线的主控权。

当 PCI 总线进行操作时，发起者（Master）先置 REQ#，当得到仲裁器（Arbiter）的许可时（GNT#），会将 FRAME# 置低，并在 AD 总线上放置 Slave 地址，同时 C/BE# 放置命令信号，说明接下来的传输类型。所有 PCI 总线上设备都需对此地址译码，被选中的设备要置 DEVSEL# 以声明自己被选中。然后当 IRDY# 与 TRDY# 都置低时，可以传输数据。当 Master 数据传输结束前，将 FRAME# 置高以标明只剩最后一组数据要传输，并在传完数据后放开 IRDY# 以释放总线控制权。

这里我们可以看出，PCI 总线的传输是很高效的，发出一组地址后，理想状态下可以连续发数据，峰值速率为 132 MB/s。实际上，目前流行的 33M@32bit 北桥芯片一般可以做到 100 MB/s 的连续传输。

PCI 总线可以实现即插即用的功能。所谓即插即用，是指当板卡插入系统时，系统会自动对板卡所需资源进行分配，如基地址、中断号等，并自动寻找相应的驱动程序。而不像旧的 ISA 板卡，需要进行复杂的手动配置。

在 PCI 板卡中，有一组寄存器，叫“配置空间”（Configuration Space），用来存放基地址与内存地址及中断等信息。以内存地址为例，当上电时，板卡从 ROM 里读取固定的值放到寄存器中，对应内存的地方放置的是需要分配的内存字节数等信息。操作系统要根据这个信息分配内存，并在分配成功后在相应的寄存器中填入内存的起始地址，这样就不必手工设置开关来分配内存或基地址了。对于中断的分配也与此类似。

PCI 总线可以实现中断共享。ISA 卡的一个重要局限在于中断是独占的，而我们知道计算机的中断号只有 16 个，系统又用掉了一些，这样当有多块 ISA 卡要用中断时就会出现问题。

PCI 总线的中断共享由硬件与软件两部分组成。硬件上，采用电平触发的办法：中断信号在系统一侧用电阻接高电平，而要产生中断的板卡上利用三极管的集电极将信号拉低。这样不管有几块板产生中断，中断信号都是低；而只有当所有板卡的中断都得到处理后，中断信号才会回复高电平。

软件上，采用中断链的方法：假设系统启动时，发现板卡 A 用了中断 7，就会将中断 7 对应的内存区指向 A 卡对应的中断服务程序入口 ISR-A；然后系统发现板卡 B 也用中断 7，这时就会将中断 7 对应的内存区指向 ISR-B，同时将 ISR-B 的结束指向 ISR-A。以此类推，就会形成一个中断链。而当有中断发生时，系统跳转到中断 7 对应的内存，也就是 ISR-B。ISR-B 就要检查是不是 B 卡的中断，如果是，要处理，并将板卡上的拉低电路放开；如果不是，则呼叫 ISR-A。这样就完成了中断的共享。

通过以上讨论我们不难看出，PCI 总线有着极大的优势，而近年来的应用情况也证实了这一点。

3. 控制系统设计

单回路电阻炉温度控制系统是一个典型的计算机控制系统，其控制系统结构可以简化为如图 5-20 所示。

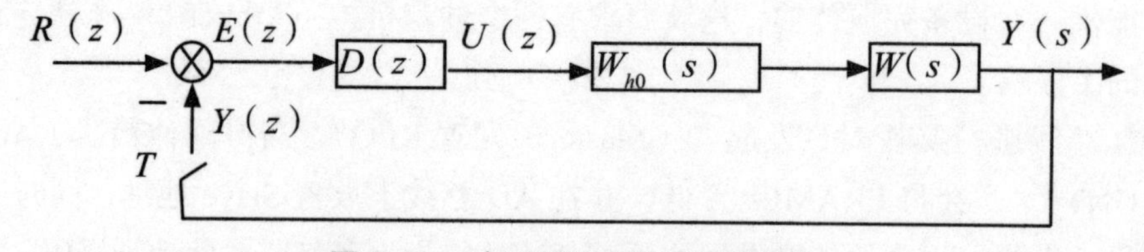

图 5-20　电阻炉温度控制系统结构

4. 系统软件设计

1）软件开发环境

进行炉温控制软件开发可以使用的工具有很多，比较常见的有 VisualBasic 语言、C 语言、C++ 语言等，它们都具有强大的功能。但是使用计算机语言开发一个系统，需要编写大量的源程序，这无疑加大了系统开发的难度。本系统的开发采用了一种工控组态软件——组态王，组态软件的使用，使炉温控制系统开发过程变得简单，而组态软件功能强大，可以开发出更出色的应用软件。

组态软件具有实时多任务处理、使用灵活、功能多样、接口开放及易学易用等特点。在开发系统的过程中，组态软件能完成系统要求的如下任务：

（1）计算机与采集、控制设备间进行数据交换；

（2）计算机画面上元素同设备数据相关联；

（3）处理数据报警和系统报警；

（4）存储历史数据并支持历史数据的查询；

（5）各类报表的生成和打印输出；

（6）最终生成的应用系统运行稳定可靠；

（7）具有与第三方程序的接口，方便数据共享。

系统选用“组态王 6.02”版本进行应用软件的开发。该版本软件包括工程管理器（ProjectManager）、工程浏览器（TouchExplorer）、工程运行系统（TouchView）和信息窗口（InformationWindows）四部分，各自的功能如下：

①工程管理器。用于组态王进行工程管理，包括新建、备份、变量的导入 / 导出、定义工程的属性等。

②工程浏览器。它是组态王软件的核心部分和管理开发系统，将画面制作系统中已设计的图形画面、命令语言、设备驱动程序管理、配方管理、数据库访问配置等工程资源进行统一管理，并在一个窗口中以树形结构排列。这种功能与 Windows 操作系统中的资源管理器的功能相似。

工程浏览器中内嵌画面制作系统，即应用程序的集成开发环境，在这个环境中完成画面设计、动画连接等工作。画面制作系统具有先进、完善的图形生成功能，数据库提供多种数据类型，能合理地提取控制对象的特性，对变量报警、趋势曲线、过程记录、安全防范等重要功能都有简洁的操作方法。

③工程运行系统。画面的运行由工程运行系统来完成，在应用工程的开发环境中建立的图形画面只有在 TouchView 中才能运行。它从控制设备中采集数据，存储于实时数据库中，并负责把数据的变化以动画的方式形象地表示出来；同时完成变量报警、操作记录、趋势曲线绘制等监控功能，并按实际需求记录在历史数据库中。

④信息窗口。它是一个独立的 Windows 应用程序，用来记录、显示组态王开发和运行系统在运行时的状态信息，包括组态王系统的启动、关闭、运行模式；历史数据的启动、关闭；I/O 设备的启动、关闭；网络连接的状态；与设备连接的状态；命令语言中函数未

执行成功的出错信息等。

2）应用软件的开发

应用组态王软件开发炉温控制系统，应遵循一定的开发步骤有序进行。其开发步骤总结如下：

（1）搞清所使用的I/O设备的生产厂商、种类、型号及使用的通信接口类型、采用的通信协议，进行I/O口设置。

（2）将所有I/O点的参数收集齐全，以便在组态王上组态时使用。

（3）按照统计好的变量，制作数据字典。

（4）按数据存储的要求构建数据库，建立记录体和模板，为数据连接做准备。

（5）根据工艺过程和组态要求绘制、设计画面结构和画面草图。

（6）根据上步的画面结构和画面草图，组态每一幅静态的操作画面。

（7）将操作画面中的图形对象与实时数据库变量建立动画连接关系，规定动画属性和幅度。

（8）绘制数据流程，编写命令语言，完成数据与画面的连接，对组态内容进行分段和总体调试。

（9）设计控制算法。工业中用得比较多的控制算法有PID算法、Smith预估算法、Dahlin算法等，各种算法都有自己的优势，适用于不同的被控对象。本系统中选用PID算法进行控制。

（10）系统投入运行。

第六章　机电一体化系统设计方法

第一节　机电一体化系统设计方法概述

一、机电控制系统总体设计的概念

机电控制工程是一门涉及光、机、电、液等综合技术的一项系统工程。机电控制系统设计是按照机电控制的思想、方法进行的机电控制产品设计，它需要综合应用各项共性关键技术才能完成。随着大规模集成电路的出现，机电控制产品得到了迅速普及和发展，从家用电器到生产设备，从办公自动化设备到军事装备，机与电紧密结合的程度都在迅速增强、形成了一个纵深而广阔的市场。一方面，市场竞争规律要求产品不仅具有高性能，而且要有低价格，这就给产品设计人员提出了越来越高的要求。另一方面，种类繁多、性能各异的集成电路、传感器和新材料等，给机电控制系统设计人员提供了众多的可选方案，使设计工作具有更大的灵活性。如何充分利用这些条件，应用机电控制技术开发出满足市场需求的机电控制产品，是机电控制总体设计的重要任务。机电一体化作为在微型计算机为代表的微电子技术、信息技术迅速发展并向机械工业领域迅猛渗透，以及与机械电子技术深度结合的现代工业的基础上，综合应用机械技术、微电子技术、信息技术、自动控制技术、传感测试技术、电力电子技术、接口技术和软件编程技术等群体技术，即实现多种技术功能复合的最佳功能价值系统工程技术。

1. 现代机械的机电一体化目标

1）提高精度

机电一体化技术使机械传动部件减少，因而使由机械磨损、配合间隙及变形而引起的误差大为减小。同时，由于机电一体化技术采用电子技术实现自动检测和自动控制，校正和补偿由各种干扰因素造成的动态误差，从而达到单纯机械装备所不能实现的工作精度。

2）增强功能

现代高新技术的引入，使机械产品具有多种复合功能，成为机电一体化产品和系统的一个显著特点。

3）提高生产效率

机电一体化系统可以有效地减少生产准备时间和辅助时间，缩短新产品的开发周期，提高产品的合格率，减少操作人员，从而提高生产效率、降低生产成本。

4）节约能源，降低能耗

通过采用低能耗的驱动机构、最佳调节控制和提高能源利用率等措施，机电一体化产品和系统可以取得良好的节能效果。

5）提高安全性、可靠性

机电一体化系统通常可以自动检测、监控子系统，因而可以对各种故障和危险自动采取保护措施并及时修正参数，提高系统的安全可靠性。

6）改善操作性和实用性

机电一体化系统的各相关子系统的动作顺序和功能协调关系由控制系统决定。随着计算机技术和自动控制技术的发展，可以通过简便的人机界面操作，实现复杂的功能控制和良好的使用效果。

7）减轻劳动强度，改善劳动条件

减轻劳动强度包括繁重的体力劳动和复杂的脑力劳动。机电一体化系统能够由计算机完成设计制造和生产过程中极为复杂的人的智力活动和资料记忆查找工作，同时还能通过过程控制自动运行，从而替代人的紧张和单调重复操作及在危险环境下的工作。

8）简化结构，减轻重量

机电一体化系统采用先进的电力电子器件和传动技术，替代老式笨重的电气控制和机械变速结构，由微处理器和集成电路等微电子元件和程序逻辑软件，完成过去靠机械传动链来实现的关联运动，从而使机电一体化产品和系统的体积小、结构简化、重量减轻。

9）降低价格

由于机械结构简化，材料消耗减少，制造成本降低，而且电子器件的价格下降迅速，因此机电一体化产品和系统的价格日趋低廉，而使用性能、维修性能日趋完善，使用寿命不断延长。

10）增强柔性应用功能

为了满足市场多样性的要求，机电一体化系统可以通过编制用户程序来实现机电产品工作方式的改变，适应各种用户对象及现场参数变化的需要。

2. 机电一体化系统开发的设计思想

机电一体化的优势，在于它吸收了各相关学科之长并加以综合运用而取得整体优化效果。因此，在机电一体化系统开发的过程中，要特别强调技术融合、学科交叉的作用。机电一体化系统开发是一项多级别、多单元组成的系统工程。把系统的各单元有机地结合成系统后，各单元的功能不仅相互叠加，而且相互辅助、相互促进、相互提高，使整体的功能大于各单元功能的简单的和，即“整体大于部分的和”。

3. 机电一体化系统设计方法

1）取代法

这种方法是用电气控制取代原来传统中机械控制机构，是改造传统机械产品和开发新型产品常用的方法。例如，用电气调速控制系统取代机械式变速机构，用可编程序控制器或微型计算机来取代机械凸轮控制机构、插销板、步进开关、继电器等，以弥补机械技术的不足。这种方法不但能大大简化机械结构，而且可以提高系统的性能和质量。

2）整体设计法

这种方法主要用于全新产品和系统的开发。在设计时，完全从系统的整体目标考虑各子系统的设计，所以接口简单，甚至可能互融一体。在大规模集成电路和微机不断普及的今天，随着精密机械技术的发展，完全能够设计出将执行元件、运动机构、检测传感器、控制与机体等要素有机地融为一体的机电一体化新产品。

3）组合法

这种方法就是选用各种标准模块，像积木那样组合成各种机电一体化系统。例如，设计数控机床时，可以从系统整体的角度选择工业系列产品，诸如数控单元、伺服驱动单元、位置传感检测单元、主轴调速单元及各种机械标准件或单元等，然后进行接口设计，将各单元有机地结合起来融为一体。在开发机电一体化系统时，利用此方法可以缩短设计与研制周期、节约工装设备费用，有利于生产管理、使用和维修。

二、机电控制工程总体设计的类型和方法

1. 机电控制工程总体设计的类型

机电控制产品设计一般可分为三种类型，即开发性设计、适应性设计和变异性设计。

开发性设计：开发性设计是在没有参照产品的情况下进行的设计，仅仅是根据抽象的设计原理和要求，设计出在质量和性能方面满足目的要求的产品。例如，最初的录像机、摄像机、电视机等的设计就属于开发性设计。开发性设计要求设计者具备敏锐的市场洞察力、丰富的想象力和广泛而扎实的基础理论知识。

例如，料位器就是开发性设计。

适应性设计：在总的方案原理基本保持不变的情况下，对现有产品进行局部更新，或用微电子技术代替原有的机械结构或进行微电子控制对机械结构进行局部适应性设计，以使产品的性能和质量增加某些附加值。例如，电子式照相机采用电子快门代替手动调整，使其小型化、智能化；汽车的电子式燃油喷射装置代替原来的机械控制燃油喷射装置等就属于适应性设计。适应性设计要求设计者对原有产品及相关的市场需求变化和技术进步有充分的了解和掌握。

变异性设计：变异性设计是在原有产品的基础上，针对产品原有缺点或新的工作要求从工作原理、功能结构、执行机构类型和尺寸等方面进行一些变异，设计出新的产品以适应市场需求，增强市场竞争力。这种设计也可在设计方案和功能结构不变的情况下仅仅改

变现有产品的规格尺寸，形成系列产品。变异性设计比较容易，但设计中必须注意采取措施防止因参数变化可能对产品性能产生的影响。

例如，印钞打孔机就是将原来的打单孔改为打双孔。

2. 机电控制工程总体的设计方法

机电控制工程总体设计的方法通常有三种：机电互补法、结合法、组合法。

1）机电互补法

机电互补法也叫取代法，这种设计方法是用适当的电子部件取代某些陈旧、落后产品中的复杂机械部件或功能子系统。这种方法是改造传统机械产品和开发新型产品常用的方法。例如，在某工作机械中，可用可编程控制器或微型计算机取代机械式变速机构、凸轮、离合器等控制机构，取代液压、气动控制系统，取代插销板、拨码盘、步进开关、程序鼓、时间继电器等接触式控制器以弥补机械技术的缺陷。这种设计方法不仅可以简化机械结构，而且可以改善产品的性能和质量。这种方法的缺点是跳不出原系统的框架，不利于开拓思路，尤其在开发全新的产品时更具有局限性。

例如，钞纸称重系统就是机电互补法。

2）结合法

结合法就是将电子部件和机械部件结合设计新产品。采用此方法设计的产品其功能部件（或子系统）通常是专用的各要素间的匹配已做到充分考虑接口简单。例如，高速磨床主轴与电动机做成一体就是采用结合法设计磨头的例子。目前已生产出电动机与控制器做成一体的产品。设计新产品常用这种方法。

3）组合法

组合法就是将用结合法（或机电互补法）制成的功能模块组合成各种机电控制系统，它是一种拼接积木的设计方法。例如，将工业机器人的回转、伸缩、俯仰、摆动等功能模块系列组合成结构和用途不同的机器人。在机电控制系统设计中采用组合法，不仅可以缩短设计和制造周期、节约工装费用，而且可以给生产管理和使用带来方便。

三、机电控制工程总体设计的内容和步骤

1. 机电控制工程总体设计的内容

1）收集需求及资料

（1）收集需求：收集所设计产品的使用要求，包括功能、性能等方面的要求。此外还应了解产品的极限工作环境、操作者的技术素质、用户的维修能力等方面的情况。使用要求是确定产品技术指标的主要依据。

（2）了解生产单位的设备条件、工艺手段、生产基础等作为研究具体结构方案的重要依据，以保证缩短设计和制造周期、降低生产成本、提高产品质量。

（3）收集所设计的系统（设备）的性能指标

功能性指标包括运动参数、动力参数、尺寸参数、品质指标等实现产品功能所必需的

技术指标。

经济性指标包括成本指标、工艺性指标、标准化指标、美学指标等关系到产品能否进入市场并成为商品的技术指标。

安全性指标包括操作指标、自身保护指标和人员安全指标等保证产品在使用过程中导致因误操作或偶然故障而引起产品损坏或人身事故方面的技术指标。对于自动化程度较高的机电控制产品，安全性指标尤为重要。

（4）搜集国内外有关技术资料

搜集国内外有关技术资料，包括现有同类产品资料、相关的理论研究成果和先进技术资料等。通过对这些技术资料的分析比较，了解现有技术发展的水平和趋势。这是确定产品技术构成的主要依据。

2. 功能设计

一个机电控制系统（产品）通常有多项功能，按各个功能的性质、用途和重要程度可以将其分为基本功能和辅助功能，机电控制系统的功能设计就是确定该系统的主要功能和辅助功能，以满足用户的需求。

3. 功能分类

1）基本功能

基本功能是产品具有的、满足某种需求的、不可缺少的效能，体现出产品的用途和使用价值，是与设计和制造产品的主要目的直接相关的功能。一个产品如果失去了基本功能，也就失去了它的使用价值。根据基本功能的定义方式不同，一个产品可以有一个或若干个基本功能。

例如，手表的基本功能是“显示时间”，手表如果失去这种基本功能，就不再具有使用价值；剪刀的基本功能是修剪物品；电灯的基本功能是照明；冷暖空调的基本功能有两个，夏天制冷、冬天制热，也可以将空调的这两个基本功能理解为一个基本功能——调节室温；车床的基本功能是车削工件；数控加工中心有多项基本功能，能够进行车削加工、铣削加工、钻孔、镗削、切制螺纹等，也可以将数控加工中心的这些基本功能理解为一个基本功能，即切削加工。

例如，微机配料系统的基本功能是将多种料按一定的配料比例配置。

基本功能是产品主要的、不可缺少的要素，也是设计产品的基础。

2）辅助功能

辅助功能与基本功能并存，是产品的次要或附带的功能。它可以使产品的功能更加完善，增加产品的特色，属于锦上添花的功能。一个产品没有辅助功能，并不失去其使用价值。

例如，日历表中显示日历的功能；自行车后面的书包架；轿车内的音响与空调；电视机的遥控装置；家具设计考虑搬运、库存、折叠、拆装等方面的功能，都属于产品的辅助功能。恰当地增加产品的辅助功能，产品的成本不会显著提高，但是产品的附加值却有可能大幅增加。

例如，微机配料系统中的班产量的统计图，配件过程图就是辅助功能。

4. 原理设计

原理设计概述：

产品原理设计的主要目标是构思出能够实现产品功能要求、品质好的原理方案。即确定实现功能的原理。原理方案的拟订从质的方面决定了产品的设计水平，因此，原理设计阶段是实现产品创新，使产品发生质变的阶段。如何寻求出最适于实现预定功能目标的原理方案，是一项复杂的、没有具体设计规律的工作。原理设计主要针对机电控制系统的主要功能提出原理性构思，通常用相关的原理图表达原理设计的构思内容。

在设计科学研究过程中，人们逐渐认识到，产品机构或结构的设计往往首先由工作原理确定，而构思工作原理的关键是满足产品的功能要求。实现产品功能的原理可能有多种形式，即实现同一种功能往往可以应用不同的原理。例如可能是物理原理，或者是化学原理，或者是生物原理，或者是机械原理，等等。因此，原理设计实质上是概念设计阶段的又一个创新设计层，对产品的创新设计具有举足轻重的意义。

在总体设计的过程中往往要对原理进行实验验证。

原理设计包括结构原理（机械结构简图）、检测原理（传感器确定）和控制原理（控制框图）三个方面。

从结构原理分析。实现“夹紧”功能的原理有多种类型，如楔块夹紧、偏心盘夹紧、弹簧夹紧、螺旋夹紧，等等。例如，券钞箱开箱机中对箱盖机械手的“夹紧”功能的原理设计。

从控制原理分析。液压原理、气动原理、电磁原理。考虑到现场使用方便选用螺旋夹紧方式。例如，料位仪中检测“位置”的原理分析。

从控制原理分析。控制原理设计就是要选择传感器、控制微处理器和执行器。例如，离线检测工作台的控制结构图如图 6-1 所示：

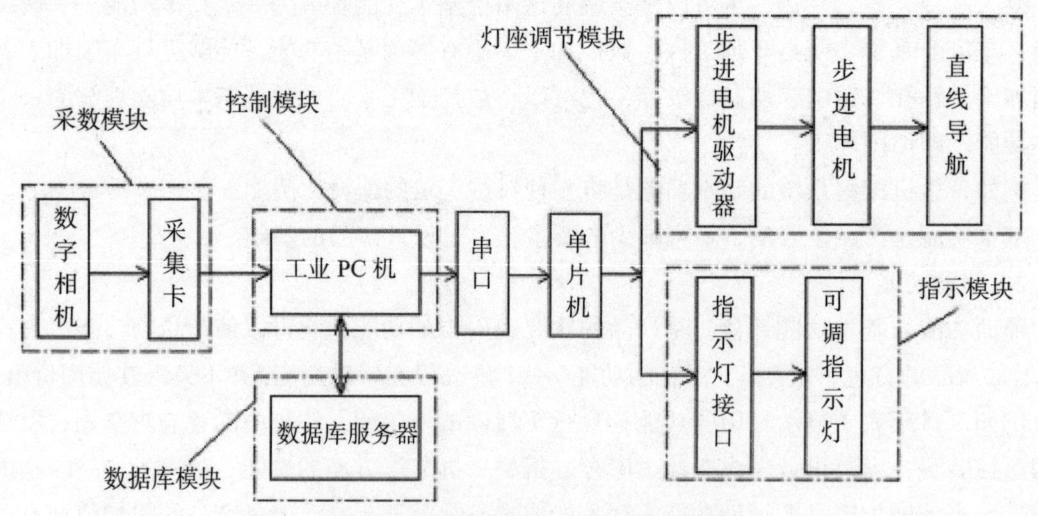

图 6-1　离线检测工作台的控制结构图

例如，料位仪的控制结构示意图如图 6-2 所示：

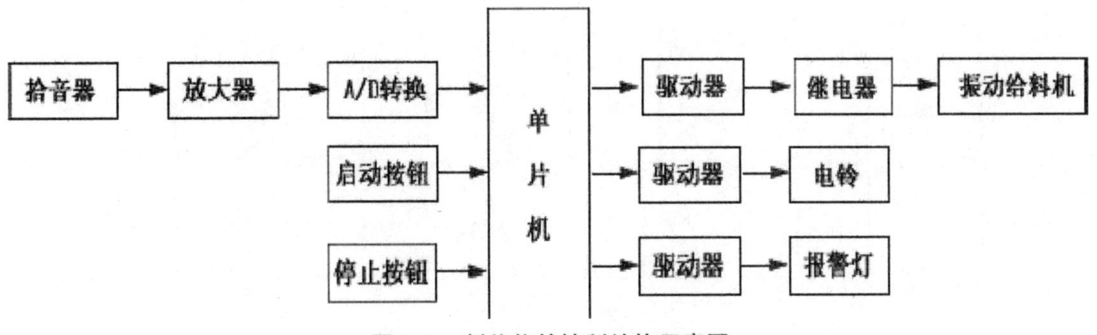

图 6-2　料位仪的控制结构示意图

5. 总体精度分配

总体精度分配是将机、电、控、检测各子系统的精度进行分配。精度分配时，应根据各子系统所用技术系统的特点进行分配，不应采取平均分配的方法，对于具有数字特征的电、控、检测子系统，可按其数字精度直接分配，对于具有模拟量特征的机、电、检测子系统，则可按技术难易程度进行精度分配。在精度初步分配后，要进行误差计算，把各子系统的误差按系统误差、随机误差归类，分别计算，与分配的精度进行比较，进行反复修改，使各部分的精度尽可能合理。总体精度分配的目标是以满足总体精度为约束，使各子系统的精度尽可能准确。

6. 总体布局设计

1）总体布局设计

布局设计是总体设计的重要环节。布局设计的任务是，确定系统各主要部件之间相对应的位置关系以及它们之间所需要的相对运动关系。布局设计是一个带有全局性的问题，它对产品的制造和使用都有很大影响。

2）人机系统设计

人机系统设计是总体设计的重要部分之一，它把人看成系统中的组成要素，以人为主体来详细分析人和机器系统的关系。其目的是提高人机系统的整体效能，使人能够舒适、安全、高效地工作。

人机系统设计应与人体的机能特性和人的生理、心理特性相适应。具体有以下要求：

（1）总体操作布置与人体尺寸相适应。

（2）显示清晰，易于观察，便于监控。

例如，人的视觉运动特性：人眼在水平方向运动比上下方向运动快，且不易疲劳。视线习惯从左到右、从上到下移动，按顺时针方向转动。因此在设计人机的视觉界面时要充分考虑这一因素。网站中的标记（LOGO）往往都在左上角。

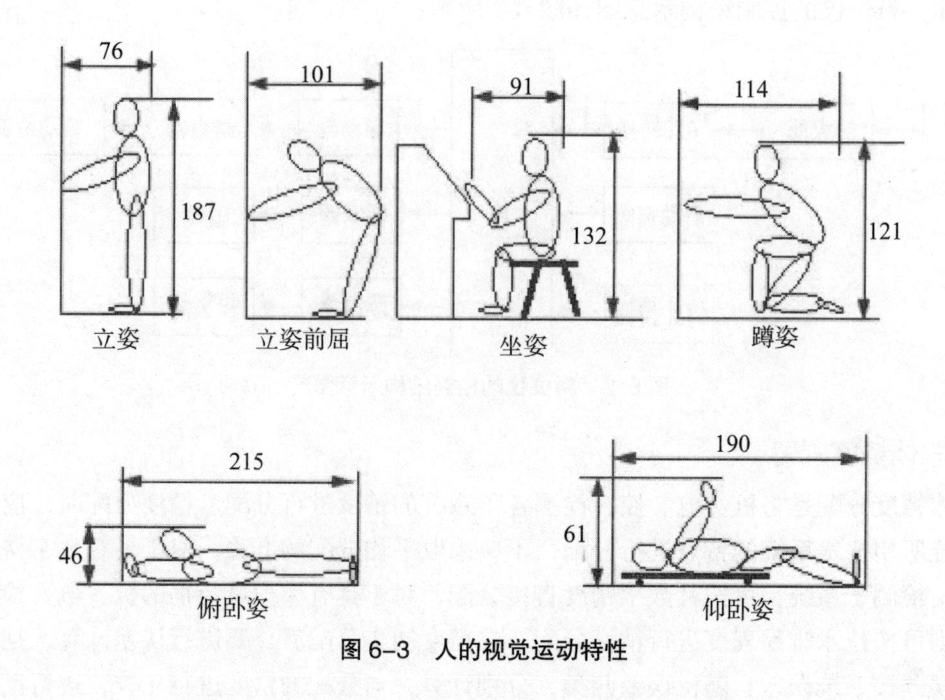

图 6-3　人的视觉运动特性

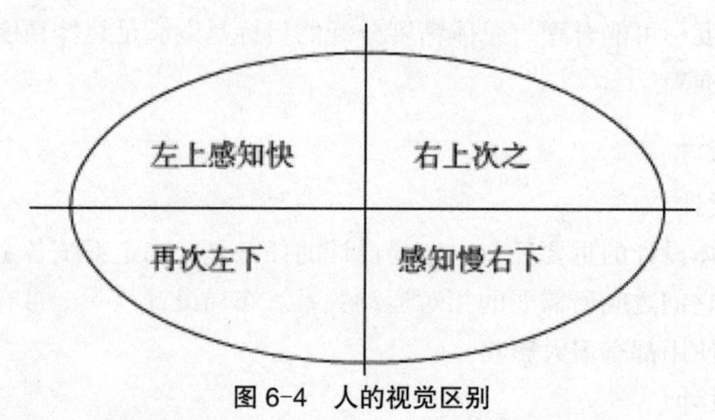

图 6-4　人的视觉区别

（3）操作方便省力，减轻疲劳。

例如，为了减少离线检测工作台的噪声，将布局电机由两相改为三相的。

（4）信息的检测、处理与人的感知特性和反应速度相适应。

例如，检测工作台的显示速度、网页的打开速度等。

（5）安全性、舒适性好，使操作者心情舒畅情绪稳定。

3）人机系统的结合形式

一般人机结合具体形式是有很大差别的，但会有信号传递、信息处理、控制和反馈等基本功能。从工作特性来看，人机系统可分为开环与闭环两种。人操作普通机床加工零件的系统就是一个开环系统，系统的输出对系统的控制作用没有影响。而数控机床加工零件的系统中一般具有反馈回路，系统的输出对系统的控制作用有直接影响。按人在系统中扮演的角色来看，人机系统可分为人机串联结合与并联结合形式。

4）艺术造型设计

机电产品进入市场后，首先给人的重要直观印象就是其外观造型，先入为主是用户普遍的心理反应。随着科学技术的高速发展，人类文化、生活水平的提高，人们的需求观和价值观也发生了变化，经过艺术造型设计的机电产品已进入人们的工作、生活领域，艺术造型设计已经成为产品设计的一个重要方面。

（1）艺术造型设计的基本要求

①布局清晰：条理清晰的总体布局是良好艺术造型的基础；

②结构紧凑：节约空间的紧凑结构方式有利于良好的艺术造型；

③简单：应使可见的、不同功能的部件数减少到最低限度，重要的功能操作部件及显示器布置方式一目了然；

④统一与变化：整体艺术造型应显示出统一成型的风格和外观形象，并有节奏鲜明的变化，给人以和谐感；

⑤功能合理：艺术造型应适于功能表现，结构形状和尺寸都应有利于功能目标的体现；

⑥体现新材料和新工艺：目的是体现新材料的优异性能和新工艺的精湛水平。

例如，料位仪控制箱的面板颜色的选择，传感器材料（象牙色）的选择。

（2）艺术造型的三要素

艺术造型是运用科学原理和艺术手段，通过一定的技术与工艺实现的。技术与艺术的融合是艺术造型的特点。功能、物质技术条件和艺术内容构成了机电产品艺术造型的三要素。这些要素之间存在着辩证统一关系，在艺术造型的过程中要科学地反映它们之间的内在联系，通过艺术造型充分体现产品的功能美、技术美。

（3）艺术造型设计的基本过程

对一个机电产品艺术造型的具体构思来说，考虑问题要经过由功能到造型，由造型到功能的反复过程，同时又要经过由总体到局部、由局部返回到总体的反复过程。因此，造型设计贯穿了产品设计的全过程，其设计特点以形象思维为主。

（4）艺术造型设计要点

①稳定性：对于静止的或运动缓慢且较重的产品应该在布置上力求使其重心得到稳固的支撑，并从外观形态到色彩搭配运用都给人以稳定的感觉。

②运动特性：总体结构利用非对称原理可以使产品具有可运动的特性。例如许多运输设备，无论从上看、从前面看，或从后面看都是对称的，都给人以稳定感。但从侧面看不对称的前后部分可使形状产生动态感，例如在长方形中利用斜线、圆角或流线来反映运动特性，如汽车的造型。

③轮廓：产品的外形轮廓给人的印象十分重要，通常采用“优先数系”来分割产品的轮廓，塑造产品协调、成比例的外观给人以和谐的美感。

1980 年修改的 GB321—64《优先数和优先数系》。

④简化：产品外形上不同形状和大小的构件越多，就越显得繁杂，难以与简单、统一协调的要求相吻合。

⑤色调：色调的效果对人的情绪影响很大。选用合理的色调，运用颜色的搭配组成良好的色彩环境，能使产品的艺术造型特征得以充分的发挥，满足人们心理的审美要求。

例如，离线检测工作台的颜色选用 100 圆桃红色、50 圆浅绿色、10 圆浅灰色，因此台面的颜色要与这三种颜色有明显的区别（反差），故只能是灰、白、黑色，而大面积使用黑色让人感到压抑、沉重、恐怖，不可选；灰色又有单调、寂寞、乏味之感；而白色洁净、素雅、卫生、明快，最后选用白色，同时也符合日常习惯。

7. 编写总体方案

编写总体方案是使用文字、表格、机械结构简图、控制结构示意图等对所研发的机电控制系统进行论证、阐述和说明。

四、机电控制工程总体设计的步骤

机电控制系统总体方案的设计步骤是通用化的，它所对应的可能是机械设备、检验仪器、控制系统或各种产品。其设计步骤如下：

1. 详尽搜集用户对所研发的机电控制工程（仪器、设备、项目、系统）的需求

设计任何系统首先要收集所有相关的信息，包括设计需求、背景技术资料等。设计人员在这一基础上应做出用户真正需要设计什么样的产品的判断。这一步是进行总体方案设计的最基本的依据，不可忽视。一般情况下，需要对下列设计需求做详细的调查。

（1）设计对象自身的工作效率，包括年工作效率及小时工作效率。对于动力系统，还要了解机械效率方面的需求。

（2）设计对象所具有的主要功能，包括总功能及实现总功能时分功能的动作顺序，特别是操作人员在总功能实现中所介入的程度。

（3）设计对象与其工作环境的界面。这主要有输入和输出界面、装载工件形式、操作员控制器的界面、辅助装置的界面、温度、湿度、灰尘等情况，以及这些界面中哪些是由设计人员保证的，哪些是由用户提供的。

（4）设计对象对操作者技术水平的需求。要求操作人员达到什么技术等级，并具备哪些专长。

（5）设计对象是否被制造过，假如与设计对象类似的产品已在生产，则应参观生产过程，并寻找有关的设计与生产文件。

（6）了解用户自身的一些规定、标准。例如厂标、一般技术要求、对产品表面的要求（防蚀、色彩等）。

搜集资料：收集资料是指尽可能收集与所要研发的设备、系统、项目有关信息，并建立项目信息库。具体包括以下内容：

①已有的与所研发的设备、系统、项目相似或相同的项目的相关资料。

②所有外构件的企业的地址、价格的信息。

③所有外协件和技术支持人员的信息。

④相关的手册资料。

⑤相关网站的地址。

2. 设计对象工作原理

明确了设计对象的需求后，就可以开始工作原理设计了，这是总体设计的关键。设计质量的优劣取决于设计人员能否有效地对系统的总功能进行合理的抽象和分解，并能合理地运用技术效应进行创新设计，勇于开拓新的领域，探索新的工作原理，使总体设计方案最佳化，从而形成总体方案的初步轮廓。

3. 主要结构方案的选择

机械结构类型很多，选择主要结构方案时必须保证系统所要求的精度、工作稳定可靠、制造工艺性好，应符合运动学设计原则或误差均化的原理。

按运动学原则进行结构设计时，不允许有过多的约束。但当约束点有相对运动且载荷较大时，约束处变形大，易磨损，这时可以采用误差均化原理进行结构设计，这时允许有过多的约束。例如滚动导轨中的多个滚动体，是利用滚动体的弹性变形使滚动体直径的微小误差相互得到平均，从而保证了导轨的导向精度。

4. 系统简图的绘制

选择或设计了系统中各主要功能部件之后，用各种符号代表各子系统中功能部件，包括控制系统、传动系统、电器系统、传感检测系统、机械执行系统等，根据总体方案的工作原理，画出它们的总体安排，形成机、电有机结合的机电控制系统简图。

根据这些简图，进行方案论证，并做多次修改，确定最佳方案。在总体安排图中，机械执行系统应以机构运动简图或机构运动示意图表示，其他子系统可用方框图表示。

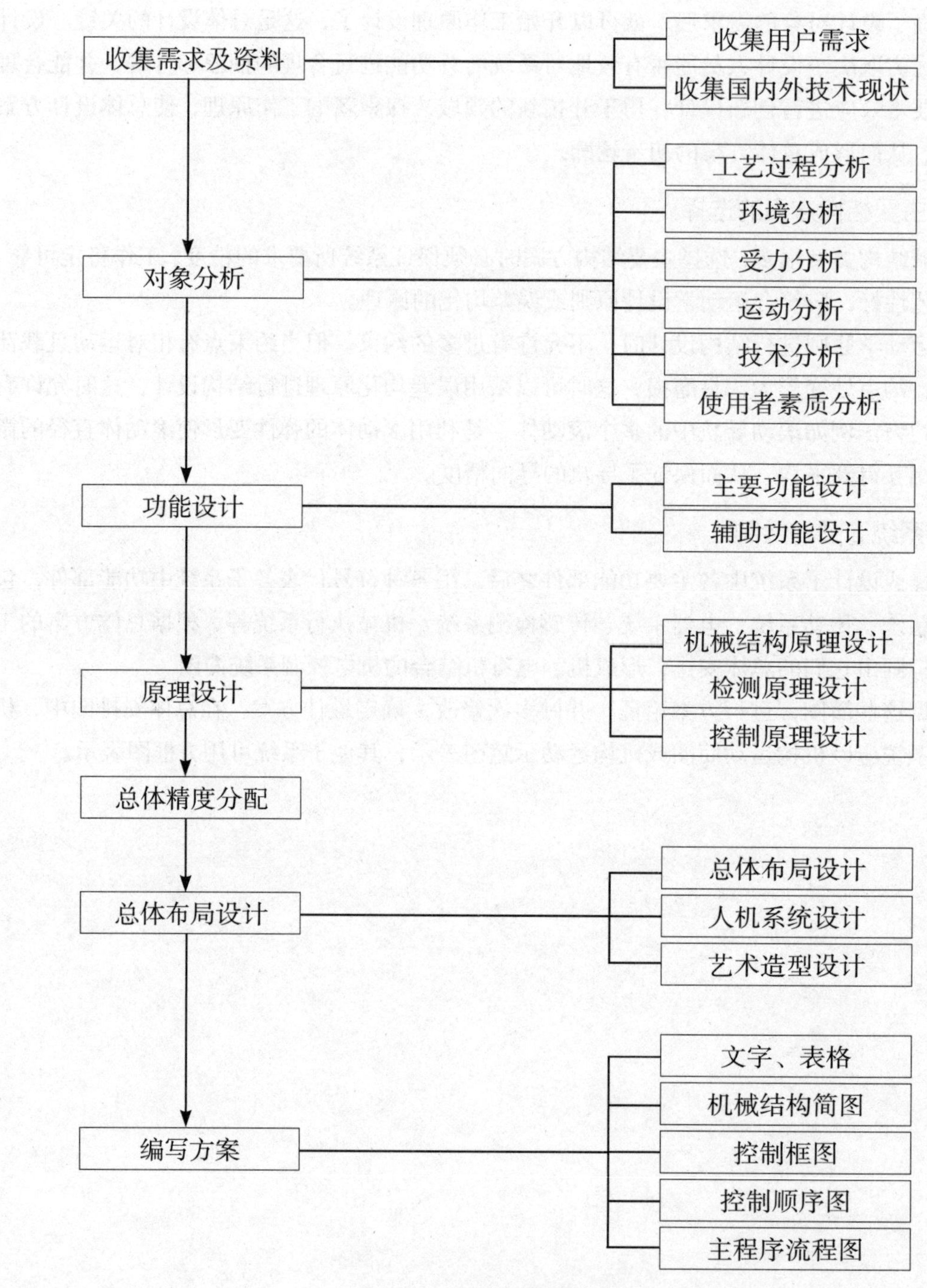

图 6-5　总体设计步骤示意图

五、机电控制工程总体设计中应注意的问题

机电控制系统（或产品）设计是一项复杂的系统工程，它所包含的设计内容是非常广泛的，需要综合应用各项共性关键技术才能完成。在机电控制系统（或产品）设计时应注

意以下问题：

1. 各种技术方案的等效性、互补性及可比性

机电控制设计突出体现在两个方面：一方面，当产品的某一功能单靠某一种技术无法实现时，必须进行机械与电子及其他多种技术有机结合的体化设计；另一方面，当产品某一功能的实现有多种可行的技术方案时，也必须应用机电控制技术对各种技术方案进行分析和评价，在充分考虑同其他功能单元的连接与匹配的条件下，选择最适合的技术方案。因此，机电控制设计必须充分考虑各种技术方案的等效性、互补性及可比性。

在某些情况下，产品的功能必须通过机电配合才能实现，这时两种技术是相互关联、相互补充的，即具有互补性。

例如，钞券包装箱开箱机器手的运动控制，仅靠电子装置或机构都无法实现，只有两者结合起来，并充分考虑机构的动力学特性与控制装置硬件、软件控制性能之间的相互影响和相互补充，才能获得最佳的实现方案。

当多种可行的技术方案同时存在时，说明在实现具体功能上它们具有等效性。如在机床上加工螺纹或齿轮时，工件与刀具之间的内联系可以通过机械方案实现，也可以通过电气方案实现；然而等效并不是等价，孰优孰劣，需要通过评价才能知道。由于不同的技术方案往往具有不同的参量，评价时需要选择具有相同量纲的性能指标（如成本、可靠性、精度等），或引入新的参量（如时间等）将不同的参量联系起来，以保证各种技术方案之间的可比性。

2. 遵循机电产品的一般性设计原则

机电控制设计同样也要遵循产品的一般性设计原则，即在保证产品目的功能、性能和使用寿命的前提下，尽量降低成本。这就意味着机电控制设计并不是盲目追求“高、精、尖”，而是在充分分析用户要求的基础上，努力以最新的技术手段、最廉价的材料或元器件、最简单的结构、最少的消耗，向用户提供最满意的产品。

产品功能的多少或强弱，往往与其复杂程度和功能成本直接相关，在进行机电控制设计时应根据实际情况对各功能的利用率进行统计分析，优先满足利用率最高的功能要求，然后再在成本允许的条件下考虑其他功能要求。

产品的操作性能与其功能的多少也有直接关系。一般来讲，功能越多、越齐全，操作就越复杂，操作性能就越差，也越容易引起操作者的不满。因此在机电控制产品设计时，应注意通过软件来改善产品的操作性能，使机电控制产品在向多功能方向发展的同时，也向智能化和“傻瓜化”方向发展。

3. 强调技术融合、学科交叉的作用

机电控制的优势，在于它吸收了各相关学科之长并加以综合运用而取得整体优化效果，因此在机电控制系统开发的过程中，要特别强调技术融合、学科交叉的作用。机电控制系统开发是一项多级别、多单元组成的系统工程。把系统的各单元有机结合成系统后，各单元的功能不仅相互叠加而且相互辅助、相互促进、相互提高，使整体的功能大于各单元功

能的简单之和，即“整体大于部分之和”。当然如果设计不当，由于各单元的差异性，在组成系统后会导致单元间的矛盾和摩擦，出现内耗，内耗过大，则可能出现整体小于部分之和的情况，从而失去了控制的优势。因此，在开发过程中，一方面要求设计机械系统时，应选择与控制系统的电气参数相匹配的机械系统参数，同时也要求设计控制系统时，应根据机械系统的固有结构参数来选择和确定电气参数。综合应用机械技术和微电子技术，使二者密切结合、相互协调、相互补充，充分体现机电控制的优越性。

4. 充分利用现代设计方法

进行机电控制产品设计时，应尽量以计算机为工具进行可靠性设计、优化设计、反求设计、绿色设计等现代化设计方法，以提高机电产品设计的效率和质量。

第二节 系统总体技术

机电一体化系统总体设计就是应用系统总体技术，从系统整体目标出发，综合分析产品的性能要求及各机电组成单元的特性，选择最合理的单元组合方案，实现机电一体化产品整体最优化设计的过程。

一、机电一体化系统原理方案设计

在机电一体化系统的设计中，机电一体化系统原理方案设计是总体设计的核心关键部分，具有战略性和方向性的意义。一般来说，在机电一体化系统原理方案设计中，主要有以下几种常用的方法：创造性方法、功能分析设计法、商品化设计思想及方法、评价与决策方法、变形产品设计中的模块化方法和相似产品系列设计方法等。本书主要是对机电一体化系统原理方案设计的功能分析设计法进行探究。机电一体化系统原理方案设计有一定的设计步骤。机电一体化系统原理方案设计的功能分析设计法主要是从系统的功能出发，首先是经过技术过程的分析，然后再确定技术系统的效应，最后再寻找解决的途径。这种方法的主要特点就是通过功能关系的分析，把复杂的设计要求，变抽象为简单的模式，能够寻找到能满足设计对象主要功能关系的原理方案。

1. 确定系统总功能

1）设计问题的抽象化

在大量的实践中我们可以发现，同一设计任务往往会有许多不同的途径，而且许多方案的差异很大。从当前的实际情况看，很多设计人员总是习惯先画几个总体方案，然后再从中选择一个，接着再进行具体的设计。从实践情况看，这种做法是带有一定的盲目性的，可能会让设计人员失去判断，不能判断方案是否最佳。主要是因为许多设计人员的知识和经验都不够丰富，具有一定的局限性；同时也是因为设计要求明细表一般是相当复杂的，很难进行直接求解。为了解决上述问题，我们可以尝试进行抽象化，而抽象化的主要目的是让设计人员能够暂时抛弃那些偶然情况和枝节问题，重点关注突出基本的、必要的要求，以便能够很好地抓住问题核心；同时能够清除构思方案前形成的条条框框，能够让设计人员放开视野，在思考中发现更理想的设计方案。实践证明，通过有效的抽象化，设计人员能够在不涉及具体解决方案的情况下，就可以清晰地掌握所设计的产品的基本功能和主要约束条件。这紧紧地抓住了设计中的主要矛盾，也就能够把思维注意力集中到关键问题上来，最终可以准确地确定产品的总功能。比如说，采煤机可抽象为物料分离和移位设备，设计轴的支承可抽象为相对运动表面间传递力和力矩。

2）黑箱法

在机电一体化系统工程中，黑箱法是常用的抽象方法。我们可以这样比喻，设计的机电一体化系统在求解之前，就像一个看不清其内部结构的“黑箱”。那设计人员通过“黑箱”可以掌握所设计的系统与输入输出量，乃至外界环境的关系。这样就实现了摆脱具体的东西而按功能进行分析和思考的效果，有效地避免了过早地确定某种原理方案的不利情况，能够让设计人员有更多的时间和空间去思考探索，寻找新的、更好的方案。系统的所有输入和输出都能够用物料、信号来概括。一般来说，物料流、能量流和信号流都会存在量和质的差异。比如说，数目、消耗量、体积、允许偏差、质量等级、信号功率、性能及效率等方面，都存在较大的差异。然而在黑箱法研究中，一般只会针对上述三种流进行定性的描述，以便将问题简化，以利于构思原理方案。

2. 总功能分解

为了能够顺利地打开黑箱，首先需要确定黑箱能实现工作对象转化的工作原理。因为在一般情况下，不一样的工作原理冷却剂将会让机电一体化系统具有不同的技术经济效果。通常情况下，系统都是较为复杂的，要想直接求得满足总功能的系统方案是很难的，因此，我们可以考虑按照启动信号系统分解的方法实行功能分解，以便能够建立功能结构图，这样就可以充分显示各功能元、分功能与总功能之间的关系，也能够利用各功能元之间的有机组合求出更好的系统方案。系统的总功能可以分解为子功能（或称一级分功能、二级分功能……），子功能又可再分解为功能元（最小单位）。也就是说，功能是有层次的，而且是能够逐层分解的。下文我们将就功能元进行阐述。在机电一体化系统设计中常用的基本功能元有物理功能元、逻辑功能元和数学功能元。

1）物理功能元

其主要是集中反映系统中能量、物料、信号变化的物理基本动作，常用的有转变—复原、放大—缩小、合并—分离、传导—绝缘、存储—提取。转变—复原功能元，这个转变包括各种类型的转变，如运动形式的转变、能量之间的转变、物态的转变、材料性质的转变及信号种类的转变等。放大—缩小功能元，主要是指各种能量、信号向量或者物理量的放大与缩小及物料性质的缩放。合并—分离功能元，主要有能量、物料、信号同质，或者是不同质数量上的结合，既有物料之间的合并与分离，也有流体与能量结合成压力流体（泵）的功能。传导—绝缘功能元，其主要功能就是可以有效地反映能量、物料、信号的位置变化。传导的形式多样，主要包括变向传导、单向传导，而绝缘则包括离合器、开关、阀门等。存储—提取功能元，主要是指对各种能量、物料和信号的保存和释放，诸如弹簧、飞轮、电容器、电池等实现能量的存取，磁鼓、录音带等能够实现信号的存取。

2）数学功能元

其主要是反映数学的基本动作，诸如乘和除、加和减、积分和微分、乘方和开方等。一般而言，数学功能元主要适用于系统的加减机构和除法机构，比如机械台式计算机、差动轮系、求积仪等。

3）逻辑功能元

其主要是用于控制功能，包括“与”“或”“非”三元的逻辑动作。

3. 求解功能元（分功能）

物理作用和作用件确定了功能元的原理解法。那现在我们的任务就是要找出实现各个分功能的物理作用，也就是要求得功能元的原理解，一般来说，主要有以下几种求解方法:

1）直觉法

所谓的直觉法，就是主要依赖设计师凭个人的经验、创造能力和智慧，充分发挥自身的灵感思维，通过发散思维来求得各种分功能的原理解。一般来说，直觉思维是人对设计问题的一种自我判断，因此通常是非逻辑的，但是却能够迅速地、直接地抓住问题的本质。不过这不同于无中生有的胡思乱想，而是在设计者长期的经验积累下，经过思考而突然实现的思维和认识上的飞跃。

2）调查分析法

设计师要想更好地解决问题，就必须要与时俱进，随时了解当前国内外技术发展状况，通过大量的文献资料查阅，包括专利资料、专业书刊、学术报告和研究论文等，能够掌握多种专业门类的最新研究成果。这往往是设计师解决设计问题的重要源泉，是启发设计师灵感的主要渠道。

3）设计目录法

设计目录是设计工作的一种行之有效的工具，可以说是设计信息的存储器与知识库。因为通过设计目录，能够以表格形式清晰地把设计过程中所需的大量解决方案，进行有规律的分类、排列和储存，这就为设计者查找和调用提供了方便。我们说的设计目录与传统的设计手册和标准手册有所不同，其主要是为设计师提供分功能或功能元解，给设计者具体启发，帮助设计者具体构思，而不是零件的设计计算方法。

4. 选择系统原理方案（解的组合方法）

在完成了各功能元的解后，根据一定的原则对这些功能载体根据功能结构进行合理组合，就可以得到实现总功能的各种原理方案。在进行方案构思时，如果能够充分地利用形态学方法来建立形态学矩阵，那可以帮助设计者开拓思路，能够帮助设计者进一步探求科学的创新方案。一般来说，设计者所得到的方案数是很大的。如果是复杂的大型设计问题，那所得方案数将十分巨大，以至无法一一检验。而大量的实践证明，在实际的设计中我们可以不用对其逐一检验，只要处理好两个关键的问题：

（1）构成原理方案的各功能元解在物理上的相容性鉴别，能够从功能结构中的能量流、物料流、信号流能否不受干扰地连续流过，以及原理方案在几何学和运动学上是否有矛盾来进行直觉判断，从而顺利地排除那些不相容的方案。

（2）从技术与经济效益的角度，挑选出几个较好的方案进行逐一比较。

其实在设计中，设计人员除了要按照相关的原则进行设计之外，还可以根据设计的需要，结合自己以往的经验，把自己设计过的类似设计和前期构思中形成的初步设想进行相互比较，然后进行精确的分析和判断，最终确定科学合理的设计方案。

二、系统总体技术的内容

随着大规模集成电路的出现，机电一体化产品得到了迅速普及和迅猛发展，从家用电器到生产设备，从办公自动化到军事装置，从交通运输装备到航空航天飞行器，机电紧密结合的程度都在迅速增加，形成了一个纵深而广阔的市场。一方面市场竞争规律要求产品不仅具有高性能，而且要有低价格，这就给产品设计人员提出了越来越高的要求。另一方面，种类繁多、性能各异的集成电路、传感器和新材料等，给机电一体化产品设计人员提供了众多的可选方案，使设计工作具有更大的灵活性。如何充分利用这些条件，应用机电一体化技术，开发出满足市场需求的机电一体化新产品，是机电一体化总体设计的重要任务。一般来讲，机电一体化总体设计应包括下述主要内容：

1. 技术资料准备

（1）广泛搜集国内外有关技术资料，包括现有同类产品资料、相关的理论研究成果和新发展的先进创新技术资料等。通过对这些技术资料的分析比较，了解现有技术发展的水平、趋势和创新点。这是确定产品技术构成的主要依据。

（2）了解所设计产品的使用要求，包括功能、性能等方面的要求。此外，还应了解产品的极限工作环境、操作者的技术素质、用户的维修能力等方面的情况。使用要求是确定产品技术指标的主要依据。

（3）了解生产单位的设备条件、工艺手段、生产基础等，作为研究具体结构方案的重要依据，以保证缩短设计和制造周期、降低生产成本、提高产品质量。

2. 性能指标确定

性能指标是满足使用要求的技术保证，主要应依据使用要求的具体项目来相应地确定，当然也受到制造水平和能力的约束。性能指标主要包括以下几项：

1）功能性指标

功能性指标包括运动参数、动力参数、尺寸参数、品质指标等实现产品功能所必需的技术指标。

2）经济性指标

经济性指标包括成本指标、工艺性指标、标准化指标、美学指标等关系到产品能否进入市场并成为商品的技术指标。

3）安全性指标

安全性指标包括操作指标、自身保护指标和人员安全指标等保证产品在使用过程中不致因误操作或偶然故障而引起产品损坏或人身事故方面的技术指标。自动化程度越高的机电一体化产品，安全性指标越为重要。

3. 总体方案拟订

总体方案拟订是机电一体化总体设计的实质性内容，要求充分发挥机电一体化设计的灵活性，根据产品的市场需求及所掌握的先进技术和资料，拟订出综合性能最好的总体方案。总体方案拟订主要包括下述内容：

1）性能指标分析

依据所掌握的先进技术资料以及过去的设计经验，分析各项性能指标的重要性及实现的难易程度，从而找出设计难点及特征指标，即影响总体方案的主要因素。每项特征指标都是由一系列的环节来实现和保证的，如果实现某项特征指标的系列环节中存在着机械、电等不同设计类型的环节，就需要采用机电一体化方法统筹选择各环节的结构；否则只需采用常规方法确定各环节结构即可。

2）预选各环节结构

在性能指标分析的基础上，初步选出多种实现各环节功能和性能要求的可行的结构方案，并根据有关资料或与同类结构类比，定量地给出各结构方案对特征指标的影响程度或范围，必要时也可通过适当的实验来测定。将各环节结构方案进行适当组合，构造出多个可行的总体结构方案，并使各环节对特征指标影响的总和不超过规定值。

3）整体评价

选定一个或几个评价指标，对上述选出的多个可行方案进行单项校核或计算，求出各方案的评价指标值并进行比较和评价，从中筛选出最优者作为拟订的总体方案。

机电一体化总体设计的目的就是设计出综合性能最优或较优的总体方案，作为进一步详细设计的纲领和依据。应当指出，总体方案的确定并非是一成不变的，在详细设计结束后，应再对整体性能指标进行复查，如发现问题，应及时修改总体方案，甚至在样机试制出来之后或在产品使用过程中，如发现总体方案存在问题，也应及时加以改进。

三、机电一体化的可靠性设计与优化

1. 机电一体化的可靠性设计

1）可靠性设计的主要内容

可靠性作为产品质量的主要指标之一，随产品所使用时间的延续在不断变化。可靠性设计的任务就是确定产品质量指标的变化规律，并在其基础上确定如何以最少的费用来保证应有的工作寿命和可靠度，建立最优的设计方案，实现产品的设计要求。因此可靠性设计的内容主要包括故障机理和故障模型研究、可靠性实验技术研究、可靠性水平的确定等。

2）可靠性设计的常用指标

表示可靠性水平高低的指标体系如图 6-6 所示，主要包括五个方面：可靠性、耐久性、维修性、安全性和有效性。

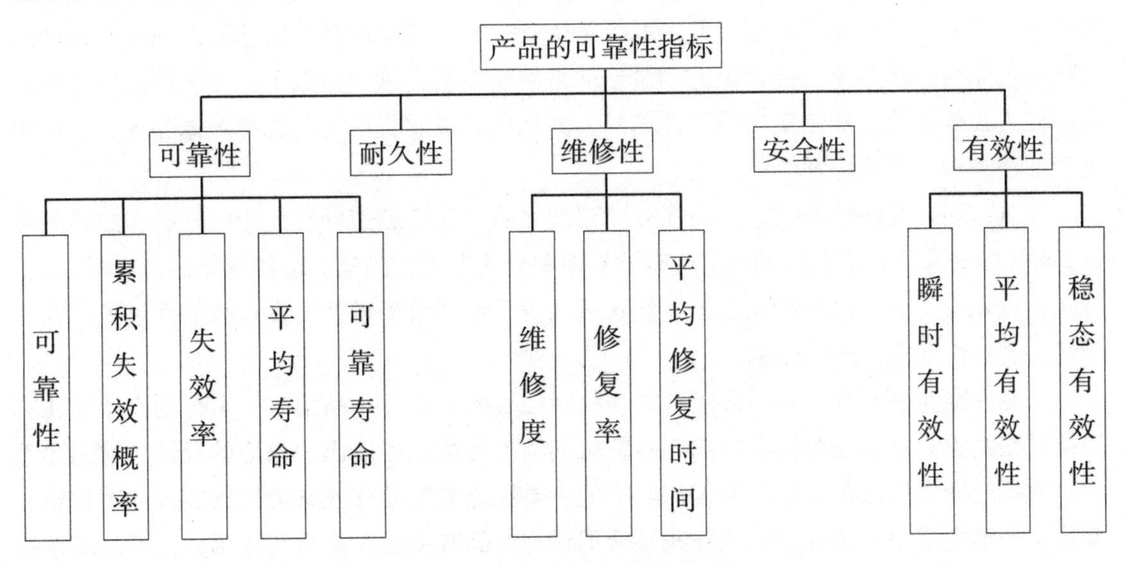

图 6-6　可靠性设计的常用指标

3）可靠性设计常用方法

（1）冗余技术。

冗余技术又称为储存技术。它是利用系统的并联模型来提高系统可靠性的一种手段。冗余有工作冗余和后备冗余两类。

工作冗余，又称为工作储备和掩蔽储备，是一种两个或两个以上单元并行工作的并联模型。平时，由各个单元平均分担工作压力，因此工作能力有冗余。只有当所有单元都失效时系统才失效，如果还有任何一个单元未失效，系统就能可靠地工作，不过这个单元要负担额定的全部工作应力。

后备冗余，又称为非工作储备或待机储备。平时只需一个单元工作，另一个单元是冗余的，用于待机备用。这种系统必须设置失效检测装置和转换装置并保证绝对可靠，则后备冗余的可靠度比工作冗余法高。如果不绝对可靠，就宁肯采用工作冗余法，因工作冗余系统还有一个优点，就是由于冗余单元分担了工作应力，各单元的工作应力都低于额定值，因此其可靠度比预定值高。选择冗余法必须考虑产品性能上的要求，如果由多个单元同时完成同一工作显著影响系统的工作特性时，就不能采用工作冗余法。产品设计必须考虑环境条件和工作条件的影响，例如，如果多个工作单元同时工作，因每个单元的温升而产生系统所不能容许的温升时，最好采用后备冗余法。又如系统的电源有限，不足以使冗余单元同时工作，也以采用后备冗余法为好。

决定是否采用冗余技术时，要分析引起失效的可靠原因。当失效真正是随机失效时，冗余技术就能大大提高可靠度，但如果是由于过应力引起的，冗余技术就没有用。如果某一环境条件是使并联各单元失效的共同因素，则冗余单元也并不可靠。

（2）诊断技术。

从本质上来看，诊断技术是一种检测技术，用来取得有关产品中产生的失效（故障）类型和失效位置信息。它的任务有两个：一是出现故障时，迅速确定故障的种类和位置，以便及时修复；二是在故障尚未发生时，确定产品中有关元器件距离极限状态的程度，查明产品工作能力下降的原因，以便采取维护措施或进行自动调整，防止发生故障。诊断的过程是首先对诊断对象进行特定的测试，取得诊断信号（输出参数）。再从诊断信号中分离出能表现故障种类和位置的异常性信号，即征兆。最后将征兆与标准数据相比较，确定故障的种类和故障的位置。

测试：通常有两种测试，一是在故障出现之后，为了迅速确定故障的种类和故障的位置，对诊断对象进行试验性测试，这时诊断对象处于非工作状态，这种情况称为诊断测试；二是在故障发生前，诊断对象处于工作状态，为了预测故障或及时发现故障而进行的在线测试，这种情况称为故障监测。

征兆：征兆是有利于判断故障种类和故障位置的异常性诊断信号，可分为直接征兆和间接征兆两类。直接征兆是在检测产品整机的输出参数或可能出现故障的元部件输出参数时，取得的异常性诊断信号。例如，产品的主要性能参数异常或有关机械零件的磨损量、变形量等参数变化的信号。间接征兆是从那些与产品有关工作能力存在函数关系的间接参数中取得的异常性诊断信号。例如，产品的音响信号、温度变化、润滑油中磨损产物、系统动态参数（幅频特性），都可作为取得间接征兆的信号。采用间接征兆进行诊断的主要优点是，可以在产品处于工作状态及不做任何拆卸的情况下，评价产品的工作能力。其缺点是，间接征兆与产品输出信号之间往往存在某种关系，此外，一些干扰因素也会影响间接征兆的有效性。尽管如此，间接征兆在诊断技术中还是得到了广泛的应用。

诊断：诊断就是将测试取得的诊断信号与设定的标准数据相比较，或利用事先确定的征兆与故障之间的对应关系，来确定故障的种类与部位。标准数据是根据产品或元部件输出参数的极限值来设定的。征兆与故障之间的对应关系，可根据理论分析或模拟仿真试验来建立，这种关系用列表形式来表示时，称为故障诊断表。

2. 机电一体化的优化设计

1）优化设计的内容和目的

机电一体化系统优化设计就是要把优化设计应用到机电一体化系统的设计中去，通过对零件、机构、元器件和电路、部件、子系统乃至机电一体化系统进行优化设计，确定最佳设计参数和系统结构，提高机电产品及技术装备的设计水平，从而增强其市场竞争力和生命力。

2）机电一体化优化设计的条件

机电一体化设计比单一门类的设计有更多的可选择性和设计灵活性，因为某些功能既可以采用机械方案来实现，也可以采用电子硬件或软件方案来实现，如机械计时器可由电子计时器代替，汽车上的机械式点火机构可由微机控制的电子点火系统替代，步进电机的硬件环形分配器可由软件环形分配替代等。实际上，这些可以互相替代的机械、电子硬件或软件方案必然在某个层次上可实现相同的功能，因而称这些方案在实现某种功能上具有等效性，这种等效性是可以进行机电一体化设计的充分条件之一。

另外，从一般的控制系统方框图中可以看出，各个组成环节的特性是相互关联的，而且共同影响系统的性能。控制系统的机电一体化设计不是只改变控制装置的性能，而是把包括控制对象在内的大部分组成环节都作为可改变的设计内容，使设计工作比只改变控制装置有更大的灵活性，可以优化出更合理的结构组织形式，获得更理想的产品性能。这种机电环节互相关联、相辅相成的互补特性，是机电一体化设计的另一充分条件。

如果在所设计产品中具备等效性环节或互补性环节，那么该产品的设计就应该采用机电一体化设计方法，否则只需采用常规设计方法。

3）优化设计的方法

（1）实验法：由实验直接找到目标函数的最优解及相应的最优点，求出最优设计方案。

（2）图解法：根据目标函数和约束函数，画出其图形，找出最优解。虽然此方法只适应于求解极简单的优化问题，但对于理解优化问题中的基本概念、目标函数与约束函数之间的关系、掌握最优解的存在规律及求解范围都有很大的帮助。

（3）数学规划法：优化问题的求解主要是用数学规划法，因此数学规划法是整个优化设计方法的核心，该方法是根据所建立的数学模型，从求解函数极值问题的数学原理出发，运用优化设计中一系列数学分析及计算方法，求出最优解。数学规划法又有许多类型：

①根据目标函数的个数分为单目标优化问题和多目标优化问题。

②根据目标函数及约束函数的线性性质分为线性规划问题和非线性规划问题，线性规划问题求解主要用单纯性优化法。

③非线性规划问题又分为单变量和多变量问题。单变量问题主要用于唯一变量法。多变量问题则分为无约束优化和有约束优化。无约束优化又分为导数优化法和模式优化法，有约束优化法则分为直接优化法和间接法。

4）优化设计的步骤（如图 6-7 所示）

（1）设计对象分析。

（2）设计变量和设计约束条件的确定。

（3）目标函数的建立。

5）合适的优化计算方法选择

6）优化结果分析

机电一体化的设计方法要遵循产品的一般性设计原则，即在保证产品目的、功能、性能和使用寿命前提下尽量降低成本。机电一体化的现代设计方法并不是盲目追求“高、精、尖”，而是在充分满足用户要求的基础上努力以最新的技术手段、最廉价的材料或元器件、最简单的结构、最低的消耗向用户提供最满意的产品。

四、系统总体技术的应用案例

近年来，我国的点胶机厂家数量增长很快，但性能上一直达不到国外的水平。实例中以点胶系统为例，采用的控制方案是 PLC、触摸屏和伺服系统的结构。这种方案的优点在于集运动控制和点胶控制于一体，因而成本很低，设备维护方便，线路相对简单，系统运行可靠。当机器出现某种异常情况的时候，人机界面会自动弹出提示画面，方便维护人员对设备进行检修。当不需要显示和设定参数的时候，可以把它拆下，不影响机器的运行。

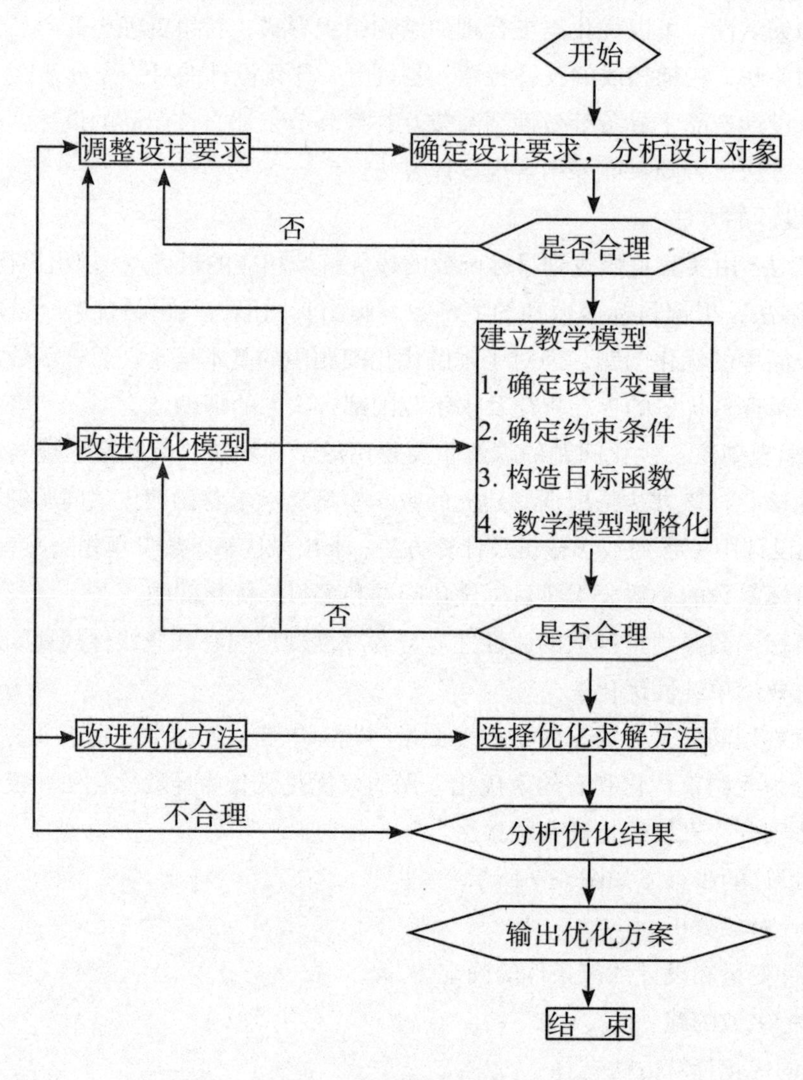

图 6-7 优化设计的步骤

1. 机械结构

1）流水线生产

流水线技术是将一个重复的时序过程分解成若干个子过程，而且每一个子过程都可以有效地在其专用功能时段上与其他子过程同时执行。流水过程由多个相联的子过程组成，每个子过程称为流水线的流水段。当多个不同任务同时操作时，各自使用不同的资源，互不影响，独立工作。如果流水段的执行时间不均衡，那么会影响整个系统的工作效率。因此在设计流水线任务时，各个功能段所需的时间应尽量相等。否则，时间长的功能段将成为流水线的瓶颈，从而造成流水线的“堵塞”。

2）全自动点胶系统的构成

本系统设计的目的是实现对贴片攻略电感的点胶过程。在进行点胶之前，需将半成品电感输送至点胶位置，因此需要设计一个上料单元，在上料之前就需要将每个元件的位置调整为一致，因此需要设计一个能实现自动捡料的单元。点胶完成后，由于胶液具有一定的粘度与湿度，所以需要设计一个下料烘干单元。只有将这几个单元结合起来才能达到真正的设计目的。

通过分析可以看出，全自动点胶控制系统建立在点胶控制平台的基础上，采用流水线的工作方式。整个系统要实现能够在规定的工作环境中按照要求自动进行上料、点胶、下料和烘干存放的工作，其中点胶控制单元是全自动点胶控制系统中最重要的单元。

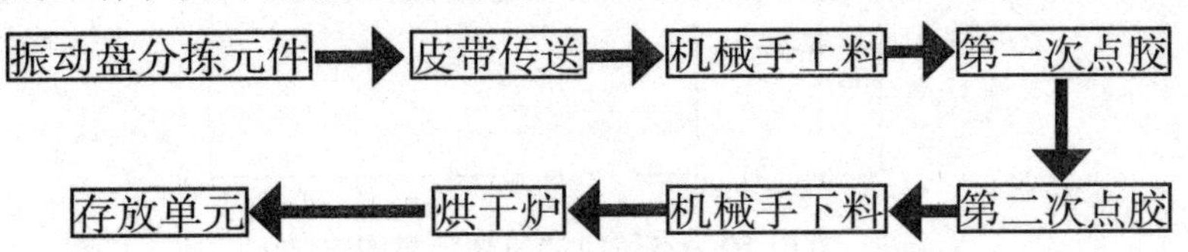

图 6-8　自动点胶系统生产工作流程图

3）点胶机的机械结构

点胶机的机械部分就是一个三自由度的传动机构平台。胶头可以通过机械的移动定位到空间的任意一个（X，Y，Z）坐标。通过 PLC 控制胶头走出各种各样的轨迹，灵活地控制运动速度、加速度，进行高精度的定位。

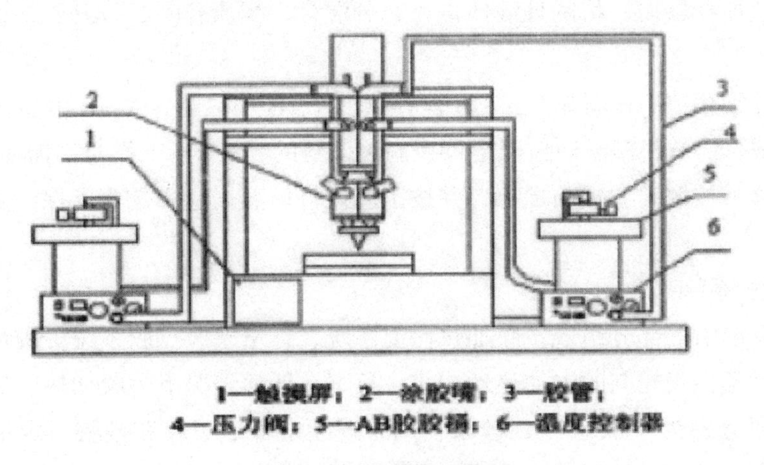

图 6-9　点胶机结构图

为了防止胶水固化，目前点胶机大都采用 AB 双液点胶，其中 A 料桶用来装本胶，B 料桶用来装催化剂，当A胶遇到催化剂时，胶水才开始固化。点胶机的机械示意图，如图 6-10 所示。

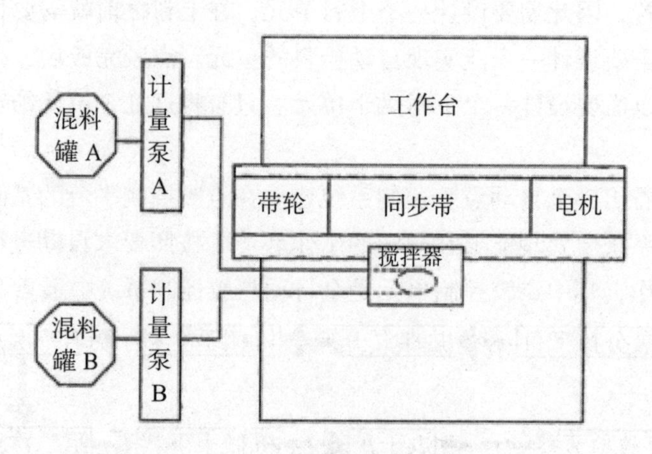

图 6-10　点胶机的机械示意图

主体为一个 XY 方向工作台；工作平台上有一个可纵向运动同步带机构，由步进电机驱动，控制机床的主要纵向运动；纵向同步带上有一个横向可运动的胶头，由伺服电机驱动，控制机床的主要横向运动。胶头可由上下移动的同步齿形带使胶头接近工件，其功能是控制胶水的流量，平时默认在最高处，当工作时按照工艺要求降低到指定位置。

A、B 料罐液体混合料分别通过传输管道与一台计量泵连接，通过计量泵分别传输到胶头内直流电机搅拌器内，将两种液体进行充分混合，当涂胶时，打开胶头，密封胶从中流出。

混料机构主要由 A、B 料罐，A、B 搅拌器，A、B 加热器，A、B 液位限定器及直流电机搅拌器组成。A、B 料罐由液位限定器控制液体料的容量，不工作时不需要搅拌和加热，在正式涂胶工作前按照工艺提前搅拌，并按工艺保持恒温，这样是为了保证液体料在胶头的充分混合。

4）自动点胶系统

自动点胶系统由三部分组成：胶加热保温系统、计量泵、点胶系统。胶加热保温系统主要由两个自动温控表控制的电加热丝构成，负责在任何情况下为胶加热、保证胶的流动性。两个计量泵分别为 A 胶泵和 B 胶泵，用来连续定量地吸胶和排胶。定量泵由变频电机结合变频器通过调节冲程频率来调节流量。当泵吸胶时电磁截止阀 V1 和 V2 导通，V3 截止；当泵排胶时 V1 和 V2 截止，V3 导通。点胶系统主要由两台步进电机和一个点胶头构成。两台步进电机通过同步齿形带构成 XY 工作平面，步进电机 1 直接通过同步齿形带带动点胶头运动，步进电机 2 通过同步带带动工件运动，实现点胶头的精确定位。点胶头也由步进电机和同步带控制升降。如图 6-11 所示。

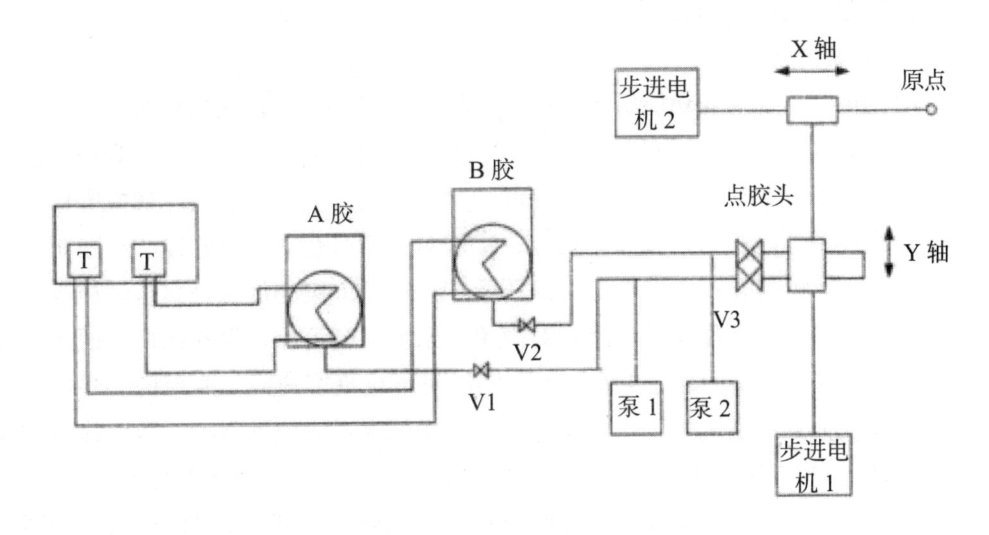

图 6-11　点胶液路原理

点胶分为试点胶、重复吸胶和排胶的过程，当有均匀的胶液挤入试胶槽时，说明可以进行对工件的点胶工作。然后进行工件的定位、吸胶、排胶，并不断重复上述两个步骤，最后清洗管路。

2. 控制系统要求分析与控制方案选择

1）要求分析

本系统要实现平面运动控制系统，主要用于针对点位的运动控制，可实现点胶机的点位运动和运动轨迹的要求。

点位运动指快速地从一点到另一点的移动。移动轨迹并无严格要求，既要求较高的定位精度，也要保证生产效率，采用开始加速到设定的最高速度，在接近定位点前进行降速，以便低速趋近终点，从而减少运动部件的惯性过冲和因此引起的定位误差。

在本运动控制系统的程序中，首先要在触摸屏界面输入目标点坐标，通过通信端口把一系列的目标点坐标放在指定的 PLC 数据寄存器中。通过计算将目标点的坐标值减去起始点的坐标值，可以得出起始点和目标点的距离，然后将此距离乘以移动单位距离步进电机所需要的脉冲数。可以通过比较目标点和起始点的坐标值来判断步进电机的转向。

轮廓控制是能够对两个或两个以上的运动坐标的位移和速度同时进行连续相关控制，使胶枪与工件的相对运动符合点胶要求，在工件平面进行各种轨迹的点胶。其包括直线插补和圆弧插补。

直线插补用以控制两个坐标轴（或三个坐标轴）以联动的方式，按程序段中规定的合成进给速度插补出任意斜率的平面（或空间）直线。工件相对于胶枪的现时位置是直线的起点，因此程序段只要指定终点的坐标分量，就给定了加工直线的必要条件。

圆弧插补分在所选择的平面上按顺时针及逆时针的两种圆弧加工。在圆弧加工程序段除了要指定圆弧终点坐标之外，还必须指定圆弧的圆心相对于圆弧起点在 X、Y、Z 方向上的相对坐标。因起点是现在已知的，便可以确定圆心的坐标，程序段中又给出了圆弧的终点坐标，这样就能加工圆弧了。

2）控制方案的选择

鉴于以上提到的要求与功能实现，我们选择由 PLC 和运动控制模块组成的控制系统。在此方案中，PLC 主要处理逻辑顺序控制，对输入输出信号集中进行统一管理。运动控制单元承担所有运动控制任务，比如速度控制、位置控制、轨迹控制等。触摸屏作为人机界面，主要完成显示功能和系统参数的设定，实现对工作过程的实时监控。在控制方面，采用的方案是 PLC+ 触摸屏 + 步进电机 + 液压系统。这种方案的优点是集运动控制和点胶控制于一体，成本较低，硬件连接线路相对简单，系统运行可靠，设备维护方便。主控器是 PLC，其运行稳定、可靠，程序更新方便，随时可以根据客户或工业现场的要求修改控制程序，最大限度地发挥系统的工作效率进而减少操作人员的劳动强度。数据显示和参数设定由触摸屏来实现，人机界面友好，参数设置更为直观，并且可以监控系统的实时运行状态。

下料机械手的步进驱动单元由步进电机和步进驱动器组成。步进电机及驱动器用于控制下料机械手下料的放置位置。通过脉冲数来控制旋转的角度继而转化成相应的直线距离，这样就可以实现控制每次下料的放置位置。

XY 平台的运动有两种可供选择的方式，一种是基于单轴运动模式，另一种就是基于多轴协调运动模式。多轴模式是常见的 XY 工作台，通过多轴的协调动作实现理想轨迹。描述复杂的多轴协调运动轨迹最简单的方法就是建立坐标系，在坐标系内可以方便地描述运动对象的运动轨迹，所以多轴协调运动又称坐标系运动。图 6-12 是工作台示意图。

一个典型的控制进给系统，由运动控制器、驱动单元、机械传动装置和执行元件等几部分组成，进给示意图如图 6-13 所示。

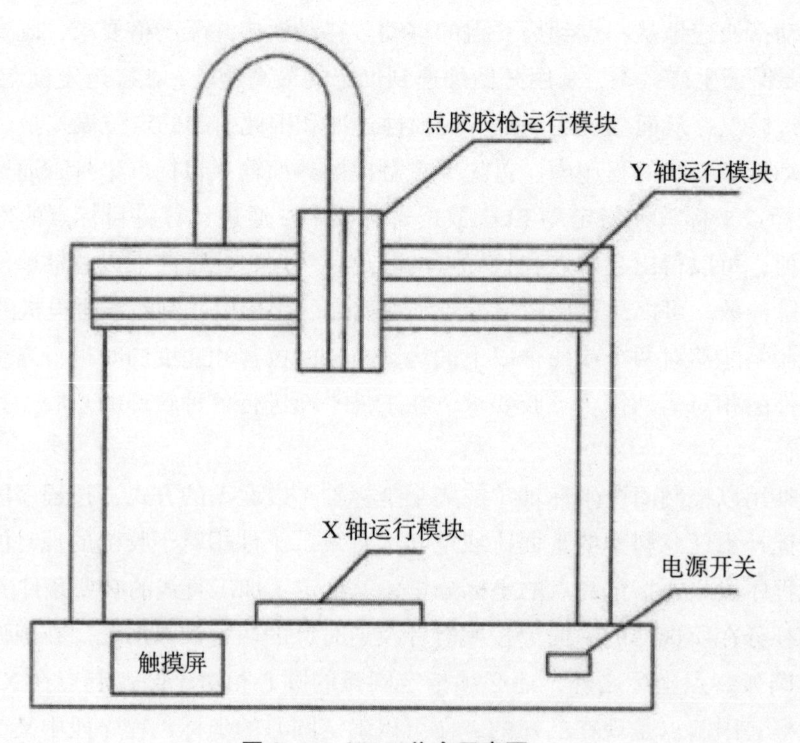

图 6-12　XY 工作台示意图

图 6-13　控制进给示意图

点胶设备的工作台，大多只需要完成平面二维运动，每一维的运动机构，都由电机提供动力，传动机构将电机的旋转运动变为直线运动，一般使用滚珠丝杠传动和齿轮齿条传动：

（1）丝杆螺母传动：通过丝杆螺母将伺服电机旋转运动转为定位平台的直线运动，结构简单、安装维护方便。但是长距离滚珠丝杠受自身重力作用及旋转时产生的惯性作用造成的丝杠变形负载不能太大，寿命低，成本高，对污染较为敏感。

（2）齿轮齿条传动：耗能小，可靠，噪声低，传动功率大，效率高。但容易发生齿面磨损，并且要求润滑条件好。由于齿间间隙，会出现一段空行程，在数控机床中并不适用。

3）执行元件

执行元件是根据来自控制器的控制信息完成对受控对象的控制作用的元件，是控制系统的重要组成部分。它将电能或流体能量转换成机械能或其他能量形式，直接作用于受控对象，按照控制要求改变受控对象的机械运动状态。

PLC 选型：本系统中需要对电机进行驱动，因此 PLC 必须具备多个高速脉冲输出口。此外，由前面分析可知，系统运动过程中涉及多个限位检测信号及电磁阀控制输出信号。因此输入输出点数较多。运动过程比较复杂，程序量也相应会比较大，需要选择存储器容量较大的 PLC，综合整个工艺过程的特点及控制要求，选择有较高性能价格比的松下 FPX-C60TPLC 作为核心控制器。

电机选型：步进电机是机械控制系统中常见的执行机构，它可以将脉冲信号转换成直线位移或角位移，因此在位置控制装置中经常被使用。本系统中步进电机位移控制系统以松下 FPX-C60T 为主控单元，以步进电机驱动器为驱动单元，以两相步进电机为执行单元。通过 PLC 控制脉冲的发生个数，从而控制步进电机的运转角度，实现对位移的精确控制，如图 6-14 所示：

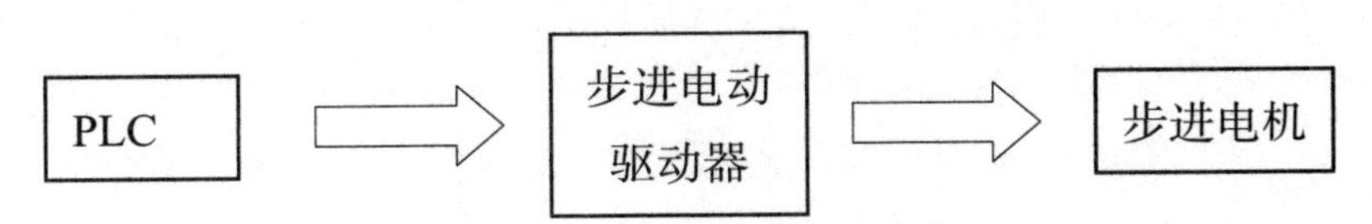

图 6-14　PLC 驱动电机结构图

实例中系统一共用到四个步进电机，分别用于旋转工作台、点胶和下料三个单元。下料电机选型 BSHB368。选择与之相对应的细分型 Q3HB64MA 作为步进电机驱动装置。设有 16 档等角度恒力矩细分，最高分辨率 60000/ 转，即输入 60000 个脉冲使电机转一圈，以达到更精确的定位控制精度来满足更高的设计需求。点胶步进电机精度要求相对来说较低，选择了型号 BS42HB47-01 的步进电机，驱动器为 Q2HB44MA，最高 200 细分。由于工作台旋转电机需要的转矩较大，因此选择了型号 BSQT6HB118-06 的步进电机。

3. 软件编程和界面开发

1）程序设计

本系统受控于触摸屏，控制指令均来自触摸屏，所以系统正常工作的前提是触摸屏与PLC的正常通信，PLC的初始化则是正常通信的必要保证。因此系统程序设计的首要工作就是对PLC进行初始化程序设计。PLC会在第一次扫描时执行初始化程序，主要是对状态标志位和数字缓存区清零，对计数器、脉冲输出、中断类型和串口通信进行初始化，当这些初始化过程都结束后再等待上位机的通信指令。系统初始化完成后，程序开始对各种故障情况进行判断，一旦故障产生立刻进入故障报警程序。

直线插补程序首先要进行初始化，用高级指令中数据传输指令F0把X轴、Y轴的起点与终点坐标值分别存放入相对应的寄存器中，把X轴、Y轴起点坐标存入寄存器DT1、DT2中（寄存器DT1、DT2同时也存放插补当前点的坐标值），把X轴、Y轴终点坐标值（Xe，Ye）存入寄存器DT3、DT4中，偏差F判别寄存器DT5清0。插补的关键在于步进方向和步进大小的判断，由前文的分析可以知道步进的判断要确定当前点所在的象限以及与目标曲线的关系。要判断出当前点具体是位于第几象限，可以通过与原点坐标比较确定，插补步数的判断要根据所要插补曲线的情况，推算具体的公式。

2）界面设计

随着科技的飞速发展，越来越多的机器与现场操作都趋向于使用人机界面，而PLC控制器强大的功能及复杂的数据处理也要求有一种功能与之匹配且操作简便的人机界面。最简单的人机界面是指示灯和按钮，目前液晶屏（或触摸屏）式的一体式操作员终端应用越来越广泛，由计算机充当人机界面十分普遍。

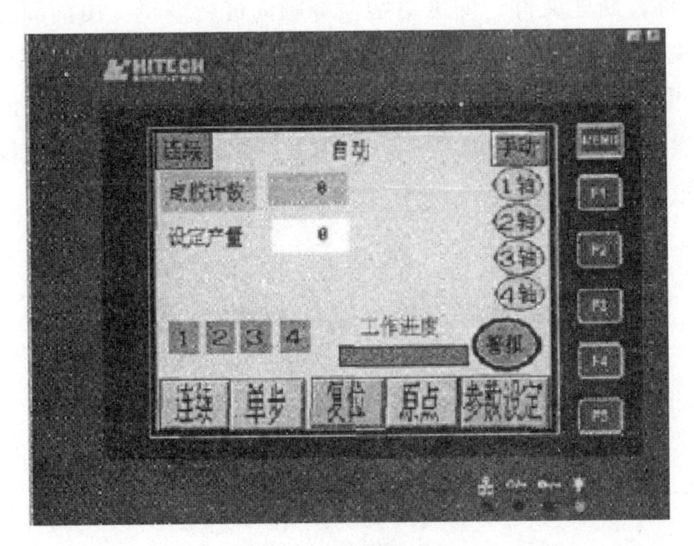

图 6-15　触摸屏主页

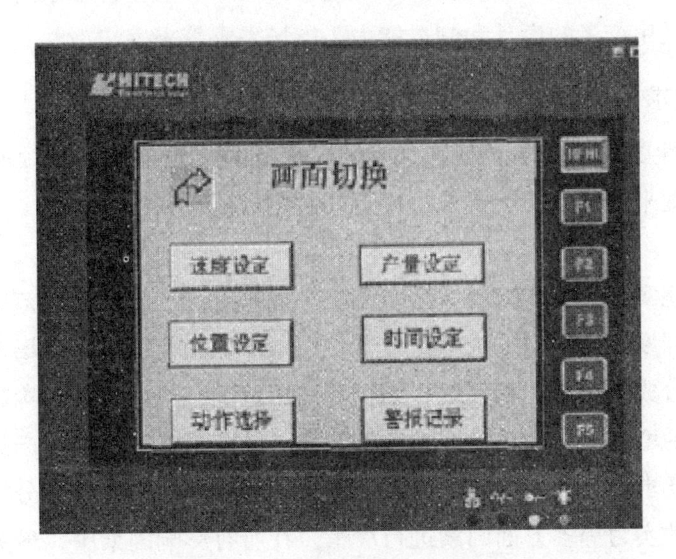

图 6-16　触摸屏参数设定页面

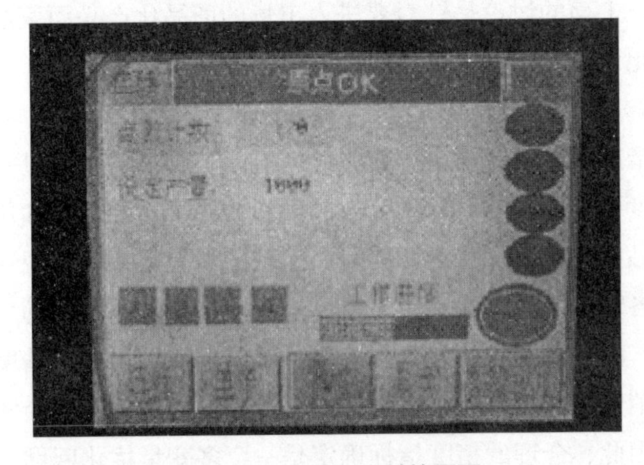

图 6-17　实际工作时的页面

打开 ADP 软件，新建文件，即可对触摸屏画面进行编辑。由前面分析的系统功能，主要设计画面为主画面、监控画面、参数设定画面、报警画面。进入相应的画面再由按键设置进行操作，可将需要设置的信息通过数字键盘写入与 PLC 相对应的地址里，即可根据实际工作情况实现对 PLC 的控制。图 6-15 为主页面，图 6-16 为参数设定页面，图 6-17 为实际工作时的页面显示。

第三节　建立系统的指标体系

一、机电一体化产品的使用要求与性能指标

产品的使用要求主要包括功能性要求、经济性要求和安全性要求等，产品的性能指标应根据这些要求及生产者的设计和制造能力、市场需求等来确定。

1. 功能性要求

产品的功能性要求是要求产品在预定的寿命期内有效地实现其预期的全部功能和性能。从设计的角度来分析，功能要求可用下列性能指标来表达：

1）功能范围

任何产品所能实现的功能都有一定范围。一般来讲，产品的适用范围较窄，其结构可较简单，相应的开发周期较短，成本也较低。但由于适用范围窄，市场覆盖面就小，产品批量也小，使单台成本增加。相反地，如扩大适用范围，虽然产品结构趋于复杂，成本增加，但由于批量的增加又可使单台成本趋于下降。因此，合理地确定产品的功能范围，不仅要考虑用户的要求，还要考虑对生产者在经济上的合理性，应综合分析市场环境、技术难度、生产企业的实力等多方面因素进行决策。在所有影响因素中，最关键、最难以准确获得的是市场需求和功能范围之间的关系。如果能准确获得这一关系，就不难采用优化的方法做出最优决策。上面的讨论是针对要进入市场的商品化产品而言的，对于单件研发生产的专用机电一体化设备，则直接满足用户要求就可以了。

2）精度指标

产品的精度是指产品实现其规定功能的准确指标，它是衡量产品质量的重要指标之一。精度指标需依据精度要求来确定，并作为产品设计的一个重要目标和用户选购产品的一个主要参考依据。产品在完成某一特定功能时所呈现的误差是参与实现这一功能的各组成环节误差的总和，而各环节的误差是由其工作原理及制造工艺所限定的。通常情况下，精度越高，成本也越高，成本上升将引起价格上升、销量下降。另外，精度降低可使成本和价格降低，导致产品销量增加，但在精度降低后，产品的使用范围将会随之缩小，又可能导致产品销量下降。因此，合理的精度指标确定是一个多变量优化问题，需要在确定了精度

与成本、价格与销量两个基本函数关系后，再进行优化计算，做出最优决策。在进行专用机电一体化设备设计时，没有后一个函数关系，且精度指标受使用要求的约束而存在下限，因而不存在优化问题。

3）可靠性指标

产品的可靠性是指产品在规定的条件下和规定的时间内，完成规定功能的能力。规定的条件包括工作条件、环境条件和储存条件，规定的时间是指产品使用寿命期或平均故障间隔时间，完成规定的功能是指不发生破坏性失效或性能指标下降性失效。

产品零部件或元器件的可靠性对整机可靠性的影响是“与”的关系，只有在全部零部件或元器件都有高可靠性时，整机才可能有高可靠性；一个突出的高可靠性零部件或元器件并不能补偿和代替其他零部件或元器件的低可靠性；相反，一个可靠性低的零部件或元器件，将会使整机的可靠性变差。

可靠性指标对成本、价格和销量的影响与精度指标类似，因此也需要在确定了可靠性与成本、价格与销量两个基本函数关系后，才能对可靠性指标做出最优决策。应当强调指出，当由于产品可靠性的增高使得“规定的时间”超过产品市场寿命期（产品更新换代周期）时，继续提高可靠性是没有意义的。

4）维修性指标

就当前的制造水平而言，在大多数情况下产品的平均故障间隔时间还都小于使用寿命期，还需要通过维修来保证产品的有效运行，以便在整个寿命期内完成其规定的功能。维修可分为预防性维修和修复性维修。预防性维修是指当系统工作一定时间后，但尚未失效时所进行的检修；修复性维修是指产品在规定的工作期内因出现失效而进行的抢修。预防性维修所花的代价（如费用、时间等）一般小于修复性维修所花的代价。

在产品设计阶段充分考虑维修性要求，可以使产品的维修度明显增加，例如可以把预计维修周期较短的局部或环节设计成易于查找故障、易于拆装等方便维修的结构。维修性指标一般不会增加成本，不受其他要求的影响，因此可按充分满足维修性要求来确定，并依据维修性指标来确定最合理的总体结构方案。

2. 经济性要求

产品的经济性要求是指用户对获得具有所需功能和性能的产品所需付出的费用方面的要求。该费用包括购置费用和使用费用。用户总是希望这些费用越低越好。实际上，这些费用的降低不仅直接有益于用户，而且生产者也会因此在市场竞争中受益。

1）购置费用

影响购置费用的最主要因素是生产成本，降低生产成本是降低购置费用的最主要途径。在降低生产成本这一点上，生产者和用户的利益是一致的，因此成本指标不像功能性指标那样存在着最佳值，在满足功能性要求和安全性要求的前提下，成本越低越好。成本指标一般按价格和销量关系定出上限，作为衡量设计是否满足经济性要求的准则。

在设计阶段降低成本的主要方法有以下几种：第一，合理选择各零部件和元器件的结构，注意禁忌“大材小用”“大马拉小车”的现象发生；第二，充分考虑产品的加工和装配工艺性，在不影响工作性能的前提下，尽可能简化结构，力求用最简单的机构或装置取代非必需的复杂机构或装置，去实现同样的预期功能和性能；第三，尽量采用标准化、系列化和通用化的方法，缩短设计和制造周期，降低成本；第四，合理选用新技术、新结构、新工艺、新材料、新元件和新器件等，以提高产品质量、性能和技术，从而降低成本。

2）使用费用

使用费用包括运行费用和维修费用，这部分费用是在产品使用过程中体现出来的。在产品设计过程中，一般采取下述措施来降低使用费用：第一，提高产品的自动化程度，以提高生产率，减少管理费用及劳务开支等；第二，选用效率高的机构、功率大的电路或电器，以减少动力或燃料的消耗；第三，合理确定维修周期，以降低维修费用。

3. 安全性要求

安全性要求包括对人身安全的要求和产品安全的要求。前者是指在产品运行过程中，不因各种原因（如误操作等）而危及操作者或周围其他人员的人身安全；后者是指不因各种原因（如偶然故障等）导致产品被损坏甚至永久性失效。安全性指标需根据产品的具体特点而定。

为保证人身安全常采取的措施有以下几种：第一，设置安全检测和防护装置，如数控机床的防护罩、互锁安全门，冲压设备的光电检测装置，工业机器人周围的安全栅等；第二，产品外表及壳罩应加倒角去毛刺，以防划伤操作人员；第三，在危险部位或区域设置警告性提示灯或安全标志等；第四，当控制装置和被控对象为分离式结构时，两者之间的电气连线应埋于地下或架在高空，并用钢管加以保护，严禁导线绝缘层损坏而危及人身安全。

为保证产品安全常采取的措施有以下几种：第一，设置各种保护电器，如熔断器、热继电器等；第二，安装限位装置、故障报警装置和急停装置等；第三，采用状态检测以及互锁等方式防止因误操作等带来的危害，防患于未然，严禁各种不安全的隐患发生。

二、机电一体化产品功能及性能指标的分配

经过对性能指标的分析，得到了实现特征指标的总体结构初步方案。对于初步方案中具有互补性的环节，还需要进一步统筹分配机与电的具体设计指标，对于具有等效性的环节，还需要进一步确定其具体的实现形式。在完成这些工作后，各环节才可进行详细设计。

1. 功能分配

具有等效性的功能可有多种具体实现形式，在进行功能分配时，应首先把这些形式尽可能全部列出来。用这些具体实现形式可构成不同的结构方案，其中也包括多种形式的组合方案。采用适当的优化指标对这些方案进行比较，可从中选出最优或较优的方案。优化过程中只需计算与优化指标有关的变量，不必等各方案的详细设计完成后再进行。下面仅以某定量秤重装置中滤除从安装基础传来的振动干扰的滤波功能的分配为例，举一反三，来说明等效功能的分配方法。

图 6-18 是该装置的初步结构方案，其中符号“△”表示装置中可建立滤波功能的位置。从安装基础传来的振动干扰经装置基座影响传感器的输出信号，该信号再经放大器、A/D 转换器送至控制器，使控制器的控制量计算受到干扰，因而使所秤量值产生误差。为保证秤量精度，必须采用滤波器来滤除这一干扰的影响。

经过分析可知，可以采用三种滤波器来实现这一滤波功能，即安装在基座处的机械滤波器（又称阻尼器）、置于放大环节的模拟滤波器和以软件形式放在控制环节的数字滤波器。这三种滤波器在实现滤波功能这一点上具有等效性，但它们并不是完全等价的，在滤波质量、结构复杂程度、成本等方面它们具有不同的特点和效果。因此，必须根据具体情况从中择优选择出一种最合适的方案。

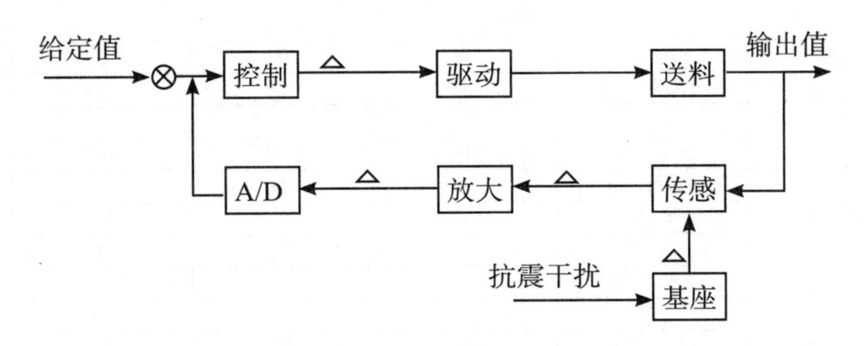

图 6-18　定量秤重装置功能框图

通过对定量秤重装置的工作环境和性能要求进行仔细分析后，可归纳出选择滤波方案的具体条件：在存在最低频率 ω_1、振幅为 h_1 的主要振动干扰的条件下，保证实现以 T 为工作节拍、精度为 K 的秤量工作，并且成本要低。因此，可选择成本作为该问题的优化指标，对主要振动干扰的衰减率 α_1 和闭环回路中所允许的时间滞后 T_c 作为特征指标。其中衰减率 α_1 可根据干扰信号振幅 h_1 和要求的秤量精度 K 计算得出，允许的滞后时间 T_c 可根据工作节拍 T 和秤量精度 K 计算得出。

滤波器放在不同位置，对系统的动态特性会产生不同的影响。从图 6-18 中可以看出，由基座形成的干扰通道不在闭环控制回路内，因此，如在这里安装机械滤波器，其衰减率及相位移不会影响闭环控制回路的控制性能。也就是说，不受特征指标的约束，不需要考虑相位特征，因而衰减率可以设计得足够大，容易满足特征指标 α_1 的要求。但是由于干扰信号的最低频率 ω_1 较低，机械式滤波器的结构较复杂，体积较大，因而成本也较高。

模拟式滤波器可以与放大器设计在一起，也可单独置于放大环节之后，但不论放在哪一个位置，都是在闭环回路内。由于 ω_1 是干扰信号的低端频率，所以这里应采用低通滤波器。由低通滤波器的特性可知，当在控制回路内串入低通滤波器后，将使控制系统的阶跃响应时间增加，相位滞后增大，快速响应性能降低。因此，模拟滤波器性能的选择受到特征指标 T_c 的约束，不能采用高阶低通滤波器，而低阶低通滤波器的滤波效果又较差。

数字滤波器的算法种类较多，本例中采用算术平均值法来实现低通滤波。同模拟滤波器一样，由于数字滤波器需要计算时间，因此也受到允许滞后时间 T_c 的限制，且对较低频率的干扰信号抑制能力较弱，但数字滤波器容易实现，并且成本比较低。

通过上述分析可见，三种滤波器各有特点，因此需要采用优化方法合理分配滤波功能，以得到最优方案。为讨论问题方便，这里只选择成本作为优化指标，将特征指标作为约束条件，构成单目标优化问题。由于方案优化是离散形式的，故采用列表法较为方便、直观。具体做法如下：首先根据滤波器的设计计算方法，求出各种实现形式在满足约束条件下的一定范围内的有关性能，将这些性能列成表格，按表选择可行方案，然后再对各可行方案进行比较，根据优化指标选择出最优方案。

表 6-1 列出了上述三种滤波器的特征指标和优化指标值，其中 A、B、C、D 是四个不同的品质等级，T_c/T_1 是允许的滞后时间与频率为 ω_1 的干扰信号周期之比。由于机械滤波器所在位置不影响系统动态特性，故表中相应位置没有列出这项指标。

表 6-1　滤波器特性

滤波形式	项目	A	B	C	D
机械滤波器	衰减率 /dB	−20	−30	−35	−40
	T_c/T_1	—	—	—	—
	成本 / 元	100	200	300	500
模拟滤波器	衰减率 /dB	−5	−10	−15	−20
	T_c/T_1	1.47	3	5.5	10
	成本 / 元	20	20	20	20
数字滤波器	衰减率 /dB	−12	−17	−20	−22
	T_c/T_1	1.5	2.5	3.5	4.5
	成本 / 元	10	10	10	10

由表 6-1 可知，当干扰信号周期 T_1 大于允许的滞后时间 T_c 时，即 $T_c/T_1 < 1$ 时，模拟滤波器和数字滤波器都不能满足系统动态特性的要求，这时只能选择机械滤波器。

现假设约束条件为 $T_c/T_1 \leqslant 5.5$，$\alpha_1 \leqslant -40$ dB。由表 6-1 可见，单个模拟滤波器和单个数字滤波器都无法满足该约束条件，因此必须将滤波器组合起来（由几个滤波器共同实现滤波功能）才能构成可行方案。

从表 6-1 中选出满足约束条件的可行方案列于表 6-2 中，其中总特征指标值为构成可行方案的各滤波器的相应特征指标值之和。依据成本这一优化指标，可从表 6-2 所列出的四种可行方案中选出最合理的方案，即方案 3。该方案采用机械滤波器和数字滤波器分别实现对干扰信号的衰减，衰减率为 −20 dB，也就是说，将滤波功能平均分配给机械滤波器和数字滤波器，同时还满足另一约束条件 $T_c/T_1=3.5 < 5.5$，而且该方案成本最低。

应当指出，表 6-2 中未将所有可行方案列出，因此，方案 3 并不一定是所有可行方案中的最优方案；此外，当约束条件改变时，将会得到不同的可行方案组及相应的最优方案。

表 6-2　滤波方案

机械滤波器	可靠方案	模拟滤波器	数字滤波器	总衰减率 / dB	总 T_c/T_1	总成本 / 元
D	1			−40	—	500
A	2	A	B	−42	3.97	130
A	3		C	−40	3.5	110
B	4	B		−40	3	220

2. 性能指标分配

在总体方案中一般都有多个环节对同一性能指标产生影响，即这些环节对实现该性能指标具有互补性。合理地限定这些环节对总体性能指标的影响程度，是性能指标分配的目的。在进行性能指标分配时，首先要把各互补环节对性能指标可能产生的影响作用范围逐一列出，对于不可比较的变量应先变换成相同量纲的变量，以便优化处理。所列出的影响作用范围应包括各环节不同实现形式的影响作用范围，它们可以是连续的，也可以是分段的或离散的。在满足约束条件的前提下，采用不同的分配方法将性能指标分配给各互补环节，构成多个可行方案。然后进一步选择适当的优化指标，对这些可行方案进行评价，从中选出最优的方案。下面以车床刀架进给系统的进给精度分配为例，说明性能指标的分配方法。

图 6-19 是开环控制的某数控车床刀架进给系统的功能框图。由图可见，该系统由数控装置、驱动电路、步进电动机、减速器、丝杠螺母机构和刀架等环节组成。现在的问题是要对各组成环节进行精度指标的分配。设计的约束条件是刀架运动的两个特征指标，即最大进给速度 v_{max}=14 mm/s，最大定位误差 δ_{max}=16μm。由于这里只做精度分配，没有不同的结构实现形式，可靠性的差别不显著，因此只选择成本作为优化指标，构成单目标优化问题。

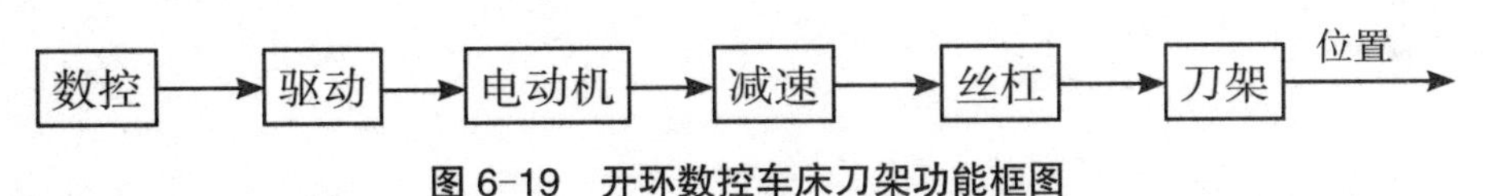

图 6-19 开环数控车床刀架功能框图

首先分析各组成环节误差产生的原因、误差范围及各精度等级的生产成本。产生误差的环节及原因如下：

1）刀架环节

为减少建立可行方案及优化计算的工作量，可将以下环节合并，并用等效的综合结果来表达。因此，这里将床身各部分的影响也都列在刀架环节内，将刀架相对主轴轴线的径向位置误差作为定位误差。经分析可知，床身各部分影响定位误差的主要因素是床鞍在水平面内移动的直线度。其精度值与相应的生产成本见表 6-3。

表 6-3 各组成环节误差及对应成本

组成环节	指标	A	B	C	D
刀架	床鞍移动直线度 / μm	4	6	8	10
	成本 / 千元	10	5	2	1
丝杠螺母副	传动误差 / μm	0.5	1	2	4
	成本 / 千元	5	3	2	1.2
减速器	齿轮传动误差 / μm	1	1.2	2	2.5
	成本 / 千元	0.6	0.6	0.3	0.3
数控环节	最小脉冲当量 / μm	3	7	—	—
	成本 / 千元	3	2	—	—

2）丝杠环节

丝杠螺母副的传动精度直接影响着刀架的位置误差，它有两种可选择的结构形式，即普通滑动丝杠和滚动丝杠，分别对应着不同的精度等级。如果假定丝杠螺母副的传动间隙已通过间隙消除机构加以消除，则传动误差是影响位置误差的主要因素，其具体数值及对应成本列于表 6-3，其中 A、B 两个精度等级对应着滚动丝杠、C、D 两个精度等级对应着滑动丝杠。

3）减速器环节

该环节误差主要来自齿轮的传动误差，齿侧间隙产生的误差应采用间隙消除机构加以消除。床鞍移动误差和丝杠传动误差的方向与量纲和定位误差相同，不需要进行量纲转换，但齿轮的传动误差则需依据初步确定的参数，如丝杠导程、齿轮直径、传动比等，转换成与定位误差有相同方向和量纲的等效误差。考虑到两种可能的传动比和两个可能的齿轮精度等级，共得到四个品质等级的等效误差和相应的成本，并列于表 6-3 中。

4）数控环节

这个环节包括数控装置、驱动电路和步进电动机。步进电动机在不同载荷作用下，其转子的实际位置对理论位置的偏移角也不同，在不失步正常运行的情况下，该偏移角不超过 ±0.5 个步距角。

参考文献

[1] 李建勇 . 机电一体化技术 [M]. 北京：科学出版社，2004.

[2] 刘杰，宋伟刚，李允公 . 机电一体化技术导论 [M]. 北京：科学出版社，2006.

[3] 邱士安 . 机电一体化技术 [M]. 西安：西安电子科技大学出版社，2005.

[4] 曾励 . 机电一体化系统设计 [M]. 北京：高等教育出版社，2004.

[5] 郑堤，唐可洪 . 机电一体化设计基础 [M]. 北京：机械工业出版社，2007.

[6] 袁中凡 . 机电一体化技术 [M]. 北京：电子工业出版社，2006.

[7] 张建民 . 机电一体化系统设计 [M]. 北京：北京理工大学出版社，2006.

[8] 王隆太 . 先进制造技术 [M]. 北京：机械工业出版社，2007.

[9] 黄邦彦 . 现代设计方法基础 [M]. 北京：中国人民大学出版社，2000.

[10] 周化文 . 煤炭机械设计与工艺中的机电一体化技术分析 [J]. 煤炭技术，2013，7（10）：32-33.

[11] 陈彬 . 浅谈 Pro/E 三维设计软件在煤炭机械设计中的应用 [J]. 江西煤炭科技，2015，6（1）：76-78.

[12] 王尚映 . 煤炭机械设计中材料的选择及其应用 [J]. 建筑工程技术与设计，2014，12（16）：1102-1102.

[13] 赵艳珍 . 对于煤矿机械液压传动技术设计及应用的分析 [J]. 能源与节能，2016，7（3）：152-153.

[14] 马永萍 . 煤炭机械制造企业产品成本核算系统的设计 [J]. 现代经济信息，2012，4（22）：181.

[15] 张生泉 . 机械产品环保设计与制造技术 [J]. 中国科技纵横，2014，3（11）：61-62.

[16] 韩军霞 . 机械制造过程中环保制造技术的应用 [J]. 科技资讯，2014，7（12）：51-52.

[17] 章志荣，苏纯 . 面向环保制造的典型机械产品并行设计系统关键技术研究 [J]. 软件导刊，2015，3（6）：9-11.

[18] 刘峥 . 关于机电一体化系统中的传感器与检测技术探究 [J]. 信息系统工程，2013，9（02）：115-117.

[19] 林青 . 浅析传感器技术在机电一体化系统中的应用 [J]. 福建广播电视大学学报，2011，6（06）：41-42.

[20] 张伟亮 . 机电技术中传感器技术的应用 [J]. 电子技术与软件工程，2014，5（06）：37-38.

[21] 曹强，马蛟 . 机电技术中传感器技术的应用 [J]. 数字技术与应用，2013，6（05）：66-69.

[22] 刘峥 . 关于机电一体化系统中的传感器与检测技术探究 [J]. 信息系统工程，2013，9（02）：121-122.

[23] 韩平 . 智能控制及其在机电一体化系统中的应用 [J]. 信息通信，2014，6（05）：18-19.

[24] 孙一民，裘愉涛，杨庆伟 . 智能变电站设计配置一体化技术及方案 [J]. 电力系统自动化，2013，7（14）：28-29.

[25] 刘益青，高厚磊，魏欣 . 智能变电站中过程层和间隔层功能一体化 IED 的设计 [J]. 电力系统自动化，2011，13（21）：71-72.

[26] 付国新，戴超金 . 智能变电站网络分析与故障录波一体化设计与实现 [J]. 电力自动化设备，2013，8（05）8-9.

[27] 薛晨，黎灿兵，黄小庆 . 智能变电站信息一体化应用 [J]. 电力自动化设备，2011，31（7）12-14.

[28] 黄少雄，黄太贵，程栩 . 智能变电站信息一体化平台建设方案研究 [J]. 东北电力技术，2012，33（2）：65-68.

[29] 雷旭 . 智能变电站信息一体化应用讨论 [J]. 大科技，2014，6（13）：28-29.

[30] 蒋宏图，袁越，杨昕霖 . 智能变电站一体化信息平台的设计 [J]. 电力自动化设备，2011，7（08）42-48.

[31] 杨臻，赵燕茹 . 一种智能变电站一体化信息平台的设计方案研究 [J]. 华北电力大学学报，2012，8（05）3-4.

[32] 束娜，刘尧，赵翠玲，张涛 . 智能变电站一体化信息平台整合方案研究 [J]. 水电能源科学，2012，4（09）：7-8.

[33] 徐明，邓振利，向文彬 . 智能变电站一体化信息平台整合方案探讨 [J]. 科技与创新，2015，4（07）38-42.

[34]Binner，HartmutF.Industry4.0:defining the working world of the future[J]. Elektrotechnik and Information stechnik，2014，9（7）：230-236.

[35] 董奎勇 . 德国“工业 4.0”战略计划带来新启示 [J]. 纺织导报，2013，3（9）：卷首语 .

[36]Wahlster，Wolfgang.From Industry 1.0 to Industry 4.0:Towards the 4th Industrial Revolution [J].Forum Businessmeets Research.2012，3（13）：4-6.

[37] Baheti，Radhakisan，HelenGill.Cyber-physical systems[J].TheImpact of Control Technology，2011，8（11）：161-166.

[38]German National Academy of Science and Engineering:“Cyber-Physical Systems:Driving force for innovation inmobility，health，energy and production，”[J]. Acatech Position Paper，2011，7（20）：15.

[39] 常彬 . 工业 4.0: 智能化工厂与生产 [J]. 化工原理，2013，9（11）：21-25.
[40] 丁纯，李君扬 . 德国“工业 4.0”：内容、动因与前景及其启示 [J]. 德国研究，2014，6（04）15-16.
[41] 石美峰 . 机电一体化技术的发展与思考 [J]. 山西焦煤科技，2007，5（03）：14-17.
[42] 梁俊彦，李玉翔，林树忠 . 机电一体化技术的发展及应用 [J]. 工程技术，2007，12（25）：20-21.
[43] 王喜文 . 工业 4.0：智能工业 [J]. 物联网技术，2013，2（12）：11-13.
[44] 贾启升 . 简述机电一体化技术发展状况及趋势 [J]. 社科论坛，2012，3（01）：12-14.
[45] 李建勇 . 机电一体化技术 [M]. 北京：科学出版社，2004.
[46] 张杨林 . 机电一体化技术进展及发展趋势 [J]. 机械制造，2005，6（43）：22-24.
[47] 陈辉，王磊 . 机电一体化技术的现状及发展趋势 [J]. 机械，2008，5（07）：22.
[48] 王宣银，陶国良，陈鹰 . 机电一体化的创新及发展方向 [J]. 机电一体化，2000，（06）：20.
[49] 杨春光 . 我国机电一体化技术的现状和发展趋势 [J]. 科技促进发展，2007，3（28）：6-8.
[50] 吴智慧 . 工业 4.0: 传统制造业转型升级的新思维与新模式 [J]. 家具，2015，7（01）：112.